शास्त्रज्ञांचे जग

निरंजन घाटे

मेहता पब्लिशिंग हाऊस

© +91 020-24476924 / 24460313

Email : info@mehtapublishinghouse.com
        production@mehtapublishinghouse.com
        sales@mehtapublishinghouse.com
Website : www.mehtapublishinghouse.com

◆ या पुस्तकातील लेखकाची मते, घटना, वर्णने ही त्या लेखकाची असून त्याच्याशी प्रकाशक सहमत असतीलच असे नाही.

SHASTRADNYANCHE JAG by NIRANJAN GHATE

शास्त्रज्ञांचे जग / विज्ञान लेख

© निरंजन घाटे
  १०२५ बी, चिंतामणी हौ. सोसा, सदाशिव पेठ,
  नागनाथपाराजवळ, पुणे ४११०३०.

प्रकाशक   : सुनील अनिल मेहता, मेहता पब्लिशिंग हाऊस,
              १९४१, सदाशिव पेठ, माडीवाले कॉलनी, पुणे – ४११०३०.

अक्षरजुळणी : पीसी-नेट, नारायण पेठ, पुणे ३०.

मुखपृष्ठ   : चंद्रमोहन कुलकर्णी
आवृत्ती   : सप्टेंबर, २०११ / पुनर्मुद्रण : मे, २०१५

ISBN for Printed Book 9788184982848
ISBN for E-Book 9788184986471

माझा मित्र
आनंद केतकर यास...

अनुक्रमणिका

सर डेव्हिड ब्रूस्टर / १
मायकेल फॅरेडे / ६
मॅक्स प्लँक / ९
निकोला तेस्ला / १४
जोसेफ स्वान / २१
जॉन कँपबेल / २५
कार्ल सागन / ३१
आर्थर क्लार्क / ४०
बार्बरा मॅकलिंटॉक / ४४
अल्बर्ट आइनस्टाईन / ४८
'सर ख्रिस्तोफर रेन / ५३
विक्रम साराभाई / ५५
निकोलस लिओनार्द सादी कार्नोत / ५७
हेन्री ग्रेटहेड / ५९
हेन्री कॅव्हेंडिश / ६१
सर रिचर्ड बर्टन / ६३
चार्ल्स गुडइअर / ६५
लुईगी गॅल्व्हानी / ६७
आर्किमिडीज / ६९
निकोलस कोपर्निकस / ७१
रोझा बेडिंग्टन / ७३

पिएर घुलाँग / ७५
कॅरोलिन हर्शेल / ७७
मायलेट्सचा थालेस / ७९
जॉन फ्लॉमस्टीड / ८१
जिओव्हानी डोमेनिको कॅसिनी / ८३
मॉटगोल्फिए बंधू / ८५
बेंजामिन फ्रँकलिन / ८७
जोसेफ ब्लॅक / ८९
जोसेफ लुई गे-ल्युसाक / ९१
सर जॉर्ज हॉवर्ड डार्विन / ९३
रिचर्ड जॉर्डन गॅटलिंग / ९५
रॉबर्ट बॉईल / ९७
लुई ब्रेल / ९९
जेम्स हटन / १०१
गिओव्हानी बेल्झोनी / १०३
एडवर्ड जेन्नर / १०५
थॉमस यंग / १०७
लिओपोल्ड फॉन बुख / १०९
सर जेम्स यंग सिंप्सन / १११
लायनस पॉलिंग / ११३
रॉबर्ट फुल्टन / ११५
हेन्री वॉल्टर बेट्स / ११७
कार्ल लिनिअस / ११९
युक्लीड / १२१
चार्ल्स बॅबेज / १२३
जॉन कोच अॅडम्स / १२५

क्लॉड लुई बर्थोलेट / १२७
गालेन उर्फ क्लॉडिअस गॅलेनस / १२९
सर डेव्हिड फेरिअर / १३१
थॉमस अल्वा एडिसन /१३३
जॉन म्यूर / १३६
सर विल्फ्रेड थेसिजर / १४२
रूपर्ट शेल्ड्रेक / १४८
एतोर माजोराना / १५६
आरोन आरोनसन / १६२
हेन्रिक श्लीमन / १६७
फ्रान्सिस गाल्टन / १६९
जॉर्ज पर्किन्स मार्श / १७२
जोसेफ हेन्री / १७३
ग्रेगॉर योहान मेंडेल / १७४
जेम्स स्मिथसन / १७५
जॉन रोबलिंग / १७६
ब्लेझ पास्कल / १७७
गिलोम अमोंटॉन्स / १७८
वॉलेस कॅरॉथर्स / १७९
रॉबर्ट गोडार्ड / १८०
डॉ. आयर्विंग लँगम्यूर / १८१
अँटनी लॉरेंट (लव्हॉयजे) / १८२
रॉबर्ट कॉख / १८३

रुडॉल्फ डिझेल / १८४
विल्यम मॉर्टन / १८५
ज्युलियस साक्स / १८६
लिओ बेकलंड / १८७
एन्रिको फर्मी / १८८
फिलो फ्रान्सवर्थ / १८९
जॉन बॉईड डनलॉप / १९०
एंपेडोक्लीस / १९२
वास्को द गामा / १९४
जॉन रे / १९६
टायको ब्राहे / १९८
डेव्हिड लिव्हिंग्स्टन / २००
मार्को पोलो / २०२
विल्यम हार्वे / २०४
कॅप्टन जेम्स कुक / २०६
आल्फ्रेड नोबेल / २१०
आयझ्क न्यूटनचे सफरचंद / २११
जॉन एरिकसन / २१२
राईट बंधू / २१३
जेम्स हटन / २१४
सॅम्युएल मॉर्स / २१५
हे कोण बोलले बोला / २१६
'विश्वाचा कारभार जुगार नाही' / २१९

सर डेव्हिड ब्रूस्टर

'जनतेच्या पैशाची धूळधाण होत आहे, जनहिताकडं दुर्लक्ष होतंय, विज्ञानाकडं तर कुणी लक्षच द्यायला तयार नाही.' वेळोवेळी निरनिराळ्या भाषणांतून शास्त्रज्ञांच्या सभाबैठकांमधून नेहमीच अशी किंवा या अर्थाची पल्लेदार भाषणे झडत असतात. मात्र लेखाची सुरुवात करण्यासाठी हे भाषण योग्य नसलं तरी या भाषणाला ऐतिहासिक महत्त्व आहे. कारण १८६७ साली झालेल्या एका सभेत सर डेव्हिड ब्रूस्टर यांना सेंट पीटर्सबर्ग, व्हिएन्ना, बर्लिन, कोपनहेगन, स्टॉकहोम, ब्रूसेल्स, गॉटिंजेन, मॉडना, वॉशिंग्टन आदी अनेक विद्यापीठांनी आणि विज्ञानसंस्थांनी मानद सदस्यत्व बहाल केलं होतं. याशिवाय शाही सैन्यानंसुद्धा त्यांना वेळोवेळी गौरवलं होतं. ह्यावेळी केलेलं हे भाषण होतं.

डेव्हिड ब्रूस्टरचा जन्म ११ डिसेंबर १७८१ रोजी जेडबर्ग येथे झाला. तो स्थानिक विद्यालयाच्या पर्यवेक्षकाचा मुलगा. 'मुलाचे पाय पाळण्यात दिसतात,' या म्हणीस जागून लहानपणापासूनच त्याच्या चिकित्सक आणि बहुश्रुत वृत्तीचे प्रदर्शन होत असे. लोक काय बोलतात, ते शांतपणे ऐकून, मग त्या बोलण्यातून आपल्याला हवी ती माहिती वेचून घेणे; हा त्याचा आवडता छंद होता. तो दहा वर्षांचा असताना इतर दहा वर्षांच्या मुलांच्या मानाने त्याच्या ज्ञानाचा खजिना अतिशय समृद्ध होता. याच काळात त्याने त्या खेड्यात उपलब्ध असलेल्या साधनांनी एक दूरदर्शी बनवली. त्याचे वडील धर्मोपदेशक होते. त्यामुळे मुलाच्या या छंदिष्टवृत्तीबद्दल त्यांना कौतुक नव्हते. त्यामुळे वडिलांनी डेव्हिडला स्कॉटलंडमधील चर्चच्या सेवेत पाठविले. वयाच्या तेविसाव्या वर्षी तो उत्कृष्ट प्रवचने करू लागला; पण या धर्मोपासनेमुळे त्याची ज्ञानोपासना बंद पडली आणि त्याचा डेव्हिडच्या मनावर परिणाम झाला. त्यामुळे त्याने धार्मिक सेवेस रामराम ठोकून शिक्षकी पेशात पडायचे ठरवले; तसेच तो स्थानिक नियतकालिकाचे संपादन करू लागला.

स्कॉटलंड आणि इंग्लंडच्या सरहद्दीवरच्या एका छोट्याशा गावातल्या एका लहानशा शाळेच्या शाळा प्रमुखाचा हा मुलगा मोठेपणी एवढी मानमान्यता मिळवेल

हे कुणाला सांगून खरे वाटले नसते. वडलांना वाटायचे, 'आपल्या मुलाने धर्मसेवक बनावं.' वयाच्या बाराव्या वर्षी डेव्हिडने एडिंबरो विद्यापीठात प्रवेश मिळविला आणि वयाच्या तेविसाव्या वर्षी धर्मगुरू बनून विद्यापीठीय शिक्षण पूर्ण केले. अशा रितीने वडिलांची इच्छा तर पूर्ण झाली; पण डेव्हिडच्या मनात वेगळीच इच्छा होती.

डेव्हिड लहान असताना एकदा योगायोगानेच त्याची जेम्स विच या खगोल शास्त्रज्ञाशी भेट झाली. या भेटीमुळे डेव्हिडइतका प्रभावित झाला होता की दहावे वर्षसुद्धा न लागलेल्या डेव्हिडने स्वत:ची एक दूरदर्शी दुर्बिण बनवून आकाश न्याहाळायला सुरुवात केली होती आणि तेव्हापासून प्रकाशाचा आणि प्रकाशकीय साधनांचा अभ्यास हा त्याचा छंद बनला होता. तसेच पुढे आंतरराष्ट्रीय कीर्ती मिळाल्यावरसुद्धा डेव्हिड आपले सर्व संशोधनाचे कागद प्रसिद्ध होण्यापूर्वी विच्ला दाखवून त्याने टीकाटिप्पणी केल्यावरच प्रकाशनासाठी पाठवत असे, हेही लक्षात ठेवायला हवे.

परावर्तन आणि ध्रुवीकृत प्रकाशाबद्दलचे त्यांचे संशोधन इतके उच्च प्रतीचे होते, की डेव्हिडला सर्वत्र मान मिळू लागला. वयाच्या केवळ चौतिसाव्या वर्षी रॉयल सोसायटीने डेव्हिड ब्रूस्टरना मानद सदस्य करून घेतले. डेव्हिडला तीन सुवर्ण पदके तर मिळालीच; पण फ्रेंच इन्स्टिट्यूटने त्याला युरोपातील सर्वांत महत्त्वाचे संशोधन केल्याबद्दल पंधराशे फ्रँक्सचे बक्षीसही दिले.

या संशोधनात मग्न असतानाच त्याला इ. स. १८१६ मध्ये असे आढळून आले की, आरसे जर एका विशिष्ट प्रकारे जमवले तर त्यांत खूप चित्रविचित्र आकृत्या दिसतात. कित्येक पिढ्या मुलांचे मनोरंजन करणारा हाच तो 'कॅलिडोस्कोप' होय. या यंत्राने स्वत: ब्रूस्टरना मात्र खूपच मनस्ताप सहन करावा लागला. ब्रूस्टरना या शोधाचे पेटंट घ्यायचे होते; 'हे संशोधन आपल्याला गरिबीतून वर काढेल. त्यामुळे आपल्याला संशोधनापुरता पैसा मिळेल' असे ब्रूस्टरना वाटत होते; पण ब्रूस्टरना पेटंट नोंदणी कायद्याची कल्पना नव्हती. या अज्ञानानेच त्यांचा घात केला. या पेटंटचा अर्ज ऑफिसात दिल्याबरोबर त्यांनी लंडनमधल्या एका भिंगे तयार करणाऱ्या माणसाला कॅलिडोस्कोप-गुणित प्रतिमादर्शकाचे सार्वजनिक प्रयोग करण्याची परवानगी दिली. कायद्याप्रमाणे आता या कल्पनेवर ब्रूस्टर यांचा अधिकार उरला नव्हता. त्यामुळे त्यांचा पेटंटवरचा अधिकार नाकारण्यात आला. बाजारात हजारोंनी गुणितप्रतिमादर्शक विक्रीस आले. ब्रूस्टरनी केलेल्या सार्वजनिक प्रदर्शनानंतर तीन महिन्यांत दोन लाख गुणितप्रतिमादर्शक लंडन आणि पॅरिसमध्ये खपले. अर्थात हे इतर व्यापाऱ्यांनी तयार केलेले असल्यामुळे ब्रूस्टर यांचा यातून काहीच फायदा झाला नाही. यामुळे ब्रूस्टर यांच्या लिखाणातून बऱ्याच वेळा, 'संशोधकांना योग्य मोबदला, मिळायला हवा' या विषयाचा उहापोह केलेला आढळतो.

यानंतरच्या काळात आपल्या शास्त्रीय कामातून वेळ काढून त्यांनी आणखी एक महत्त्वाचे काम हाती घेतले. त्या काळात सर्व शास्त्रज्ञ हे हौशी शास्त्रज्ञ असत. फुरसतीच्या वेळातील श्रीमंतीचा छंद हे विज्ञानाचे स्वरूप बदलून तो एक पूर्ण वेळचा व्यवसाय बनवणे आणि लोकांना या व्यवसायाचे महत्त्व पटवून देणे हे व्रत त्यांनी अंगिकारले. या काळात एडिंबरो एनसायक्लोपीडियाचे ते प्रमुख संपादक होते, एडिंबरो फिलॉसॉफिकल जर्नलच्या संपादक मंडळांवरही ते होते आणि दर वर्षी पाच महत्त्वाचे शास्त्रीय निबंध प्रकाशित करीत होते. त्यातून वेळ काढून त्यांनी संशोधनाला सामाजिक आणि व्यापारी महत्त्व मिळवून देण्याचे मनावर घेतले. विद्यापीठीय शिक्षकांचा फावल्या वेळातील छंद म्हणजे संशोधन. हा केवळ समाजाचाच नव्हे तर स्वत: त्या प्राध्यापकांचाही समज असावा; कारण 'आपल्या संशोधनाचा समाजाला काही उपयोग आहे का?' याचा या संशोधक मंडळींकडून कधीच विचार केला गेला नव्हता. तसेच या काळात इतरेजनांनाही विज्ञानाची तोंडओळख असावी हा विचार हास्यास्पद ठरत होता.

'विज्ञान हे समाजोपयोगीच असायला हवे' या कल्पनेचा ब्रूस्टरनी प्रचंड पाठपुरावा केला. समाज, शास्त्रज्ञ आणि व्यापारी यांचे परस्पर सामंजस्य वाढावे म्हणून त्यांनी इ. स. १८२१ मध्ये 'रॉयल स्कॉटिश सोसायटी ऑफ आर्ट्स अँड सायन्स', १८२२ मध्ये 'रॉयल आयरिश अकॅडमी ऑफ आर्ट्स अँड सायन्स'ची स्थापना केली. अशा संस्थांमुळे उत्पादक आणि संशोधकांची जवळीक साधली गेली; पण राज्यकर्ते मात्र विज्ञानाकडे आकृष्ट होऊ शकले नाहीत, हेही तितकेच खरे.

जोपर्यंत विज्ञानाला राजमान्यता मिळत नाही तोपर्यंत वैज्ञानिकांना बरे दिवस येण अशक्य आहे हे जाणून ब्रूस्टरनी 'ब्रिटिश असोसिएशन फॉर अॅडव्हान्समेंट ऑफ सायन्स' या संस्थेची स्थापना केली. या संस्थेची पहिली सभा सप्टेंबर १८३१ मध्ये झाली. या सभेस तीनशे पंचवीस लोक उपस्थित होते. मुख्य म्हणजे या सभेचा उद्देश अगदी शंभर टक्के सफल झाला असे म्हटले पाहिजे. कारण इंग्लंडचा राजा चौथा विल्यम याने ब्रूस्टरला 'हॅनोवेरीयन ऑर्डर ऑफ ग्वेल्फ' या पदवीने सन्मानित केले; पण या पदवीला इंग्लंडमध्ये 'सरदार' हा किताब म्हणून मान्यता नाही हे राजाच्या लक्षात येण्यास वेळ लागला. पण ही चूक लक्षात येताच राजाने ब्रूस्टरला निरोप पाठवून बोलावून घेतले. त्यामुळे ब्रूस्टर राजदरबारात हजर राहिले. दुर्दैवाने विल्यम राजा आपल्या अधिकाऱ्यांजवळ किंवा दरबारी मंडळाजवळ ब्रूस्टरबद्दल काहीच बोलला नव्हता. त्यामुळे ब्रूस्टरने चौकशी केली तेव्हा या सन्मानाबद्दल कुणालाच काही माहिती नाही असे त्यांना आढळून आले. यामुळे वैतागपूर्ण निराशेने ब्रूस्टर दरबारातून बाहेर पडण्यास सज्ज झाले. तेवढ्यात स्वत:

महाराजांचेच त्यांच्याकडे लक्ष गेले तेव्हा विल्यम राजांनी स्वत: जाऊन ब्रूस्टरना थांबवले, त्यांची माफी मागितली आणि त्यांना कमरेला तलवारच नाही. हे लक्षात आले आणि या समारंभाला तर तलवारीची आवश्यकता होती. अखेरीस इंग्लंडच्या त्या उमद्या राजाने ड्यूक ऑफ डेव्हनशायरची तलवार मागून घेतली आणि ब्रूस्टरच्या दोन्ही खांद्यांवर ती टेकवून त्याचा आपल्या सरदारांत समावेश केला. आताच्या काळात हे सगळे खूपच समारंभाने घडते; तरीही विज्ञानाला आणि वैज्ञानिकाला राजमान्यता मिळवून देणारा हा पहिला समारंभ म्हणून या घटनेला महत्त्व प्राप्त होते.

यानंतर ब्रूस्टरनी ब्रिटिश असोसिएशनच्या प्रगतीसाठी मन लावून काम केले. इ. स. १८५१ मध्ये त्यांनी एक विज्ञानविषयक प्रचंड मोठे प्रदर्शन भरवले. या प्रदर्शनाचा हेतू सामान्यजनांना विज्ञानाचा आवाका समजावून देणे हा होता. यानंतर दिवसेंदिवस सर डेव्हिड ब्रूस्टर यांचे महत्त्व वाढतच गेले. प्रिन्स अल्बर्टनी कोहिनूर हिऱ्याचे नव्याने पैलू पाडण्याच्या प्रसंगी त्यांचा सल्ला घेतला. ॲडा बायरन या गणक यंत्राची आद्य जनक समजल्या जाणाऱ्या स्त्रीने परलोक विद्येच्या खरेखोटेपणाची शहानिशा करण्यासाठी सर डेव्हिड ब्रूस्टरची मदत घेतली.

बहुरूपदर्शकाच्या प्रयोगातून प्रकाशाच्या परावर्तनाचे साह्य घेऊन प्रकाशाचे ध्रुवीकरण करायचा त्यांचा प्रयत्न यशस्वी झाला, त्याबद्दल त्याला कोपली पदक मिळाले. ब्रूस्टर दिर्घोद्योगी होता. त्या काळातील बहुतेक सर्व विश्वकोशांमध्ये आणि शास्त्रीय नियतकालिकांमध्ये त्याचे लेख आणि नोंदी आढळतात. त्याने अनेक शास्त्रज्ञांची चरित्रे लिहिली. दीपगृहातील दिव्यामध्ये सुधारणा घडवून आणल्या. रंगांधळेपणाची कारणे शोधून काढलीच; पण रंगांधळेपणाचे विविध प्रकार असतात, हेही सिद्ध केले. त्याचा मित्र जॉन डाल्टन हा रंगांधळा होता. त्याच्या दृष्टिदोषाचा अभ्यास करून रंगांधळेपणाची उकल करता आली, म्हणून त्याने या प्रकारास 'डाल्टनिझम' हे नाव दिले. ब्रिटिश असोसिएशन ऑफ ॲडव्हान्समेंट ऑफ सायन्सेसची स्थापना करण्यात त्याने पुढाकार घेतला.

हे सर्व उद्योग चालू असतानाच उद्योगधंद्यांतून वैज्ञानिक आणि वैज्ञानिक दृष्टिकोन यांचे महत्त्व वाढावे यासाठी त्यांचे प्रयत्न चालू होतेच. १८६७ मध्ये रॉयल सोसायटी ऑफ एडिंबरोपुढे भाषण करताना ते म्हणाले, "गेली कित्येक शतके सरकार विज्ञानासाठी जे करू शकले नाही, ते ब्रिटिश असोसिएशनने गेल्या पंचवीस वर्षांत करून दाखवलेय!"

आपले सर्व बहुमान हे विज्ञानाचे झालेले बहुमान आहेत, अशी त्यांची धारणा होती. रात्री ते गोरगरिबांना दूरदर्शीच्या साहाय्याने आकाशदर्शन घडवून आणत असत; तर कधी एखादा शेतकरी आपल्या गायीचे डोळे सुधारून द्या म्हणून

त्यांच्याकडे येत असे.

त्यांनी आयुष्यभरात तीनशे पंधरा शास्त्रीय निबंध लिहिले. कारण 'ज्ञान दिल्याने वाढते' अशी त्यांची श्रद्धा होती. याशिवाय सामान्यांसाठी त्यांनी असंख्य लेख वगैरे लिहिले. त्यांची वीस पुस्तकेही प्रकाशित झाली.

विज्ञान आणि साहित्य यांच्यात अतूट नाते आहे, असे म्हणणाऱ्या ब्रूस्टरची विनोदबुद्धीही तीव्र होती. सामाजिक अन्यायाची चीड असल्यामुळे त्याने अनेक सामाजिक संस्था स्थापन केल्या, काही निषेध मोर्चांमध्येही भाग घेतला; पण त्याचे खरे प्रेम विज्ञानावर होते. उरलेला वेळ तो साहित्याचे परिशीलन करण्यात आणि साहित्यिकांच्या सहवासात घालवीत. त्यामुळे संशोधनासाठी आवश्यक तो ताजेपणा मनास प्राप्त होतो, असा त्याचा दावा होता. 'नाईटहूड' देऊन शासनाने त्याच्या कार्याचा गौरव केलाच; पण इतरही अनेक सन्मान त्याला प्राप्त झाले. सर डेव्हिड ब्रूस्टर यांचे अलेरी, मेलरोझ इथे १० फेब्रुवारी १८६८ रोजी निधन झाले.

विज्ञानाला सामाजिक आणि शाही मान्यता मिळवून देण्यात सर डेव्हिड ब्रूस्टर यांचा फार मोठा वाटा आहे आणि हे कार्य त्यांनी एकोणिसाव्या शतकातच पार पाडले याबद्दल आपण त्यांचे ऋण मान्य करायला हवे.

◆

मायकेल फॅरेडे

१२ सप्टेंबर १७९१ या दिवशी लंडनमध्ये एका घिसाड्याच्या पोटी मायकेल फॅरेडे यांचा जन्म झाला. घरची अत्यंत गरिबी असल्यामुळे फॅरेडेंना शालेय शिक्षण घेणे शक्य झाले नव्हते. आपल्या शिक्षणाबद्दल बोलताना फॅरेडे एकदा म्हणाले होते,

''माझे शिक्षण एका अतिशय सामान्य शाळेत झाले. शाळेबाहेरचा सर्व वेळ मी रस्त्यावरच खेळण्यात घालवत असे. मला लिहिणे, वाचणे आणि गणित विषयाचे अगदी प्राथमिक ज्ञान तेवढे शाळेत मिळाले होते.'' वयाच्या १३ व्या वर्षी फॅरेडेंनी पुस्तकाच्या एका दुकानात निरोप्याची नोकरी धरली. या दुकानाच्या मालकाचे नाव रिबॉ. एक वर्ष नोकरी केल्यावर रिबॉने फॅरेडेंची ७ वर्षाच्या करराराने पुस्तक–बांधणी खात्यात शिकावू उमेदवार म्हणून नेमणूक केली.

''मी जेव्हा पुस्तक–बांधणी खात्यात होतो तेव्हा बांधायला आलेल्या पुस्तकांबरोबरच त्यांचे वाचनही मी करीत असे. त्यातल्या त्यात मला वैज्ञानिक विषयांवरची पुस्तकं खूप आवडत असत. मार्सेच 'कॉन्व्हर्सेशन्स इन केमिस्ट्री' आणि एनसायक्लोपीडिया ब्रिटानिकाच्या विद्युत विषयक भागानं माझं लक्ष वेधून घेतलं होतं.'' (रसायनशास्त्र विषयक संवाद पुस्तक हे मराठीतच्या आद्यविज्ञान ग्रंथांपैकी एक असून ते कॉन्व्हर्सेशन्स इन केमिस्ट्रीचा अनुवाद आहे.) हे काम करीत असतानाच फॅरेडे फावला वेळ उरलाच, तर सर हंफ्रे डेवी यांच्या रसायनशास्त्र विषयक व्याख्यानांना उपस्थित राहून त्यावेळी भरपूर नोंदी घेत असत. यामुळे आपल्याला याही रसायनसंस्थेत नोकरी मिळेल या आशेने फॅरेडेंनी शाही संस्थेत अर्ज टाकण्याचे धाडस केले. त्यांचा अर्ज तात्काळ नामंजूर होऊन परत करण्यात आला होता.

१८१२ मध्ये पुस्तक–बांधणीची सात वर्षे कराराची मुदत संपली. तेव्हा मस्य द ल रोश यांच्या धंद्यात फॅरेडेंनी फिरता पुस्तक–बांधणी कारागीर म्हणून नोकरी पत्करली; पण या फिरस्तेगिरित आणि पुस्तक–बांधणीत त्यांचे मन रमेना. तेव्हा फॅरेडेंनी सर हंफ्रे डेवी यांच्याकडे अर्ज केला. आपल्या कळकळीचा पुरावा म्हणून

फॅरेडेंनी डेवींच्या व्याख्यानाच्या नोंदी या अर्जासोबत जोडल्या होत्या. सर हंफ्रे डेवी हे थोर शास्त्रज्ञ असले, तरी ते कोत्या मनोवृत्तीचे, वृथाभिमानी गृहस्थ होते. आपल्या व्याख्यानांच्या एवढ्या भरघोस नोंदी ठेवणारा पोरगा म्हणून त्यांनी फॅरेडेंना व्यक्तिगत सहाय्यक सचिव म्हणून ठेवून घेतले; पण काही दिवसांतच त्यांची मर्जी फिरली. "तुला पुस्तक बांधणी करण्याशिवाय दुसरे काहीही जमणे शक्य नाही. तुला मोठ्या लोकांत ऊठबस कशी करावी, त्यांचा चालीरीती कोणत्या, हे कळणे शक्य नाही!'' असे सांगून डेवींनी फॅरेडेंना हाकलून दिले. यानंतर फॅरेडे निराशेने, पुस्तक-बांधणी व्यवसाय तरी करावा म्हणून भांडवल जमवत असतानाच सर हंफ्रे डेवींचा नूर बदलला आणि त्यांनी मायकेल फॅरेडेंना परत बोलावून घेतले. यानंतर आपल्या आयुष्याचा सर्व काळ फॅरेडेंनी प्रयोगशाळेत घालवला.

सुरुवातीला प्रयोग-सहाय्यक म्हणून फॅरेडे सर हंफ्रे डेवींबरोबर युरोपच्या दौऱ्यावर दोन वर्षंकरता गेले. परत आल्यावर डेवींनी आपल्या प्रयोगशाळेचा ताबा फॅरेडेंना दिला. या प्रयोगशाळेत रसायन, विद्युतरसायन आणि मिश्रधातू आणि शास्त्र या विषयातले प्रयोग फॅरेडे करत असत.

केवळ या प्रयोगांनीच फॅरेडेंना शास्त्रज्ञ म्हणून मान्यता मिळवून दिली असती. फॅरेडेंनी बेंझिनचा शोध लावला; गंजविरहीत पोलादाची प्रथम निर्मिती करण्याचा मान मिळवला. अनेक वायूंचे द्रवरूप सर्वप्रथम तयार केले, विद्युत-विघटनाचे नियम प्रस्थापित केले तसेच ध्रुवीकृत प्रकाशाच्या पातळीचे चुंबकीय परिवलन कसे होते याचे नियम सिद्ध करून दाखवले.

विद्युत शास्त्रातले फॅरेडेंचे नियम आणि शोध इतके गाजले की त्यामुळे फॅरेडेंच्या या संशोधनाची माहिती आपण करून घेत नाही. त्यांच्या कष्टप्रद बालपणाकडे आपण दुर्लक्ष करतो.

मायकेल फॅरेडेंनी विद्युत प्रवर्तन (इंडक्शन ऑफ इलेक्ट्रिसिटी) शोधून काढले. यामुळे त्यांच्या इतर संशोधनाकडे दुर्लक्ष करून चालणार नाही. फॅरेडे सैद्धांतिक वास्तवशास्त्राचे उद्गाते होते. आधुनिक वास्तवशास्त्राचा पाया घालणाऱ्या महान शास्त्रज्ञांपैकी एक, असा त्यांचा गौरव होतो. न्यूटननी निर्माण केलेल्या वास्तव शास्त्रीय चौकटीस छेदून फॅरेडेंनी वास्तव शास्त्रात क्रांती घडवून आणली. विद्युत क्षेत्र, चुंबकीय क्षेत्र अशा प्रभावक्षेत्रांची कल्पना फॅरेडेंचीच होती. यावर पुढे जेम्स क्लार्क मॅक्सवेलनी विद्युत चुंबकीय सिद्धान्त उभारला. ह्यावर आईन्स्टाईन यांनी सापेक्षतेचे इमले चढवले आणि विसाव्या शतकातले आधुनिक वास्तवशास्त्र उभे राहू शकले.

ज्या मुलाला शालेय शिक्षण जवळजवळ मिळालेच नव्हते, गणिताशी त्याचा फारसा संबंधही आला नव्हता, त्या व्यक्तीने एवढे प्रचंड शोध लावावेत, ही

आश्चर्याची गोष्ट मानली जाते. गणिती सिद्धान्ताची माहिती नसलेल्या फॅरेडेंनी आपली कल्पनाशक्ती वापरल्याने त्यांच्या हातून हे महान कार्य घडू शकले. आपल्या विद्युतीय व चुंबकीय आविष्कारांच्या कल्पनांना मूर्त स्वरूप देण्यासाठी त्यांनी सोप्या व अगणिती स्पष्टीकरणांचा वापर केला. त्यांची अंत:प्रवृत्ती (इंट्यूशन) आणि विचारांचे स्वातंत्र्य यामुळेच त्यांच्या हातून हे कार्य घडू शकले.

फॅरेडेंनी आपल्या संशोधनासंबंधी सर्व काही बारीकसारीक नोंदी ठेवल्या आहेत. त्या पुढे सात खंडात प्रसिद्धही झाल्या आहेत. त्यांचा मृत्यू २५ ऑगस्ट १८६७ या दिवशी झाला.

◆

मॅक्स प्लँक

प्रकाश कशाचा बनलेला असतो? प्रकाश म्हणजे काय? प्रकाश हा ध्वनी किंवा जलतरंगासारखा लहरींचा बनलेला असतो, की तो अतिसूक्ष्म कणांचा बनलेला असतो? या मुद्दावर १७ व्या शतकात शास्त्रीय जगतात प्रचंड धुमश्चक्री होऊन दोन तट पडले. आयझॅक न्यूटन प्रकाश कणांच्या सिद्धान्ताचा उद्गाता होता, तर ख्रिश्चन ह्यूजेन्स लहरींचा सिद्धान्त खरा असे म्हणत होता; पण जीवनातील इतर व्यवहाराप्रमाणे शास्त्रीय जगतातही मान्यताप्राप्त नावास मोठे महत्त्व असते. न्यूटन त्या काळातला मानला गेलेला गणिती, तो कसा चूक ठरेल! शिवाय त्या काळात शास्त्रीय जगाला न्यूटनने आपल्या निरनिराळ्या शोधांनी दिङ्मूढ करून टाकलेले होते. त्यामुळे त्या काळात तरी प्रकाश कणांनी प्रकाश लहरींवर विजय मिळवला. पुढची १०० वर्षे प्रकाश कणांचा सिद्धान्त प्रमाणभूत मानला जाऊ लागला.

प्रकाशाचे परावर्तन, वक्रीभवन व ध्रुवीकरण समजावून सांगणारा ह्यूजेन्सचा प्रकाश लहरींचा सिद्धान्त धूळ खात पडला व कालांतराने विसरला गेला. नंतर थॉमस यंगने न्यूटनच्या चकत्यांचा जगप्रसिद्ध प्रयोग केला. त्यात प्रकाश किरण एकमेकांचे हनन किंवा उत्सहन करतात. त्यामुळे एका आड एक मलूल व तेजस्वी रंगपट मिळतो ही गोष्ट ह्यूजेन्सच्या लहरींच्या सिद्धान्ताने स्पष्ट करता येते हे सिद्ध झाले. आता कणांचा सिद्धान्त मागे पडला.

अतिशय हुशार म्हणून प्रसिद्धी पावलेल्या जेम्स क्लार्क मॅक्सवेलने यानंतर आपला विद्युत्चुंबकी सिद्धान्त जगापुढे मांडला. त्याने प्रकाश हा विद्युत चुंबकीय वर्णपटाचा भाग असल्याचे सिद्ध केले. प्रकाश लहरींच्या सिद्धान्ताचा आता विजय झाला होता. १९ व्या शतकाच्या अखेरीस प्रकाशाच्या बाबतीतील जवळजवळ सर्व गोष्टी प्रकाश लहरींच्या साहाय्याने स्पष्ट करून सांगता येत होत्या. तेव्हा हायन्रिश हर्ट्झने "प्रकाश लहरींचा सिद्धान्त अभेद्य आहे.'' असे म्हटले. त्यानंतर अकरा वर्षे पूर्ण व्हायच्या आत एक हळूवार पण आत्मविश्वासाने भारलेला आवाज शास्त्रीय

जगताला म्हणू लागला 'माफ करा हं! पण मला असं वाटलं की, प्रकाश व उष्णता हे ऊर्जाभारित तुकडे असतात. त्यांना मी क्वांटा असं म्हणायचं ठरवलंय!' पुढे मॅक्स प्लॅंकचा हा सिद्धान्त 'क्वांटम थिअरी' म्हणून जगन्मान्य झाला.

२३ एप्रिल १८५८ या दिवशी कील या बंदरात मॅक्स प्लॅंकचा जन्म झाला. त्याचे आई-वडिल जर्मन नागरिक होते. मॅक्सच्या जन्मानंतर काही काळाने ते म्युनिच येथे स्थायिक झाले. मॅक्सचे उच्च माध्यमिक शिक्षण म्युनिचच्या मॅक्सिमिलियन जिम्नॅशियम या संस्थेत पार पडले. तिथल्या गणित व शास्त्र विषयांच्या हर्मन म्यूलर या शिक्षकाच्या शिकवण्याने मॅक्स भलताच प्रभावित झाला. आपल्या शिक्षकांच्या शिकवण्यामुळेच शास्त्रज्ञ बनण्याच्या महत्त्वाकांक्षेने प्लॅंक भारला गेला, हे लक्षात ठेवण्यासारखे आहे.

मॅक्स प्लॅंकचे जिम्नॅशियममधले शिक्षण १७ व्या वर्षीच संपले. उच्च शिक्षणासाठी मॅक्स प्लॅंकने सैद्धांतिक वास्तवशास्त्राचा अभ्यास करायचे ठरवले. या शास्त्रात अभ्यास करणे म्हणजे बेकारीची खात्री असे त्या काळात म्हटले जात असे तरीही मॅक्सने हे धाडस केले हे विशेष.

मॅक्सचे विद्यापीठातील शिक्षण म्युनिच येथे सुरू होऊन बर्लिन येथे संपले. मॅक्सने सैद्धांतिक वास्तवशास्त्राबरोबरच प्रायोगिक वास्तवशास्त्र व गणिताचाही अभ्यास केला. इथे त्याला लुड्विग सिडेल, फॉन जॉली, हेल्महोल्ट्झ व किरशॉफ आदी मान्यवरांबरोबर काम करायची संधी मिळाली. सैद्धांतिक वास्तवशास्त्र यावेळी बाल्यावस्थेत होते. शिवाय विद्यापीठात या विषयासाठी शिक्षकही नव्हते की या विषयाचे वर्ग भरत नव्हते. यामुळे सैद्धांतिक वास्तवशास्त्राचा अभ्यास करणाऱ्या प्लॅंकला स्वत:चा अभ्यास स्वत:च करावा लागत असे. ऊर्जेचा अविनाशीपणा व ऊष्मागतिकीचे नियम हे त्याच्या अभ्यासाचे आवडते विषय होते.

स्वत:च्या 'सायंटिफिक ऑटोबायॉग्राफी'त प्लॅंक लिहितो की, त्याच्या डॉक्टरेटच्या थिसीसकडे-प्रबंधाकडे त्या काळात कुणाचेही लक्ष गेलेले नव्हते. त्याने १८७९ मध्ये आपला प्रबंध सादर केला होता. त्याच्या एकाही प्राध्यापकाला त्या प्रबंधात प्लॅंकने काय लिहिले आहे ते कळत नव्हते. प्लॅंकच्या इतर उद्योगांमुळे, प्रयोगशाळेतील धडपडीमुळे व गणिती सभेतील भाषणांमुळे प्रभावित झालेल्या त्याच्या गुरूवर्यांनी त्याचा प्रबंध आत काय आहे हे न समजताच मान्य केला! याही पेक्षा प्लॅंकला सर्वात जास्त आश्चर्य वाटले ते या विषयाशी संबंधित असलेल्या त्याच्या सहाध्यायांचे. त्यांनी सुद्धा प्लॅंकच्या प्रबंधाकडे दुर्लक्ष केले होते. अगदी फॉन जॉली व हेल्महोल्ट्झ यांनीही प्लॅंकच्या संशोधनाकडे दुर्लक्ष केले होते. एवढेच नव्हे तर त्या प्रबंधाची पाने उलटायचे साधे श्रमही घेतले नव्हते. यामुळे प्लॅंक निराश झाला. किरशॉफला तर त्याचा प्रबंध मान्यच नव्हता.

यानंतर बरीच वर्षे प्लँक ऊर्जा व एंट्रॉपी यांचा अभ्यास करीत होता. एंट्रॉपी म्हणजे ऊर्जेचे एका स्वरूपातून दुसऱ्या स्वरूपात रूपांतर होत असताना उपयोगात न येऊ शकलेली ऊर्जा. या निरुपयोगी ऊर्जेचा अभ्यास करीत असलेल्या प्लँककडे त्याच्या संशोधनासकट सर्वांनी दुर्लक्ष केले. मुख्य म्हणजे या संशोधनातून त्याने जे निष्कर्ष काढले ते जोसिआ विलार्ड गिब्ज या अमेरिकन शास्त्रज्ञाने पूर्वीच जगापुढे मांडलेले होते.

आपले संशोधन चालू असताना आपल्याला कुठेतरी प्राध्यापक करतील म्हणून प्लँक संधीची वाट पहात होता; पण त्याला कुणी प्राध्यापकही करत नव्हते. अखेरीस १८८५ मध्ये आपल्या संशोधनाचे चीज व्हावे या एकमेव इच्छेने त्याने गॉटिंजेन विद्यापीठाच्या परिषदेत 'ऊर्जेचे स्वरूप' या विषयावर आपल्या संशोधनावर आधारित निबंध पाठवला. प्लँकला इथे दुसरे बक्षीस मिळाले. गॉटिंजेन विद्यापीठाच्या वास्तवशास्त्राचे विभाग प्रमुख होते प्रा. बेबर. त्यांचा व हेल्महोल्ट्झचा ज्या विषयावर वाद होता त्याच विषयात प्लँकने हेल्महोल्ट्झची बाजू उचलून धरली होती; पण अखेरीस त्यांच्या परिश्रमांचे चीज केले ते कील विद्यापीठाने १८८५ मध्ये गॉटिंजेन येथे निबंध वाचल्यावर काही दिवसांनी कील विद्यापीठाने प्लँकची सहाय्यक प्राध्यापक म्हणून नेमणूक केली. १८८९ मध्ये किरशॉफ नंतर प्लँक बर्लिन विद्यापीठात किरशॉफच्या जागी रूजू झाला. त्याच्या गॉटिंजेन इथल्या निबंध वाचनाची फळे त्याला आता मिळू लागली होती. १८९२ मध्ये तो बर्लिन विद्यापीठात प्राध्यापक व पुढे विभाग प्रमुख बनला. त्याने बर्लिन विद्यापीठात १९२८ पर्यंत काम केले. वयाच्या ७० व्या वर्षी तिथून प्राध्यापक प्लँक निवृत्त झाले ते जगन्मान्य शास्त्रज्ञ बनूनच.

गॉटिंजेन स्पर्धेनंतर प्लँक एट्रॉपी व ऊर्जा या आपल्या आवडीच्या विषयांकडे वळला व त्याने आपल्या आवडत्या सैद्धांतिक विषयाचा अभ्यास चालू ठेवला. या अभ्यासातच 'काळ्या वस्तूमात्रातून होणारे उत्सर्जन' हा विषय त्याच्या कुशाग्र बुद्धीने सोडवायचे ठरवले. या गुंतागुंतीच्या विषयाची उकल करण्याचे प्रयत्न यापूर्वीच्या अनेक शास्त्रज्ञांनी नेहमीच्या चाकोरीबद्ध विज्ञानाच्या साहाय्याने केले होते व ते म्हणावे तितके यशस्वी ठरलेले नव्हते. निरनिराळ्या तापमानात तप्त काळ्या वस्तूमात्रातून उत्सर्जित होणाऱ्या ऊर्जेचे काय होते? हा प्रश्न शास्त्रज्ञांना खूप सतावत होता.

विद्युत शेगडीचे तारेचे भेंडोळे कसे तापते व तापता तापता त्याचा रंग कसा बदलत जातो हे आपल्यापैकी बऱ्याच जणांनी पाहिले असेल. काळी तार गडद लाल होते व नंतर तिला झळाळी येते. याचाच अर्थ तपमान व रंगातील बदल यांचा परस्पर संबंध असायला हवा. लॉर्ड रॅली यांनीही याबाबत संशोधन केलेले होते. त्यांनी तप्त वस्तूच्या उत्सर्जनात अदृश्य अतिनील किरण असतात व हे उत्सर्जन

अगदी कमी तरंगायामाचे असते हे सिद्ध केले होते. प्लँकने याच प्रकारचे, पण अधिक सखोल संशोधन करण्याचा निश्चय पक्का केला. जर निरनिराळ्या रंगांचा नि उत्सर्जित ऊर्जेचा व तरंगायामांचा संबंध काळ्या वस्तूच्या उत्सर्जनाच्या बाबतीत प्रस्थापित करता आला, तर ऊर्जेचे मूलभूत स्वरूप कळण्यास मदत होईल. याबद्दल त्याची खात्री होती.'

असंख्य आलेख व गणिती समीकरणे सोडवून प्लँकने 'उत्सर्जन सतत न होता टप्प्याटप्प्याने होत असावे' असा तर्क केला; या संदर्भात एक गणिती सूत्र बनवले. प्लँकला जगन्मान्यता मिळायला अजून खूप अवकाश होता. त्याच्या संशोधनाचे जगाला आकलन होत नव्हते! मात्र १९१८ मध्ये मॅक्स प्लँकला त्याच्या 'क्वांटम थिअरी' च्या संशोधनाबद्दल 'नोबेल प्राइझ' बहाल करण्यात आले.

१९०५ मध्ये अल्बर्ट आईनस्टाईनने आपल्या प्रकाशाच्या फोटॉन सिद्धान्ताने शास्त्रीय जगतास हादरा दिला. प्रकाशकीय विद्युत परिणामांचे गूढ उकलण्यासाठी त्याने फोटॉन सिद्धान्त वापरला होता. प्रकाश किरण पडल्यावर काही धातू इलेक्ट्रॉन बाहेर फेकतात. ते असे का करतात ह्याची उकल आईनस्टाईनने केली होती. आईनस्टाईनने या सिद्धान्तासाठी जे समीकरण वापरले होते ते प्लँकच्या क्वांटम सिद्धान्ताचा उपयोग करून मांडण्यात आले होते. १९०६ मध्ये आईनस्टाईनने क्वांटम सिद्धान्ताचा उपयोग करून पदार्थाकडून उष्णतेचे शोषण केले जाते त्यासंबंधी एक महत्त्वाचा शोध लावला होता. १९१३ मध्ये नील्स बोर या अणुशास्त्रज्ञाने क्वांटम सिद्धान्ताचा उपयोग करून अणूचे स्वरूप स्पष्ट केले होते. १९१५ मध्ये रॉबर्ट मिलिकानने प्लँकच्या कॉन्स्टंट (h) चे सैद्धांतिक मूल्य व प्रायोगिक मूल्य (६.५६×१०^{३४}) एकच आहे हे सिद्ध केले होते. आता मात्र शास्त्रीय जगाला प्लँककडे दुर्लक्ष करणे अशक्य झाले, कारण प्लँकचा क्वांटम सिद्धान्त शास्त्रातील अनेक कोडी सोडवू शकत होता.

मॅक्स प्लँकचे खाजगी आयुष्यही असंख्य शोकप्रद घटनांची मालिकाच होते. १९०९ मध्ये त्याच्या पहिल्या पत्नीचे देहावसान झाले. या पत्नीपासून प्लँकला ४ अपत्ये होती. कालांतराने त्याने दुसरे लग्न केले. त्याला एकूण ७ मुले झाली, पण सर्वच मुले प्लँकच्या आधीच हे जग सोडून गेली. त्याचा सर्वांत मोठा मुलगा कार्ल १९१६ मध्ये पहिल्या महायुद्धात मारला गेला. त्यानंतर वर्षावर्षाच्या अंतराने त्याच्या जुळ्या मुली बाळंतपणात वारल्या.

१९३३ मध्ये नाझी सत्ता प्रस्थापित झाली तरी जर्मनी सोडायला प्लँकने नकार दिला. तो हिटलरच्या व नाझी पक्षाच्या अमानुष धोरणांना जाहीर विरोध करीत होता. पंचाहत्तराव्या वर्षी त्याने हे असामान्य धैर्य दाखवले. ह्यातच त्याचे असामान्यत्व सिद्ध होते. १९४४ मध्ये त्याचा उरलेला एकमेव मुलगा अर्विन प्लँक याला हिटलरला

मारण्याच्या कटात भाग घेतल्याच्या आरोपावरून मृत्यूदंड ठोठावण्यात आला. यानंतर काहीच दिवसात प्लँकचे घर व ग्रंथसंग्रह बाँब हल्ल्यांत जळून गेले. केवळ नशीब म्हणूनच प्लँक व त्याची पत्नी हे अपघातातून वाचले.

युद्ध संपल्यावर प्लँकचा त्याच्या नव्वदाव्या वाढदिवशी भव्य सत्कार करायचे ठरत असतानाच ४ ऑक्टोबर १९४७ या दिवशी मॅक्स प्लँक याचे निधन यानंतर कैसर विल्हेल्म अॅकॅडमी ऑफ सायन्सचे नाव बदलून मॅक्स प्लँक अॅकॅडमी ऑफ सायन्स असे ठेवण्यात आले. जर्मनीतील शास्त्रीय संशोधनाचे सर्वोच्च बक्षीसही मॅक्स प्लँक यांच्या नावे देण्यात आले.

◆

निकोला तेस्ला

''आज संध्याकाळी जर विशेष काही बेत नसेल तर प्लेअर्स क्लब मध्ये मला भेट!'' मार्क ट्वेन.

ही चिठ्ठी हातात पडल्यावर निकोला तेस्लाने त्याच चिठ्ठीवर घाईघाईत उत्तर खरडले.

''कामे पडली अनंत!
मध्यरात्री प्रयोगशाळेत होईल भेट!!
तिथे प्रयोगशाळेतील गंमत!
दृष्टीस पडेल!''

निकोला तेस्ला मॅनहटनमधल्या एका पॉश हॉटेलात जेवत होता. जेवण संपल्यावर मित्र मंडळींशी गप्पा मारून बरोबर दहाच्या ठोक्याला तो वाल्डार्फ ऑस्टोरिया हॉटेलच्या बार रूममधून बाहेर पडला. आपल्या प्रयोगशाळेकडे जात असताना एका छोट्या बागेकडे त्याची पावले वळली. त्याने एक शीळ घातली. ती शीळ ऐकताच जवळच्याच उंच इमारतीवर पंखांची फडफड झाली. एक पांढरे कबुतर येऊन तेस्लाच्या खांद्यावर बसले. तेस्लाने खिशातून एक पिशवी काढली. त्यातले धान्य आपल्या ओंजळीत ओतले नि हात खांद्याजवळ नेला. कबुतराचे खाणे होताच त्या कबुतराला हवेत उडवून तेस्ला पुढे निघाला.

'आता काय करायचं? जर या चौकाला फेरा घातला तर संपूर्ण गल्लीला तीन फेरे घालावे लागणार,' असे तो स्वत:शीच म्हणाला. ती त्याची सवय होती. मग तेस्ला परत फिरला; आणि ब्लीकर स्ट्रीटवरच्या आपल्या प्रयोग शाळेत शिरला.

अंधारातच सवयीने निकोला तेस्लाने एक बटन दाबले. भिंतीवरच्या नळ्या लगेच झळाळू लागल्या. त्या उजेडात त्या प्रचंड प्रयोगशाळेतली यंत्र नि त्यांच्या सावल्या यामुळे एक गूढ वातावरण तयार झाले. सर्वात महत्त्वाची गोष्ट म्हणजे या काच नळ्यांना कुठेही तारा जोडलेल्या नव्हत्या. छताजवळ अनेक तारांची भेंडोळी

असली, तरी ती कुठेही काच नळ्यांना जोडलेली नव्हती. तेस्ला कुठलाही दिवा उचलून आपल्या प्रयोगशाळेत फिरवू शकत असे. हा दिवा त्याच्या हातात येताक्षणी पेट घेत असे.

एका कोपऱ्यात एक विचित्र यंत्र थरथरू लागले. ते पाहताच तेस्लाच्या चेहऱ्यावर समाधान पसरले. इथे एका फलाटाखाली अगदी छोटे छोटे कंपक काम करीत होते. तेस्लाने खिडकीतून बाहेर नजर टाकली. त्याच्या प्रयोगशाळेच्या आसपास असणारी घरे अंधारात बुडाली होती. यातल्याच कुणीतरी त्याच्या विरुद्ध तक्रार केली होती. या प्रयोगशाळेच्या खिडकीतून दिसणारी निळी ज्योत, चमत्कारिक उजेड, रस्त्यात चमकणाऱ्या विजा, याबद्दल या शेजाऱ्यांनी तक्रार केली होती.

मग निकोला तेस्ला वळला. त्याने एका यंत्राजवळ काहीतरी खुडबूड केली. मग एक प्रयोग करण्यात तो गढून गेला. असा किती वेळ गेला कुणास ठाऊक. दारावर कुणीतरी धक्के मारल्याने तेस्ला भानावर आला. दाराजवळ येऊन बघतो तो चॉन्सी मॅक्गवर्न हा इंग्लिश वार्ताहिर त्याच्या भेटीस आला होता. मॅक्गवर्नचे स्वागत करेपर्यंत मार्क ट्वेनही तिथे दाखल झाला. मार्क ट्वेनबरोबर जोसेफ हा नटही होता. सगळ्यांची ओळखदेख पार पडली. मॅक्गवर्न हा 'पीअर्सन्स मॅगेझीन' चा वार्ताहिर या पाश्चिमात्य जादूगाराची जादू बघायला हजर होता. तेस्लाची कीर्ती इंग्लंड आणि युरोपात 'विझार्ड ऑफ द वेस्ट' या नावाने पसरली होती.

"तेस्लाच्या प्रयोगशाळेत असताना जर माणूस गांगरला नाही तरच नवल. अत्यंत खंबीर मनाचा माणूस सुद्धा-इथं भांबावतो!" असे या भेटीचे वृत्त देताना मॅक्गवर्ननें लिहिले.

"तुम्ही एका खुर्चीत बसलेले असता. तेस्ला चालतचालत तुमच्याजवळ येऊन एक चुटकी वाजवतो. त्या बरोबर तांबड्या ज्वाळेचा एक गोळा त्याच्या हातात येतो. मग तो हा गोळा आपल्या शरीरभर खेळवतो आणि अखेरीस तो गोळा एका लाकडी पेटीत बंद करतो. या गोळ्यामुळे तेस्लाच्या अंगावर भाजल्याची किंवा कपड्यांवर जळाल्याची खूणही नसते. तुम्ही आश्चर्यानं स्वतःला चिमटे घेऊन हे स्वप्न नाही, याची खात्री करून घेता."

हा प्रयोग मॅक्गवर्ननेंच नव्हे, तर इतरही असंख्य पत्रकारांनी बघितलेला होता. तेस्ला हा विजेचा लोळ कसा निर्माण करतो हे त्या काळातही कुणी सांगू शकले नव्हते आणि आजही कुणी सांगू शकलेले नाही. तेस्लाच्या काळात एडिसन, बेल, मार्कोनी असे शास्त्रज्ञ विद्युत यंत्रणांवरच काम करीत होते, पण त्यांनाही हे जमले नव्हते.

हा प्रयोग झाल्यावर तेस्लाने सर्व दिवे विझवले आणि त्या मिट्ट काळोखात तो म्हणाला, "मित्रहो, आता तुमच्यासाठी मी दिवसाचा उजेड आणतो."

एकाएकी त्या प्रयोगशाळेत खरोखरच दिवसा असावा तसा उजेड पडला. मॅक्गवर्न, ट्वेन आणि जेफर्सन यांनी संपूर्ण प्रयोगशाळा न्याहाळली; पण या उजेडाचे उगमस्थान कुठे आहे हे त्यांना कळेना. तेस्लाने पॅरिसमध्ये एका नाट्यगृहात असाच उजेड पाडून दाखवला होता. त्यावेळी मंचावर दोन बाजूंना दोन पत्रे ठेवण्यात आले होते. त्या उजेडाप्रमाणेच हा उजेड पाडण्यात आलाय का? असा प्रश्न मॅक्गवर्नला पडला. तेव्हाही लोकांना उजेड कसा नि कोठून निर्माण झालाय हे कळले नव्हते, पण निकोला तेस्लाने या प्रश्नाचे उत्तर दिले नव्हते, कारण खरा प्रयोग अजून पुढेच होता.

एक छोटा प्राणी एका पिंजऱ्यातून त्याने बाहेर काढला. तो एका फलाटावर बांधला. त्याच्या शरीरातून विद्युतप्रवाह सोडताच तो मरण पावला. मग त्या प्राण्याचे कलेवर तिथून उचलून कचरा पेटीत टाकण्यात आले आणि कोटाच्या खिशात हात घालून तेस्लाने त्याच फलाटावर उडी घेतली. विद्युतप्रवाहाच्या व्होल्ट मापकाचा काटा हळूहळू चढत होता. किमान वीस लक्ष व्होल्ट दाबाचा प्रवाह तेस्लाच्या शरीरातून वाहात होता. त्याच्या शरीराभोवती ज्वालांचे एक निळसर वलय तयार झाले होते. मॅक्गवर्न हे पाहून हादरला. तेस्लाने आपला हात त्याच्या दिशेने लांबवला. "हा माणूस जिवंत विद्युत तार आहे!" मॅक्गवर्न म्हणाला. मग तेस्लाने त्या फलाटावरून खाली उडी मारली, त्या फलाटातून वाहणारा विद्युतप्रवाह बंद केला. "हे तर केवळ लहान पोरांचे खेळ होते!" तेस्लाने आश्चर्यचकित झालेल्या आपल्या मित्रांना सांगितले, "या. तुम्हाला आणखी एक क्रांतिकारक शोध दाखवतो. या शोधामुळं भविष्यकाळातही घर आणि हॉस्पिटलातून खरोखरच क्रांती घडून येणार आहे," असे म्हणत निकोला तेस्लाने आपल्या पाहुण्यांना आणखी एका फलाटाजवळ नेले. रबराच्या गादीवर हा फलाट होता. तेस्लाने एक कळ दाबताच तो कसलाही आवाज न करता जोरजोरात हलू लागला. मार्क ट्वेन हे पाहताच तेस्लाला म्हणाला,

"तेस्ला, आता माझी पाळी!"

"मार्क, अजून हे यंत्र अपूर्णावस्थेतच आहे."

"कसंही असलं तरी यावर मी बसणार!"

मार्क ट्वेनने हट्टच धरल्यावर निकोला मार्कला म्हणाला,

"हे बघ मार्क, या यंत्रावर जास्त वेळ बसणार नसलास तरच, तू त्यावर पाय ठेव! मी सांगताच तू खाली उतरायला हवंस!" हे ट्वेनला सांगताना तेस्ला मिस्किलपणे हसत होता. पांढरा स्वच्छ सूट, काळा टाय लावलेला मार्क ट्वेन त्या

फलाटावर हलू लागला. त्याला खूप आनंद होत असावा. आता तर तो गाणे गुणगुणू लागला. आनंदाने नाचू लागला. बाकीचे थक्क होऊन त्याच्याकडे पाहत होते. थोड्या वेळाने तेस्लाने, ''आता पुरे!'' असे म्हटले. पण ट्वेन काही उतरला नाही. तेस्लाने परोपरीने सांगूनही मार्क ट्वेन ऐकेना.

मग थोड्याच वेळात मात्र तो तेस्लाकडे विनवण्या करू लागला. तेस्लाने यंत्र बंद केले.

''कुठाय ते?'' असे ट्वेनने विचारताच तेस्लाने मार्क ट्वेनला प्रसाधनगृह दाखवले. या यंत्राचा परिणाम रेचकासारखाही होतो याची तेस्लाला जाणीव होतीच.

अशा या विद्युतशास्त्राच्या जादुगाराचा जन्म पूर्व युरोपात आता झेकोस्लोवाकिया आणि युगोस्लाविया म्हणून विभागलेल्या सैबेरियात झाला. इथेच त्याने विद्युतप्रवाहाशी खेळ सुरू केले. एकदिशप्रवाह (डायरेक्ट करंट) हा मोठ्या प्रमाणावर वापरण्याच्या दृष्टीने निरूपयोगी विद्युतप्रवाह आहे, अशी त्याची खात्री पटली होती. प्रत्यावर्ती प्रवाह (आल्टर्नेटिंग करंट) वापरून वीज माणसाला हवी तशी वापरता येऊ शकेल असे त्याला वाटत होते; पण त्या काळात प्रत्यावर्ती प्रवाहनिर्मिती सुलभ नव्हती.

वयाच्या पंचविसाव्या वर्षी ब्युडोपेस्टमधल्या सेंट्रल टेलिग्राफ ऑफिसमध्ये काम करीत असताना, निकोला तेस्लाच्या डोक्यात एक कल्पना आली, पण त्यामुळे सगळे जगच बदलून जाणार आहे याची मात्र तेस्लाला कल्पना नव्हती.

अनिताल झिगेटी नावाच्या आपल्या यंत्रज्ञ मित्राबरोबर निकोला तेस्ला त्या दिवशी संध्याकाळी बागेत फिरत होता. आपल्या मित्राला गटेच्या फॉस्टमधले एक कडवे तो म्हणून दाखवत होता. तेवढ्यात ती कल्पना तेस्लाच्या डोक्यात स्पष्ट झाली आणि तो एकाएकी बोलायचा थांबला.

झिगेटीला कळेना, आपल्या मित्राला हे काय झाले? त्याने तेस्लाचा हात धरून त्याला एका बाकावर बसवायचे ठरवले. हाताला हिसका देऊन तेस्लाने आपली सुटका करून घेतली आणि जवळची एक काठी उचलली. मगच तो झिगेटीबरोबर त्या बाकावर बसला.

''ही बघ माझी विद्युत मोटर. आता ती मी उलटी फिरवतो, बघ हं!'' आकृती काढता काढता तेस्ला म्हणाला. ही आकृती सहा वर्षांनंतर त्याने पुन्हा एकदा काढली. या वेळी ती आकृती तेस्लाने फळ्यावर काढली होती आणि त्याचे श्रोते होते, अमेरिकन इन्स्टिट्यूट ऑफ इलेक्ट्रिकल इंजिनिअर्सचे सदस्य. त्याने या आपल्या शोधाद्वारे दुनियेसाठी एक अत्यंत सोपी आणि उपयोगी विद्या निर्माण केली होती. तांत्रिक जगात क्रांती घडवून आणली होती.

विद्युत मोटारींची ही एक अतिशय नाविन्यपूर्ण आणि वेगळी पद्धत होती. एकमेकांशी असंतुलित असलेल्या दोन किंवा जास्त प्रत्यावर्ती प्रवाहांद्वारे फिरते चुंबकीय क्षेत्र निर्माण करणे, हा शोध विद्युत यंत्राच्या बाबतीतला खरोखरच क्रांतिकारक प्रयोग होता. कारण जेव्हा हे विद्युतप्रवाह भिन्न स्पंदनी असत, तेव्हा एका चुंबकीय वादळाची त्यातून निर्मिती होत असे. यामुळे या विद्युतप्रवाहांची दिशा बदलणारी यंत्रणा (कॉम्युटेटर) आणि प्रवाहवाहक तारा (ब्रशेस) या दोहोंची आवश्यकता एका फटक्यात नष्ट झाली होती.

इथून तेस्ला इ. स. १८८२ मध्ये अमेरिकेला गेला. (ती एक अभूतपूर्व साहस कथाच आहे.) तेस्ला न्यूयॉर्कमध्ये गेला तेव्हा खिशात काही सुटी नाणी, न सुटणारा; पण तेस्लाने सोडवलेला एक गणिताला प्रश्न आणि हवेत झेपावणाऱ्या यंत्राचे आराखडे एवढा ऐवज होता. आपण एक महान संशोधक आहोत या बद्दल तेस्लाची स्वत:ची खात्री होती, पण जगाला मात्र त्याची कल्पना नव्हती.

अमेरिकेत तेस्लाने एडिसनच्या हाताखाली बरीच वर्षे काम केले; पण या दोन अतिबुद्धिमान शास्त्रज्ञांचे पटणे अवघडच होते. शेवटी त्यांची भांडणे विकोपास गेली. मग तेस्लाने स्वत:ची प्रयोगशाळा उभी केली आणि असंख्य शोधांची पेटंट्स घेतली.

पुढेपुढे तेस्ला एकलकोंडा बनला. परग्रहवासियांचे संदेश आपण ग्रहण केले असे सांगताच लोकांनी त्याचे डोके फिरले आहे असा त्याच्यावर आरोप केला. सूक्ष्म लहरींद्वारे जगभर ऊर्जा फिरवण्याची त्याची कल्पना जगाच्या इतकी पुढे होती की, ती त्या काळात कुणाला उमगलीच नाही.

नंतर तेस्लाची बरीच पेटंटे आणि कागदपत्रे लष्करी गुपिते म्हणून सरकारने ताब्यात घेतली.

निकोला तेस्लाचा मृत्यू १९४३ साली त्याच्या आवडत्या कबुतरांच्या सहवासात न्यूयॉर्कमधल्या एका गरीब वस्तीतील हॉटेलात झाला. त्यावेळी त्याच्याजवळ एकही माणूस नव्हता!

'प्रज्ञावंताला घाम गाळायची गरज नसते' – निकोला तेस्ला

निकोला तेस्ला हा विसाव्या शतकावर प्रभाव टाकणारा एक महान शास्त्रज्ञ म्हणून ओळखला जातो. तो खऱ्या अर्थाने प्रज्ञावंत होता. एडिसनचा आणि त्याचा उभा दावा होता. त्यामुळेच 'प्रज्ञा म्हणजे १ टक्के बुद्धी आणि ९९ टक्के घाम गाळणे,' असे म्हणणाऱ्या एडिसनबद्दल तुच्छतेने बोलताना तेस्ला 'प्रज्ञावंताला घाम गाळवा लागत नाही,' असे म्हणत असे. माझ्यापुढे जेव्हा एखादा शोध लावायचा प्रश्न असतो, तेव्हा माझे मन विचार करीत असते. एक क्षण असा येतो,

की माझ्या मनात प्रश्नाचे उत्तर साकल्याने साकार होते. निकोला तेस्लाने जे अफाट शोध लावले, त्यांचा इतरांनी फायदा घेतला. स्वत: तेस्ला भिकारी अवस्थेत न्यूयॉर्कच्या रस्त्यावर मृतावस्थेत सापडला. त्याचे शोध काळाच्या इतके पुढे होते आणि इतके महत्त्वाचे होते, की त्याच्या सर्व कागदापत्रांना मोहोरबंद करून आत्यंतिक महत्त्वाचे राष्ट्रीय गुपित म्हणून त्याच्या मृत्यूनंतर ही कागदपत्रे अमेरिकन प्रशासनाने ताब्यात घेतली. तेस्लावर आणि त्याच्या खऱ्या अर्थाने भणंग; पण तितक्याच आश्चर्यकारक जीवनावर अनेक पुस्तके लिहिली आहेत. त्यातली 'प्रॉडिगल जिनिअस' आणि 'मॅन हू इन्व्हेंटेड (ट्वेंटिएथ) सेंच्युरी' ही दोन पुस्तके सोप्या भाषेत, सामान्य माणसाला कळतील अशा पद्धतीने लिहिण्यात आली असून, ती सहज उपलब्ध आहेत. ती वाचकांनी अवश्य वाचावीत.

निकोला सर्बियात जन्मला. त्याने धर्मगुरू व्हावे, ही त्याच्या वडिलांची इच्छा होती. त्याऐवजी तो अभियंता बनला. आईकडून अमाप बुद्धिमत्ता आणि अफाट स्मरणशक्तीचा त्याला वारसा मिळाला होता. तो एकपाठी होता. त्याला इंग्रजीसह वेगवेगळ्या दहा युरोपियन भाषा अस्खलितपणे लिहिता, वाचता व बोलता येत होत्या. कॉटिनेंटल एडिसन या (कॉन एड) कंपनीत तो पॅरिसमध्ये नोकरी करीत असताना एडिसनला ओळखणाऱ्या एका अमेरिकन मित्राने निकोलाला अमेरिकेत जायचा सल्ला दिला. तिथे तो एडिसनला भेटला. त्याचा प्रवास हे एक अद्भुत सत्य आहे. वयाच्या पाचव्या वर्षी स्वत:च्या मनाने खेळातली पाणचक्की, सातव्या वर्षी गावाला पाणीपुरवठा करणाऱ्या यंत्रणेची दुरुस्ती, नवव्या वर्षी कीटकांच्या बळावर फिरणारे एक यंत्र तयार करणाऱ्या निकोला तेस्लाने एडिसनवर छाप पाडली; पण नंतर त्या दोघांचे पटले नव्हते. एडिसन एकदिश (डीसी) प्रवाहाचा पुरस्कर्ता होता, तर तेस्ला प्रत्यावर्ती (एसी) प्रवाहाचा पुरस्कर्ता होता. एडिसनचा अथक परिश्रमांवर भरवसा होता; तर तेस्लाचा बुद्धिमत्तेवर. त्यामुळेच हे दोघे परस्परांचे शत्रूच बनले होते.

तेस्लाने दुसऱ्या महायुद्धाच्या आधी रडारचा, मार्कोनीच्या आधी रेडिओ लहरींच्या प्रक्षेपणाचा शोध लावला होता. हे तेस्लाच्या मृत्यूनंतर मान्य करण्यात आले. आज विजेवर चालणारी जेवढी साधने आहेत, त्या प्रत्येकाच्या मुळाशी तेस्लाचा कुठला ना कुठला तरी शोध आहे, असे म्हटले तर वावगे होणार नाही. विद्युत घूर्णी यंत्रणा आणि मोटारी ही तेस्लाची आधुनिक जगाला दिलेली देणगी आहे. आजच्या निऑन आणि इतर प्रस्फुरितनलिका तेस्लाने निर्माण केल्या. बहुप्रावस्थिक विद्युत संवहन (पॉलिफेज इलेक्ट्रिक ट्रान्समिशन) ही तेस्लाने जगाला दिलेली सर्वांत महान देणगी आहे. बिनतारी दूरनियंत्रण (वायरलेस रिमोट कंट्रोल) त्याने शोधून काढले. यंत्रमानवी औद्योगिक क्रांती त्याच्या डोक्यातून साकारली. आयुष्यभर शांततेसाठी प्रयत्न

करणाऱ्या तेस्लाने युद्धकाळात पाणबुड्या शोधून नष्ट करणारी यंत्रणा तयार केली. ११ जुलै १८५६ रोजी क्रोएशियात जन्मलेला हा महान शास्त्रज्ञ जानेवारी १९४३ मध्ये न्यूयॉर्कमध्ये मृतावस्थेत सापडला, तेव्हा त्याच्याजवळ एकही पैसा नव्हता. तो त्याचे पैसे गोरगरिबांना वाटून टाकत असे. उरलेच, तर ते न्यूयॉर्कच्या पारव्यांना दाणे खाऊ घालण्यासाठी वापरत असे.

◆

जोसेफ स्वान

ब्रिटिश असोसिएशन फॉर द ॲडव्हान्समेंट ऑफ सायन्सने १९७९ आणि १९८० यावर्षी विजेच्या दिव्याचे पहिले सार्वजनिक अवतरण झाल्याला शंभर वर्षे पूर्ण होत असल्याबद्दल न्यूकॅसल अपॉन टाइन या गावी एक समारंभ साजरा केला. विजेचा दिवा सार्वजनिकरित्या पहिल्यांदा झगमगविण्याचा मान ईशान्य इंग्लंडमधल्या जोसेफ स्वान या संशोधकाकडे जातो. जोसेफ स्वान हा एक असामान्य संशोधक होता. त्याने लावलेल्या अनेक शोधांचा आपण आजही उपयोग करतो. विद्युत अभियांत्रिकी शास्त्राचा जनक म्हणूनही स्वानचे नाव विख्यात आहे.

तसे पाहिले तर स्वानचे शालेय शिक्षण फारच कमी झाले होते, याचे तुमच्या-आमच्या सारख्या सामान्यांना दुःख होईल; पण स्वानला यातही आनंदच वाटायचा, कारण शिक्षणाने माणसाचे मन चाकोरीबद्ध होते, या उलट विशेष शिक्षण नसलेल्या स्वानने अनेक प्रकारचे धंदे, व्यावसायिक शिक्षण आत्मसात केले. लोहार काम, दोऱ्या वळणे, कोळशाचा वायू निर्मितीसाठी वापर, इलेक्ट्रिसिटी आदी अनेक कलांचा या शिक्षणात समावेश होता.

स्वानची स्वशिक्षण पद्धत अतिशय व्यावहारिक होती. जी कला शिकायची त्या दुकानात जाऊन बसायचे, पाहायचे, निरीक्षण करायचे, त्या कारागिराला शंका विचारायच्या आणि आपली जिज्ञासा पूर्ण करून घ्यायची. वयाच्या १३ व्या वर्षी स्वान एका औषध कंपनीत शिकाऊ पोऱ्या म्हणून काम करू लागला, त्यामुळे त्याला रसायनशास्त्राचे धडे मिळाले. यानंतर फोटोग्राफी, इलेक्ट्रोप्लेटिंग, विद्युतघट आणि निर्वात पोकळीची निर्मिती आदी गोष्टीही स्वानने आत्मसात केल्या.

"एखाद्या महान शोधाच्या यशस्वी प्रयोगानंतर जो आनंद होतो; आणि याच्याशी जेव्हा पहिला परिचय होतो; त्या वेळी जो अभिमान वाटतो, त्यामुळं मन उचंबळून येतं, यामुळं अनोख्या उत्साहाने नवे नवे प्रयोग करण्याची उमेद येते." स्वानने पुढे उद्गार काढले होते.

स्वान १७ वर्षांचा असताना, संडरलँड या स्वानच्या जन्मगावी त्याला कीर्ती मिळवून देणाऱ्या प्रयोगांचे बीज रोवले गेले. १८४५ मध्ये पेटंट नोंदवल्या गेलेल्या विद्युतदिव्यांसंबंधीची माहिती त्याला मिळालीच; पण एकदा या दिव्याचे प्रात्यक्षिक पाहायचा योगही जुळून आला होता.

१८४६ साली वयाच्या १८ व्या वर्षी स्वानने आपल्या मित्राच्या साहाय्याने टाइन काठच्या न्यूकॅसलमध्ये केमिस्ट आणि ड्रगिस्टचा व्यवसाय सुरू केला. इ. स. १८८३ पर्यंतचे त्याचे सर्व संशोधन त्याने याच गावात पार पाडले. १८४५ सालापासून विद्युतदिव्याबद्दलचे विचार स्वानच्या डोक्यात घोळत होते. इ. स. १८५५ साली हाईनराईश गैल्लर या जर्मन संशोधकाने पाण्याच्या पंपाचा शोध लावला होता. यापूर्वीचे विद्युतदिवा तयार करण्याचे सर्व प्रयत्न फसले होते. कारण उष्णतेने विद्युत दिव्यातली तार वितळून जायची किंवा काचेचा गोलक पूर्णपणे निर्वात नसल्यामुळे ऑक्सिजनबरोबर संयोग होऊन ती जळून जायची! १८५५ च्या पाण्याच्या पंपामुळे संपूर्ण निर्वात पोकळी मिळवण्यात यश आले, असे त्या काळातल्या लोकांना वाटले. ते जरी खरे नसले, तरी त्यामुळे स्वानला प्रयोग करायला हुरूप आला हे खरे. यासाठी उच्च विलयन बिंदू असलेल्या एखाद्या पदार्थाचा उपयोग करावा असे स्वानच्या मनात आले. त्याने त्या प्रयोगाकरिता कार्बनची निवड केली. या प्रयोगाकरिता कार्बनचा अतिशय बारीक धागा वापरला, तर आपल्याला एक 'सुपर कँडल' किंवा 'आधुनिक राक्षसी मेणबत्ती' तयार करता येईल, अशी स्वानची खात्री होती. त्याचबरोबर हा कार्बनचा धागा लवचीकही असायला हवा, म्हणजे त्याला हवा तो आकार देणे शक्य होणार होते. आपले चातुर्य आणि कौशल्य पणाला लावून स्वानने हे प्रयोग सुरू केले. १८६० मध्ये ऑक्सिजन विरहित वातावरणात कागद उच्च तापमानापर्यंत तापवून त्याने आपल्याला हव्या तशा कार्बनच्या पट्ट्या तयार केल्या; पण या पट्ट्यांपासून तयार केलेले दिवे मात्र टिकेनात.

एक तर या पट्ट्या आणि बाहेरून विद्युत प्रवाह घेऊन येणाऱ्या प्लॅटिनमच्या तारा एकमेकांना जोडणे हे एक कटकटीचे काम ठरले. दुसरे म्हणजे दिवा पेटला की, काचगोलकाच्या आतल्या बाजूने कार्बनचा थर साठून तो दिवा अपारदर्शक होत असे.

हा कार्बन साठण्याचा प्रकार निर्वात पोकळीच्या निर्मितीमधील दोषामुळे घडत असावा असे स्वानला वाटले. यावर त्याने एक उपाय शोधून काढला. निर्वातीकरणाच्या अखेरच्या टप्प्यात कार्बनमधून खूप मोठा विद्युतप्रवाह त्याने सोडला. त्यामुळे त्याला हवी तशी पोकळी निर्माण करण्यात यश मिळाले. स्वानने हा तांत्रिक शोध १८७८ मध्ये लावला; पण आजपर्यंत, १०० वर्षांहून अधिक काळपर्यंत हेच तंत्र अजूनही वापरण्यात येते.

पुढे या दिव्याचे बहुसंख्येने औद्योगिक उत्पादन करण्यासाठी स्वान अधिक चांगला विद्युत-वाहक शोधू लागला. प्रथम त्याने एक मिलिमिटर व्यासाचे कार्बनी धागे बनवले. न्यू कॅसल अपॉन टाईन येथील केमिकल सोसायटीसमोर १८ डिसेंबर १८७८ रोजी या दिव्याचे पहिले प्रात्यक्षिक स्वानने दाखवले. ३ फेब्रुवारी १८७९ या दिवशी त्याने या दिव्याचे सार्वजनिक प्रात्यक्षिक केले. या प्रात्यक्षिकास ७०० माणसे हजर होती. न्यूकॅसलच्या लिटररी आणि फिलॉसॉफिकल सोसायटीने या प्रात्यक्षिकाचे आयोजन केले होते. स्वानच या शोधाची इंग्लंडमध्ये जाहीर चर्चा झाली होती. 'द टाईम्स' या वृत्तपत्राने या विषयावर वाचकांचा पत्रव्यवहारही प्रसिद्ध केला होता.

या सुमारास अटलांटिकच्या पलीकडे स्वानला एक प्रतिस्पर्धी निर्माण झाला होता; त्याचे नाव होते थॉमस अल्वा एडिसन. एडिसनला बाजारू प्रसिद्धीचे महत्त्व पटले होते, कारण तो व्यवहारी होता. स्वानच्या दिव्याची बातमी जाहीर होत असतानाच एडिसनने विजेचा दिवा पूर्णत्वास नेल्याची बातमी युरोपमध्ये पोहोचली. खरे म्हणजे एडिसनने आपले प्रयोग नुकतेच सुरू केले होते. ही बातमी युरोपात पोहोचताच युरोपातल्या गॅसबत्ती कंपन्यांच्या शेअर्सचे भाव गडगडले.

स्वानने विजेच्या दिव्यांचे मूलतत्त्व सगळ्यानाच ठाऊक आहे, या कल्पनेने आपल्या शोधाचे पेटंट घेतले नव्हते. एडिसनसारख्या धंदेवाईक संशोधकाला असली नैतिक बंधने पाळणे मान्य नव्हते. त्यामुळे १० नोव्हेंबर १८७९ या दिवशी त्याने ग्रेट ब्रिटनमध्येही कार्बनी धागा असलेल्या विजेच्या दिव्यांचे पेटंट घेतले आणि अशा तऱ्हेने एडिसनचे नाव कागदोपत्री विजेच दिव्याचा अधिकृत संशोधक म्हणून नोंदवले गेले.

स्वानने आपल्या पोकळी निर्मितीच्या पद्धतीचे पेटंट मात्र घेतले होते. आपल्या दिव्यांच्या निर्मितीत स्वानने कापसाचे सूत वापरायला सुरुवात केली. या सूतावर सल्फ्युरिक ॲसिडची प्रक्रिया करून स्वान पारदर्शक राळेसारखा धागा गुंफू लागला. स्वानने या प्रक्रियेस 'पार्चमेंटायझिंग' असे नावे दिले होते. न्यूकॅसल येथे स्वानने आपली कंपनी सुरू केली. त्यामुळे इंग्लंडमधल्या अनेक उमरावांची आणि श्रीमंतांची घरे स्वानच्या विद्युतदिव्यांनी झगमगली! शाही नौदलानेही स्वानला विद्युतदिव्यांचे कंत्राट दिले होते. ब्रिटनमधल्या अनेक सार्वजनिक इमारती या नव्या दीपांनी उजळून निघाल्या.

त्या काळात विजेचे दिवे लावायचे असतील, तर विद्युत जनित्राचीही आवश्यकता असे. सार्वजनिक विद्युतनिर्मितीही होत नव्हती किंवा मोठ्या प्रमाणावर वीज विकत मिळत नसे; पण जसजशी विजेच्या दिव्यांची मागणी वाढली तसतशी ही विद्युत जनित्रनिर्मित वीज अडचणींची वाटू लागली. १८८२ मध्ये एडिसनने हॉलबर्न या लंडनच्या उपनगरात पहिले वीज निर्मिती गृह उभारले.

यानंतरचा काही काळ स्वान आणि एडिसन यांच्या कोर्टातल्या मारामाऱ्यांनी

गाजला; पण पुढे या दोघांच्यात सलोखा होऊन एडिस्वान कंपनीची स्थापना झाली. आजही ब्रिटनमधील बाजारात थॉर्न इलेक्ट्रिक कंपनीचे दिवे 'एडिस्वान' या नावानेच विकले जातात. एडिस्वान कंपनी, एडिसनचे पॉवर हाऊस आणि स्वानने केलेले अनेक इमारतींचे विद्युतीकरण ही इलेक्ट्रिक इंजिनिअरिंग किंवा विद्युत अभियांत्रिकीची सुरुवातच म्हणायला हवी. १८८३ पर्यंत स्वानने तयार केलेले कापसाचे सुती धागे सेल्युलोज फायबर म्हणून ओळखले जात. एडिसन बांबूच्या चोयट्यांचे धागे कार्बनाइज करून वापरत असे. १८८३ मध्ये स्वानने आणखी एक नेत्रदीपक शोध लावला. स्वानने सेल्युलोज प्लॉस्टिकचा धागा तयार केला. यामुळे घाऊक प्रमाणावर विद्युतदिव्यांचे उत्पादन शक्य झाले. हा दोरा सर्वत्र सारख्याच जाडीचा होत होता व तो तुटत नव्हता. १८८४ नंतर तयार झालेल्या सर्व स्वान दिव्यात याच तारांचा उपयोग करण्यात येऊ लागला. तो १९०५ साली टंगस्टन धातूची फिलॉमेंट अस्तित्त्वास येईपर्यंत वापरत होता. मात्र या वीजवाती (फिलॉमेंटस्) मुळे काही काळानंतर दिव्याची आतली बाजू काळी होऊ लागत असे.

स्वान ही जी 'वीजवात' तयार करीत होता, ती वात सेल्युलोज ऑसिटेट धाग्याची होती. मिसेस स्वाननी या धाग्यांचा वीणकामातही उपयोग करून घेतला होता. हेच पहिले 'कृत्रिम रेशीम' होय. स्वानच्या काही सहकाऱ्यांनी पुढे कृत्रिम रेशीम उत्पादनाचा उद्योगही केला.

विद्युतदीपाखेरीज स्वानने इतर क्षेत्रातही अनेक नवनवे शोध लावले. विशेषत: छायाचित्रण सुलभ करण्यात त्याचा फार मोठा वाटा आहे. १८५६ मध्ये कोलॉडियनचा शोध लावल्यानंतर १८६४ मध्ये कार्बन प्रोसेसिंगचे पेटंट घेऊन कॉपर प्लेट एचिंगची पद्धत स्वानने सुरू केली. आज वापरण्यात येणाऱ्या ब्रोमाईड प्रिंटिंग पेपरचा शोध स्वाननेच १८७९ मध्ये लावला. १८८१ मध्ये त्याने ऑक्युलेटरमध्ये सुधारणा घडवून आणल्या.

१८९४ मध्ये रॉयल सोसायटीची फेलोशिप मिळाली. तेव्हा स्वान ६६ वर्षांचे होते. १९४० मध्ये सातव्या एडवर्डनी त्यांना मानद सरदार बनवले. १९११ साली वयाच्या ८६ व्या वर्षी स्वान यांचे निधन झाले. अगदी अखेरपर्यंत ते आपले प्रयोग करीत असत. त्यांच्या बऱ्याच संशोधनांना आता शंभराहून अधिक वर्षे होऊन गेली असली तरी त्यांचे महत्त्व कमी झालेले नाही, यातच सर जोसेफ स्वान यांची थोरवी आहे.

◆

जॉन कँपबेल

जॉन कँपबेल हा विज्ञानकथा लेखक होता, एवढेच म्हणून आपण थांबू शकत नाही. अमेरिकन विज्ञानकथेच्या सुवर्णयुगाचा पाया त्याने घातला आणि केवळ लेखक बनून न राहता त्याने अनेक विज्ञानकथा लेखक जगाला दिले. आज ज्यांची विज्ञानकथा जगभर वाचली जाते आणि जे जागतिक विज्ञान साहित्याचे अग्रणी मानले जातात, अशा अनेक लेखकांना जॉन कँपबेलनी घडवले. जॉन कँपबेलनी घडवलेल्या या लेखकांनीच अमेरिकन विज्ञानकथेचे सुवर्णयुग गाजवले. एका नगण्य साहित्य प्रकाराला जागतिक साहित्यात स्थान मिळवून दिले हे महत्त्वाचे. या लेखकामध्ये आयझॅक ॲसिमोव्ह, लेस्टर डेल रे, रॉबर्ट हाईनलाईन, थिओरोड स्टुर्जिअन, ए. ई. व्हॅन वॉग्ट, एल. स्प्राग द् कांप, एल. रॉन हबार्ड, क्लिफोर्ड सिमाक, जॅक विल्यमसन, हेन्री कुट्नेर आणि सी. एल. मूर या लेखकांचा समावेश होतो. या सर्व लेखकांनी आणि आणखीही कितीतरी विज्ञान साहित्यिकांनी जाहीररित्या जॉन कँपबेलचे हे ऋण मान्य केलेले आहे.

जॉन वुड कँपबेल (ज्युनिअर) याचा जन्म इ. स. १९११ मध्ये न्यूयार्क, न्यूजर्सी इथे झाला. त्याचे वडील व्यवसायाने विद्युत अभियंता होते. ते शिस्तीचे अतिशय भोक्ते होते. याचा परिणाम कँपबेलच्या आईवर झाला होता. तिचे संसारात फारसे लक्ष नसे. यामुळे जॉन कँपबेल स्वत:च्याच मानसिक विश्वात गुंगून जात असत. शाळेतही त्याला फारसे मित्र नव्हते. जॉनच्या आईला एक जुळी बहीण होती. तिच्यातला आणि आपल्या आईमधला फरकही कँपबेल कधी ओळखू शकला नव्हता. यामुळेही तो आईपासून दुरावला. त्यातच त्याची बहीण त्याच्यापेक्षा सात वर्षांनी मोठी असल्यामुळे तिचे आणि जॉनचे विश्व अगदीच वेगळे पडायचे. यातूनच जॉन कँपबेलला वाचनाचा नाद लागला. वयाच्या आठव्या वर्षीच त्याने एडगर राईस बरोजच्या सर्व कादंबऱ्या वाचून काढल्या. यातल्या जॉन कार्टरच्या मंगळावरच्या साहसांनी त्याला खूप प्रभावित केले. यानंतर ओघानेच ज्यूल्स व्हर्न आणि एच. जी. वेल्स यांच्या कादंबऱ्या त्याने वाचल्या.

वयाच्या चौदाव्या वर्षी जॉन कँपबेला मुलांच्या एका खास शाळेत घालण्यात आले. विज्ञान कथांच्या नादाने विज्ञानात स्वत:च वाचून प्रगती केलेल्या जॉनचे नि त्याच्या शिक्षकांचे पटणे अशक्यच होते. त्यातच स्वत:च्या तळघरात प्रयोग करायची सवय लागलेल्या जॉनला शाळेतली प्रयोगशाळा अपुरी वाटू लागली. इथे आपल्याला हवे ते ज्ञान मिळणे अशक्य आहे, म्हणून कँपबेलने ती शाळा सोडली. १९२८ मध्ये कँपबेल मॅसॅच्युसेटस् इन्स्टिटट्यूट ऑफ टेक्नॉलॉजीत दाखल झाला. मधल्या काळात त्याला 'अमेझिंग स्टोरीज' या नियतकालिकाने झपाटले. या नियतकालिकात विज्ञानाधिष्ठित कथा लिहिणाऱ्या लेखकांच्या लिखाणातील चुका काढणे, हा त्याचा आवडता छंद होता. यामुळेच त्याचे विज्ञानसंबंधीचे सर्वंकष वाचन वाढले. १९२८ मध्ये एडवर्ड ई. स्मिथ (इ. डॉक, स्मिथ) या रासायनिक अभियंत्याची 'द स्कायलार्क ऑफ स्पेस' ही स्कायलार्क मालेतील पहिली कादंबरी प्रसिद्ध झाली. ही वाचूनच जॉन कँपबेलने विज्ञान साहित्याची निर्मिती करायचे ठरवले.

कँपबेलच्या सुरूवातीच्या कथात आकाशगंगेतील भ्रमंती आणि भविष्यातील विज्ञानप्रगती यांचा सुरेख मेळ होता. कँपबेलची पहिली स्वीकृत कथा म्हणजे 'इन्व्हेडर्स फ्रॉम इन्फिनिट', ही कथा कधीच छापली गेली नाही, कारण टी ओकोनेर स्लोन या अमेझिंग स्टोरीजच्या संपादकाने ती हरवली. त्यामुळे 'व्हेन द ॲटम्स फेल्ड' ही कँपबेलची प्रसिद्ध झालेली पहिली कथा ठरली. या कथेतील नायक मंगळावरच्या लोकांचे आक्रमण इलेक्ट्रॉनिकी प्रगतीच्या साहाय्याने परतवून लावतो असे दाखविण्यात आले होते. याच कथानायकाच्या 'मेटल होर्ड' नावाच्या पुढच्या कथेत आपल्या बुद्धिमत्तेच्या जोरावर कथानायक व्याध ताऱ्याच्या ग्रहमालेतून आलेल्या प्रगत यंत्रसंस्कृतीचे आक्रमण परतवून लावतो, त्याचे वर्णन आले. मॅसॅच्युसेट्स इन्स्टिटट्यूट ऑफ टेक्नॉलॉजी इथे कँपबेलला गणित शिकवणारे प्राध्यापक नॉर्बर्ट वायनर यांचा हिरो म्हणून या कथांमध्ये कँपबेलनी उपयोग करून घेतल्याचे जाणवते; पण या कथांपेक्षा कँपबेल खरे गाजले ते 'पायरसी प्रीफर्ड' या कादंबरीमुळे. या कादंबरीतच प्रथम अर्कॉट, वेड आणि स्लोन हे तीन अवकाशवीर अस्तित्वात आले. या तिघांवर श्री मस्केटीअर्सची छाप होतीच, पण त्याहीपेक्षा इ. इ. 'डॉक' स्मिथ यांच्या स्कायलार्क मालेतील सीटन, क्रेन आणि द केसने यांचा या तिघांच्या चित्रणावर जास्त प्रभाव होता. गंमतीची गोष्ट म्हणजे ज्या 'डॉक' स्मिथच्या स्पर्धेतून कँपबेल विज्ञानकथा लेखक बनले त्या 'डॉक' स्मिथनीच कँपबेलचे प्रथम जाहीर कौतुक केले. या दीर्घकथा अतिशय रोचक, तर्कशुद्ध आणि उत्कृष्ट लेखनाचा आदर्श नमुनाच, असे डॉक स्मिथनी सांगितले.

हे यश आणि कौतुक कँपबेलच्या डोक्यात शिरेल अशी भीती टी ओकोनेर स्लोन या 'अमेझिंग स्टोरीज' च्या संपादक महोदयांना वाटत असे; पण तरीही

त्याच्या कथा छापणे त्यांनी चालूच ठेवले. स्लोनच्या संपादनाखालीच कॅपबेलची पहिली प्रदीर्घ कादंबरी प्रसिद्ध झाली. 'आयलँडस् ऑफ स्पेस' हे तिचे नावे. कॅपबेल आणि अमेरिकन विज्ञानसाहित्य या दोहोंच्या आयुष्यातला हा महत्त्वाचा टप्पा मानला जातो. अमेरिकन शाश्वत साहित्यात (क्लासिक्स) या कादंबरीची गणना केली जाते.

कॅपबेल याच्या 'इन्वेडर्स फ्रॉम इन्फिनिटीज' पुढच्या कादंबरीने 'आयलँडस् ऑफ स्पेस' ला मागे सारले. 'आयलँडस् ऑफ स्पेस' लिहिल्यावर कॅपबेलच्या हातून पुन्हा इतके चांगले लिखाण होईल का? असा प्रश्न विचारणाऱ्या टीकाकारांना कॅपबेलने दिलेले हे खणखणीत उत्तर होय.

लेखनविश्वात भरघोस यश मिळवणाऱ्या जॉन कॅपबेलची आर्थिक परिस्थिती मात्र बेताचीच होती. अमेरिकेत मंदीची लाट होती. एम. आय. टी. मधून शिक्षण पूर्ण होताच त्याने आपल्या एका सहाध्यायिनीबरोबरच लग्न केले होते. याच काळात ड्यूक विद्यापीठात वास्तवशास्त्राचे विद्यार्थी म्हणूनही तो दाखल झाला होता. शिक्षण आणि संसार या दोन्ही आघाड्या केवळ लेखन करून सांभाळणे तसे अवघड होते. यामुळेच कॅपबेल फिरत्या विक्रेत्याची नोकरी करू लागलं. जुन्या मोटारी, नव्या मोटारी, पंखे, गॅस शेगड्या या गोष्टी विकताना डोक्यात आलेल्या कल्पना घोळवत त्यांचा दिनक्रम चालू असे. घरी येताच या कल्पना प्रथम शब्दबद्ध करून मगच टाय आणि बूट उतरवले जात. याच काळात त्यांनी ज्या गोष्टी लिहिल्या त्यातील 'द लास्ट इवोल्युशन' ही आणखी एक गाजलेली कथा. ही 'अस्टाऊंडिंग स्टोरीज्' मध्ये छापली गेली.

प्रत्येक कथेचे स्वतःचे असे नशीब असते. असे कॅपबेल म्हणायचा आणि त्यासाठी तो पुढील गोष्टीचे उदाहरण द्यायचा. या कथेत बुद्धिमान यंत्रे कथानायक आहेत. त्यांचे निर्मिती म्हणजे मानव आता सर्वनाशाप्रत पोहोचले आहेत. ते जर नीट वागले नाहीत, तर पृथ्वीवरून मानवजात नष्ट होण्याचा धोका आहे. ही यंत्रे आपल्या बुद्धिमत्तेच्या साहाय्याने मानवजात वाचवायचीच, पण अधिक उत्क्रांत करायची असा चंग बांधतात आणि त्यातून अधिक प्रगत ऊर्जास्वरूप जीव निर्माण करायचा त्यांचा प्रयत्न असतो. असे या गोष्टीचे थोडक्यात कथानक होते. ही गोष्ट कुणी स्वीकारत नव्हते. अखेरीस एफ्. ऑर्लीन ट्रीमेन यांनी 'अस्टाऊंडिंग स्टोरीज्' साठी ती स्वीकारली. छापून आल्यावर मात्र या गोष्टीचे प्रचंड कौतुक झाले आणि मग अनुकरणही झाले.

जॉन कॅपबेल याचे आणखी एक वैशिष्ट्य म्हणजे त्याची टोपणनावे. त्याने अनेक नावांनी लिहिले. याचे महत्त्वाचे कारण म्हणजे 'अस्टाऊंडिंग स्टोरीज' चा, खप खूप कमी झाला होता. नवे लेखक दुसरीकडे जात होते. एफ्. ऑर्लीन ट्रिमेन

यांनी संपादकपद स्वीकारल्यावर कँपबेलना 'अस्टाऊंडिंग' साठी लिहायची गळ घातली. कँपबेल उत्साहाने अंकच्या अंक लिहू लागले. यातूनच जॉन डब्ल्यू कँपबेल बरोबर डॉन ए. स्ट्युअर्टची लेखणीही 'अस्टाऊंडिंग' मध्ये चालू लागली. या दोन्ही नावांनी लिहिताना कँपबेलने वेगवेगळ्या शैलीचा आधार घेतला आणि त्यामुळे हे दोन्ही लेखक एकच आहेत हे लोकांना सांगूनही खरे वाटत नसे. कँपबेल याचे आणखी एक टोपणनाव म्हणजे कार्ल व्हान कांपेन. अस्टाऊंडिंग स्टोरीजच्या एका अंकात त्यांनी या तीन वेगवेगळ्या नावांनी लेखन केले होते.

डॉन स्ट्युअर्टची पहिली कथा ट्वायलाईट, हिचाच पुढचा भाग 'नाईट' या नावाने प्रसिद्ध झाला. यंत्रांचा चांगुलपणा आणि धोके या दोहोंचा विचार करायला लावणाऱ्या या कथांनी विज्ञानकथेत एक नवा पायंडा पाडला. नंतरच्या लेखकांनी विज्ञानाचे फायदे आणि तोटे दाखवण्याचा जो प्रघात सुरू केला त्याचे श्रेय अमेरिकेपुरते तरी स्ट्युअर्टच्या या दोन गोष्टींना दिले जाते. स्ट्युअर्ट या नावाने लिहिताना कँपबेलने स्वतःच्या खऱ्या नावाने लिहिणे थांबवले नव्हते. त्यांच्या 'डॉक' स्मिथशी चालू असलेल्या मैत्रीपूर्ण स्पर्धेतही खंड नव्हता. द मायटिएस्ट मशीनने केवळ आर्न मन्रो या कथानायकाला जन्म दिला असे नव्हते तर अस्टाऊंडिंगला पुनर्जन्म दिला असेच म्हणायला हवे.

वयाच्या पंचविसाव्या वर्षी अनेक नोकऱ्यांनंतर कँपबेलला एका रासायनिक उद्योगात तंत्रविज्ञानविषयक लेखक अशी नोकरी मिळाली. दिवसभर हे लेखन केल्यावर कँपबेल घरी येऊन पुन्हा पांढऱ्यावर काळे करू लागले.

या काळात अस्टाऊंडिंगसाठी त्यांनी आपला सूर्य व ग्रहमाला यांचा परिचय करून देणारी लेखमाला लिहिली. ही लेखमाला १९३६-३७ ही दोन वर्षे चालू होती. अर्थात या लेखमालेत दोन वीर अवकाशयानातून हिंडतात आणि त्यांना वेगवेगळ्या ग्रहांवर सजीव भेटतात अशी कथाही होतीच.

ट्रिमेननंतर कँपबेल अस्टाऊंडिंगचे संपादक बनले. 'आपले वाचक बुद्दू नसतात' हे सूत्र डोळ्यांसमोर ठेवून त्याने संपादनास सुरुवात केली. कँपबेलच्या संपादनाखाली अस्टाऊंडिंग स्टोरीजचे नाव 'अस्टाऊंडिंग सायन्स फिक्शन' झाले, पण अल्बर्ट आईनस्टाईन, वेर्नर फॉन ब्राऊन आणि इतर अनेक मोठ्या तंत्रज्ञांनी आणि नोबेल पारितोषिक विजेत्यांनी ए. एस. एस. साठी लेखणी झिजवली. मात्र कँपबेल संपादक झाल्यावर प्रथम डॉन स्ट्युअर्टचा अस्त झाला. व्हान कांपेनचाही या आधीच अस्त झाला होता, पण हळूहळू जॉन कँपबेलची लेखणीही मंदावली होती. या काळात ॲसिमोव्ह कँपबेलकडे नियमित लिहू लागले होते. कँपबेलचे एकेकाळचे प्रतिस्पर्धी डॉक स्मिथही कँपबेलकडे लिहिण्यात धन्यता मानीत. या काळात ॲसिमोव्हनी एकदा धाडस करून जॉन कँपबेलना प्रश्न केला,

"जॉन, तुमची लेखणी तुम्ही आजकाल चालवत नाही?" यावर कॅपबेल हसत उत्तरले, "आयझॅक, तू आहेस, रॉबर्ट आहे, डेलरेज आहेत, पन्नास कॅपबेल आज लिहिताहेत मग मी लेखणी हातात धरायलाच पाहिजे का?"

कॅपबेलच्या काळात खगोल शास्त्राची जी प्रगती होती त्यांच्या हजारोपटींनी खगोल शास्त्राची प्रगती आज झाली आहे. त्यामुळे त्याच्या गोष्टी आज काही बाबतीत कालबाह्य वाटतात, पण त्याचबरोबर त्यांच्या द्रष्टेपणाची साक्ष देणाऱ्या इतर गोष्टी आजही वाचल्या जात आहेत. त्यात अणुऊर्जेचा समावेश होतो.

'बियाँड द एंड ऑफ द स्पेन' या कथेत १९३२ साली कॅपबेलने साखळी प्रक्रियेच्या साहाय्याने ऊर्जनिर्मितीची कल्पना प्रथम मांडली. यात त्याने लिथियमचा वापर केला. किरणोत्सारी पदार्थ वापरून १९४५ पर्यंत संपूर्ण अमेरिकेत स्वस्तात आणि विपुल प्रमाणात वीज खेळविली जाईल अशी त्याची खात्री होती. त्याच्या कथातून ही श्रद्धा प्रकट होताना दिसते. युद्धकाळात या आण्विक ऊर्जेचा युद्धकामी वापर करून घेता येईल, अशा तऱ्हेच्या कथा त्याने लिहवून घेतल्या होत्या, 'ब्लोअप्स हॅपन' ही रॉबर्ट हाईनलाईन यांची कथा, 'नर्व्हज' ही लेस्टर डेलरे यांची कथा आणि क्लीव्ह कार्टमिलची 'डेडलाईन' ही कथा, या १९४०, ४२ व ४४ या काळात अस्टाऊंडिंग सायन्स फिक्शमध्ये प्रसिद्ध झाल्या. या इतक्या सत्याजवळ पोहोचल्या होत्या की, अमेरिकन गुप्तचर खात्याने ए. एस. एफ. च्या कार्यालयाची झडती घेतली. या कल्पनिक कथा आहेत, अशी खात्री पटवून देताना संपादक आणि लेखकांच्या नाकी नऊ आले. शेवटी कशीबशी गुप्तचरांची खात्री पटून ते परतले.

विज्ञानकथांचा दर्जा उंचावून त्या साहित्याच्या प्रमुख प्रवाहातील कथांच्या दर्जाला उतरतील, यावर संपादक म्हणून कॅपबेलचा कटाक्ष असे. यासाठी ते लेखकांना वैज्ञानिक कल्पना पुरवीत. त्या कल्पनेवर अनेकांकडून कथा लिहवून घेत आणि त्यातल्या सर्वोत्कृष्ट कथा छापत असत. त्यांची अशीच एक कल्पना म्हणजे ज्याअर्थी सूक्ष्मजीव संपूर्ण पृथ्वीवर राज्य करत नाहीत, इतर जीवही जगतात त्याअर्थी या सूक्ष्म जीवांना मारणारे नैसर्गिक शत्रूही असणार. या कल्पनेवर कथा लिहून घेण्याचा त्यांचा विचार होता, पण ती कल्पना मागे पडली. पुढे फ्लेमिंगनी पेनीसिलीनचा शोध लावल्यावर ॲमिमोक्सकट कॅपबेलचे सर्व लेखक हळहळले.

अशा या लेखक संपादकाच्या 'हू गोज देअर' या कथेवर १९५१ साली 'द थिंग' नावाचा चित्रपट काढण्यात आला.

१९५२ नंतर कॅपबेलच्या मासिकांना ओहोटी लागली. कोरियन युद्धानंतर अमेरिकन भाषा आणि पिढी बदलली. विज्ञान साहित्य पल्पमधून बाहेर पडले नि प्रतिष्ठित मासिकात छापून येऊ लागले. कॅपबेलचे बरेच लेखक युद्धकाळात

सैन्यात होते. त्यांच्या लेखनातून युद्धाच्या परिणामांचे दर्शन घडू लागले. ते कॅपबेलला दूरावले. असे असले तरी 'ऑनालॉग' या नावाने निघणारे 'अस्टाऊंडिंग सायन्स फिक्शन' सर्वाधिक खपत होते. कॅपबेलनी या काळात स्वत:ही लेखन केले. विशेषतः १९३७ ते १९७१ पर्यंत त्यांनी जे संपादकीय लिखाण केले ते फार महत्त्वाचे आहे. जुलै १९७१ मध्ये हृदयविकाराने कॅपबेलला पृथ्वीवरून रजा दिली, तोपर्यंत त्यांचे लिखाण चालूच होते. १९७२ साली त्यांना सर्व विज्ञान लेखकांनी जमून ऑस्ट्रेलियात एका चर्चासत्रात श्रद्धाजंली वाहिली. तेव्हा सर्वांनीच कॅपबेल यांचे श्रेष्ठत्व मान्य केले होते.

◆

कार्ल सागन

विसावे शतक हे विज्ञानाचे शतक मानले जाते हे खरे, पण तरीही सामान्य माणूस सहसा विज्ञानाच्या वाटेला जाताना दिसून येत नाही. अनेक शास्त्रज्ञ नोबेल पारितोषिक मिळवत असतात, पण राष्ट्रीयत्व – ते सुद्धा पूर्वीचे किंवा वंशत्व असल्या क्षुल्लक कारणांसाठी या शास्त्रज्ञांची नावे आपल्या लक्षात राहतात. अब्दुस सलाम किंवा हरगोविंद खोराना यांचा नि त्यांच्या मूळच्या देशांचा– मातृभूमीचा संबंध एवढाच की, त्यांचा जन्म या भूमीत झाला आणि त्यांचे काही नातेवाईक या देशातून राहतात. या पलिकडे विकसनशील देशातून विज्ञानाकडे किंवा वैज्ञानिकांकडे फारसे आपुलकीने बघावे असे कुणाला वाटत नाही. सलाम किंवा खोराना यांनी नक्की कुठल्या विषयात नोबेल पारितोषिक मिळवले, त्यांचे संशोधन कशासंबंधी आहे याचीही जाणीव बऱ्याच जणांना नसेल; अगदी विज्ञान शिक्षकांनाही नसणार, मग त्या संशोधनाचे बारकावे दूरच राहिले.

आपल्याला असे वाटेल की, ही परिस्थिती फक्त आपल्या देशात किंवा इतर विकसनशील देशातच अस्तित्वात आहे आणि प्रगत किंवा पाश्चात्त्य भौतिकवादी देशात विज्ञानाचा फार उदो उदो होत असतो; पण तिथेही आपल्यासारखीच परिस्थिती आहे. तिथेही विज्ञानाधिष्ठित कार्यक्रमांकडे बघून नाक मुरडणारी मंडळी आहेत किंवा विज्ञान विज्ञान म्हणताच टीव्ही सेट, रेडिओ बंद करणारीही माणसे बहुसंख्येने आहेत.

अमेरिका म्हणजे संयुक्त संस्थाने हा देश जसा पाश्चात्त्य देशातला अनेक क्षेत्रातला अग्रणी, आदर्श असा देश मानला जातो, तसाच तो विज्ञान क्षेत्रातलाही अग्रणी देश आहे, नेतृत्व करणारा देश आहे, आदर्श मानला गेलेला देश आहे. या देशाने चंद्रावर मानव पोहोचवला तो काळ सोडला, तर या देशात सुद्धा विज्ञानाबद्दल आस्था कमीच! किंबहुना विज्ञान प्रगतीमुळे झालेला निसर्गसंहार आणि युद्धजन्य विज्ञानामुळे मानवी संहाराला झालेली मदत यामुळे प्रत्यक्ष विज्ञानाला नसेल; पण विज्ञानजन्य आणि विज्ञानमूलक अशा गोष्टींना बऱ्याच प्रमाणात विरोध असल्याचे

दृश्य या देशात आढळून येते. विज्ञानापेक्षा विज्ञानप्रगतीला आवर घालण्यासाठी धडपडणाऱ्या चळवळींना इथे प्रचंड पाठिंबा मिळतो. अशा परिस्थितीत विज्ञानाला एकाएकी लोकप्रियता मिळवून देणाऱ्या शास्त्रज्ञांचा भरपूर बोलबाला झाला, तर त्यात नवल नाही.

महत्त्वाची गोष्ट म्हणजे या शास्त्रज्ञाने नोबेलच काय, पण राष्ट्रीय पातळीवरचेही एखादे पारितोषिक मिळविलेले नाही. असे असले तरी आज सर्वतोमुखी त्याचे नाव झालेय; याला कारण सामान्य माणसाला विज्ञानाबद्दल जवळीक वाटावी, सामान्यजनांच्या मनात विज्ञानाबद्दल आपुलकी निर्माण व्हावी यासाठी या शास्त्रज्ञाने केलेली धडपड हेच आहे.

विसाव्या शतकातल्या प्रमुख शास्त्रज्ञांची नावे सांगा? असा कुणालाही प्रश्न विचारला, तर झटकन आईन्स्टाइनचे नाव सांगितले जाते, पण आईन्स्टाइन सोडला तर पुढे काय? आईन्स्टाइनचे संशोधन खरोखरच महान ठरले त्याचबरोबर पण त्याचा मानवतावादी दृष्टीकोनही तितकाच महत्त्वाचा ठरला. आईन्स्टाइन गाजला तो त्याच्या संशोधातून अण्वस्त्रे निर्माण झाले म्हणून नव्हे, तर अमेरिकेच्या राष्ट्राध्यक्षाला अण्वस्त्रविरोधी पत्र लिहिल्यामुळे; तत्पूर्वी शास्त्रीय जगाला परिचित असलेला हा ऋषितुल्य शास्त्रज्ञ सामान्य माणसाला ललामभूत ठरला.

कार्ल सागनच्या नावामागे असे कुठलेच वलय नाही, तरीही अतिशय तरुण वयात आज तो गाजतोय. त्याचे कुठलेही संशोधन मानवी जीवनात आमूलाग्र क्रांती वगैरे करणारे ठरलेले नाही, तरीही पाश्चात्त्य देशातून त्याचे नाव सर्वतोमुखी झाले आहे. याचे कारण? याचे कारण म्हणजे तो आधुनिक विज्ञान अत्यंत आकर्षकरित्या जनतेपुढे घेऊन जातोय. अगदी आजच्या जाहिरातयुगात इतरांवर मात करून तो आपला विज्ञानाचा माल खपवतोय. अर्थात यामुळे कार्ल सागनला जसे मित्र मिळालेत, तसेच शत्रूही निर्माण झालेत हे खरे, पण त्याला त्याची पर्वाच कुठेय?

सागनचे वडील रशियातून आलेले निर्वासित, तर आई अमेरिकन. ब्रुकलिन इथे त्याचे बालपण गेले. मात्र लहानपणापासून सागनला गोट्या, सॉफ्टबॉल खेळण्याऐवजी आकाशातले तारे का चमकतात? तारे म्हणजे काय? असले प्रश्न पडायचे. आता एका शिंप्याकडे कपडे कापायचे काम करणारे वडील या प्रश्नांची उत्तरे काय देणार? पण तरी कार्ल सागनच्या वडलांचे मोठेपण हे, की त्यांनी आपल्या पोराचा कान पिळला नाही, की हे असले फालतू प्रश्न विचारत जाऊ नकोस म्हणून कार्लचे वडील त्याला रागावले नाहीत. त्यांनी कार्लला 'वाचनालयात जाऊन पुस्तके वाच' असे सांगितले.

कार्ल वाचनालयात गेला नि त्याने ताऱ्यांवरचे–स्टार्सबद्दलचे पुस्तक मागितले. त्याला फिल्मस्टार्सबद्दलचे पुस्तक मिळाले. हे पुस्तक देणाऱ्याला यात आपले

काही चुकले असे अजिबात वाटले नसले तरी कार्लला त्याचा राग आला. अखेरीस कार्लने आपल्याला हवे ते पुस्तक मिळवलेच! आकाशात रात्री चमकणारे तारे हे आपल्या सूर्यासारखेच तेजस्वी; किंबहुना जास्त तेजस्वी असतात हे कार्लला या पुस्तकात वाचायला मिळाले. मग या ताऱ्यांइतका मंद दिसावा म्हणून आपला सूर्य किती दूर लोटावा लागेल या प्रश्नात बुडून गेलेल्या कार्लला खगोलशास्त्राचे वेड लागले.

याच काळात कार्ल सागनला विज्ञानसाहित्य वाचायचे वेड लागले. विज्ञानसाहित्यातसुद्धा सुद्धा एडगर राईस बरोजच्या मंगळावरच्या कथा कार्ल सागनला फार आवडायच्या. त्यांच्या 'ब्रोकाज् बेन' या लघुनिबंधांच्या पुस्तकात त्याने 'सायन्स फिक्शन – अ पर्सनल क्यू' हा निबंध निवडला आहे. त्यात त्याने आपल्याला विज्ञानकथा वाचनाचे वेड कसे लागले हे लिहिलेय, पण या शंकेखोर मुलाला ही पुस्तके वाचतानासुद्धा नानाविध शंका यायच्याच. ज्यूल्स व्हर्न, एच. सी. वेल्स यांनी कार्ल सागन या दहा वर्षाच्या मुलाला पछाडले.

आज, त्या काळातल्या या कादंबऱ्यांच्या संहितेतल्या काही चुका कार्ल सागन दाखवतात, पण त्याचबरोबर काही विज्ञान–साहित्य अप्रतिम असल्याचे ते मान्य करतात. ते म्हणतात, 'One of the great benefits of science fiction is that it can convey bits and pieces, hints and phrases of knowledge unknown or inaccessible to the reader;' विज्ञानाच्या कल्पनेशी तोंडओळख करून घायचे काम करणाऱ्या विज्ञानसाहित्याने अमेरिकेतल्या अनेक वैज्ञानिकांना विज्ञानाचे वेड लावले. त्याचबरोबर विज्ञानकथांनी अनेक वैज्ञानिक शोधांचे भाकीत केले होते, हे कार्ल सागन यांनी अगदी मोकळेपणाने मान्य केले आहे.

कार्ल सागनला जरी अवकाशाचे वेड लागले तरीही केवळ खगोलशास्त्रावर उपजीविका करता येईल याची त्याला त्या काळात कल्पना नव्हती. आपल्या वडिलांच्या कपड्याच्या व्यवसायात शिरायचे नि हौशी खगोलशास्त्रज्ञ बनून आपली खगोलशास्त्राची भूक भागवायची हीच त्याच्या मनाची या काळात धारणा होती. या काळातच त्यांच्या वडिलांनी ब्रुकलिन सोडले नि सागन कुटूंब न्यूजर्सीतल्या 'राथवे' या गावी राहायला आले.

इथे कार्ल ज्या शाळेत जात होता तिथल्या जीवशास्त्राच्या शिक्षकाने खगोल शिकणाऱ्यांना व्यवस्थित नोकऱ्या मिळतात, पगारही भरपूर असतात ही माहिती कार्लला पुरवली. १९५१ साली वयाच्या सोळाव्या वर्षी शैक्षणिक शिष्यवृत्ती मिळवून कार्लने शिकागो विद्यापीठात प्रवेश मिळवला. नऊ वर्षांनी या विद्यापीठातून खगोलशास्त्र आणि ख–वास्तवशास्त्रातली डॉक्टरेट मिळवून डॉ. कार्ल सागन बाहेर पडले.

आपल्या कॉलेज शिक्षणाच्या काळात इंडियाना विद्यापीठातील हर्मन म्युलरच्या प्रयोगशाळेत फळमाशांचे उत्पादन वाढवण्यात कार्ल सागनने काही काळ मदत केली. हर्मन म्युलर हे या फळमाशांवर प्रयोग करीत होते. क्ष-किरणाच्या साहाय्याने गुणसूत्रांवर-जीनवर परिणाम करून पुढील पिढीत उत्परिवर्तन (Mutation) घडवता येते हे या माशांवर प्रयोग करून हर्मन म्युलरनी सिद्ध केले. या संशोधनाबद्दल म्युलरना नोबेल पारितोषिक मिळाले. पृथ्वीबाह्य जीवशास्त्राच्या (Exobiology) भावी प्रमुख प्रवक्त्याच्या दृष्टीने ही एक सुवर्ण संधीच ठरली आणि कार्ल सागनने या संधीचा पुरेपूर फायदा उठवला. याच काळात विज्ञानाची लोकप्रियता वाढवायचे त्याचे कार्य सुरू झाले. इथेच 'सागन सर्कस' चा जन्म झाला. कार्ल सागन विद्यापीठाच्या परिसरात विज्ञानावर व्याख्यानमाला आयोजित करायचा. त्यात कार्ल वक्ता म्हणून स्वत:ही समावेश करत असे. यामुळे या व्याख्यानमालेला 'सागन सर्कस' असे आधी हेटाळणीने व नंतर कौतुकाने म्हणण्यात येऊ लागले. या भाषणमाला त्या काळात खूपच गाजल्या.

या व्याख्यानमाला आयोजित करताना, स्वत:च्या विषयाचा अभ्यास करताना आणि इतरांची भाषणे ऐकतानाही कार्लच्या लक्षात आले की, विज्ञानकथातून जे काही घडते त्यापेक्षा प्रत्यक्ष विज्ञानात जास्त सनसनाटी गोष्टी घडतात. तसेच आज आपण ज्या विज्ञानकथा वाचतोय त्यांची बीजे आजच्याच विज्ञान संशोधनात रूजली आहेत आणि पुढचे वृक्ष हा कल्पनाविस्तार आहे. या काळातही या मुलाचा बंडखोर स्वभाव त्याच्या शिक्षकांच्या लक्षात आला होता. हातातल्या कामाचा आवाका लक्षात आला की, मग कार्लची त्या कामाकडे दुर्लक्ष करून नवीन आव्हाने शोधायची धडपड सुरू व्हायची. शिकागोतल्या एन्रीको फर्मी इन्स्टिट्यूटचे आजचे संचालक पीटर मेयर तेव्हा कार्लचे शिक्षक होते. ते म्हणतात, 'त्या काळात सागन म्हणायचा की, वास्तवशास्त्रातल्या किचकट प्रयोगात रमण्यापेक्षा खगोलशास्त्रात लक्ष घालणं मला जास्त आवडतं!' त्याच्या या अस्वस्थ मनोवृत्तीतूनच आजचे विशाल विश्वाचे चित्र दिसायला त्याला मदत झाली. जीवशास्त्र, रसायनशास्त्र आणि खगोलशास्त्र यांच्या संगमाची दिशा तो दाखवू शकला हे आज पीटर मेयर कबूल करतात.

महत्त्वाचे मुद्दे एकत्र करायचे, सटरफटर गोष्टीतून ते वेगळे करायचे हे त्याचे कौशल्य तेव्हा सुद्धा लक्षात यायचे. कुठलीही गोष्ट सुलभतेने सांगण्यात कार्लचा हातखंडा असे, असे त्याच्या त्या काळच्या एका मित्राचे मत; पण ही सगळी उठाठेव- (याला 'एक्स्ट्रॉकरिक्युलर ऑक्टिव्हिटी' असा चांगला शब्द आहे.) करतानाच सागनचे संशोधन थांबलेले नव्हते. ते जोमाने चालूच होते. या काळात किंवा तसे बघायला गेले, तर १९६९ पर्यंत बहुतेक सर्व खगोलशास्त्रज्ञांची नजर दूरवरच्या आकाशगंगांकडे वेधलेली असे; पण सागनने मात्र जेरार्ड क्यूपर यांच्या

मार्गदर्शनाखाली जवळच्या ग्रहांचा अभ्यास करणेच पसंत केले. कदाचित त्याचा बालपणीचा हिरो जॉन कार्टर आपल्या कत्र्याच्या एडगर राइस बरोजच्या आज्ञेनुसार केवळ मानसिक शक्तीने मंगळावर जायचा. मंगळ किंवा आपल्या सूर्यमालेतले इतर ग्रह कसे असावेत हे कोडे सोडवायचा हा त्याचा प्रयत्न असेल किंवा आपल्या हयातीत तरी मानव या सूर्याची ग्रहमाला सोडून पलीकडे जाणे शक्य नाही, तेव्हा पृथ्वीबाह्य सजीवांची व आपली भेट व्हायचीच असेल तर ती या सूर्यमालेतच, अतिशय प्रामाणिक विचारान्ती, लक्षात अशा निर्णयाप्रत आल्यामुळे असेल कार्ल सागन यांचे संशोधन हे या सूर्याच्या ग्रहमालेवरच होते.

अमेरिका केवळ अग्निबाण संशोधनावर समाधान मानणार नाही, तर १९७०च्या आधी अमेरिकन माणूस चंद्रावर पोहोचेल अशी एक पैज १९५७ साली म्हणजे स्पुटनिक अवकाशात परिभ्रमण करू लागण्यापूर्वीच कार्ल सागनने आपल्या मित्रांबरोबर लावली होती. ती अर्थातच त्याने जिंकली.

वयाच्या बाविसाव्या वर्षी त्याने आपले पहिले संशोधनपर लिखाण प्रसिद्ध केले. किरणोत्सर्ग आणि जीनचा उगम (Radiation and the origin of gene) हे त्या लेखाचे शीर्षक होते. म्युलरच्या हाताखाली काम करताना घेतलेल्या अनुभवाचे हे फलित होते हे उघडच आहे. या लेखात किरणोत्सर्जनामुळे आद्य 'डीएनए'चे रेणू एकत्र आले असण्याची शक्यता सागनने वर्तवली होती. या पहिल्या संशोधनपर लिखाणानंतर कार्ल सागनने आजमितीस तीनशेपेक्षा अधिक संशोधनपर लेख मान्यवर शास्त्रीय नियतकालिकांतून प्रसिद्ध केले आहेत. यातले शुक्राच्या वातावरणाबद्दल अंदाज करणारे त्याचे संशोधन खूपच गाजले. यावेळेस सागन हार्वर्ड विद्यापीठात खगोलशास्त्र शिकवत होता. मंगळ आणि शुक्राबद्दलचे कार्ल सागन व त्यांचा विद्यार्थी जेम्स पोलॉक याचे हे संशोधन पुढे बव्हंशी खरे ठरले.

विद्यार्थीदशेत असल्यापासून शुक्रावरून येणाऱ्या रेडिओ किरणोत्सर्गाबद्दल सागनना कुतूहल होते. शुक्र मानवी वसाहतीस योग्य असावा असे त्या काळात बऱ्याच शास्त्रज्ञांना वाटत होते; पण शुक्राच्या प्रायोगिक प्रतिकृतीचा अभ्यास करून कार्ल सागननी काही निष्कर्ष काढले. त्यात शुक्र हा 'शुद्ध नरक' (Pure Hell) असेल हा एक निष्कर्ष होता. थोडक्यात म्हणजे शुक्र मानवी वसाहतीस योग्य असणार नाही हे त्याने आपल्या लेखात म्हटले होते. शुक्रावरून जी उत्सर्जने बाहेर पडत होती ती शुक्रावरील अती उच्च तापमानामुळे निर्माण होत असावीत. हे तापमान ४८०० से. इतपत जास्त असावे, कार्बन–डाय–ऑक्साईड आणि पाण्याची वाफ यांच्यामुळे सौर ऊर्जा शुक्राच्या वातावरणात साठवली गेल्यामुळे शुक्राचे तापमान एवढे वाढले असावे असेही त्याने आपल्या या संशोधनलेखात म्हटले आणि पुढे नासा व रशियन अवकाशयानांनी ते सिद्धही केले.

मंगळावर जे गडद आणि फिकट रंगपट्टे दिसतात, ते शेवाळासारख्या वनस्पतीच्या मोसमी वाढीमुळे नसून ते वावटळींनी उडवलेल्या वाळूमुळे तयार होतात हा अंदाजही मरीनर यानांनी खरा ठरवला.

इ. स. १९६८ मध्ये हावर्ड विद्यापीठाने हा आपल्या चाकोरीतला नाही म्हणून करार संपल्यावर सागनची पुन्हा नेमणूक करून घ्यायला नकार दिला. कार्ल सागन इथून बर्कली या कॅलिफोर्नियातील विद्यापीठात गेला.

मंगळ आणि शुक्राबद्दलचे कार्ल सागनचे सिद्धान्त हे 'तिथे सजिवांचे अस्तित्व असेल.' या सिद्धान्ताविरूद्ध होते; पण पृथ्वीबाहेर सजीवांचे अस्तित्व आहे यावर कार्ल सागनचा दृढ विश्वास आहे.

इ. स. १९५० पर्यंत रशियन शास्त्रज्ञ अलेक्झांद्र ओपारिन या शास्त्रज्ञांच्या सिद्धान्तापलीकडे या पृथ्वीबाह्य जीवनाबद्दल विशेष कुणीच विचार केलेला नव्हता. आपल्या सूर्याच्या ग्रहमालेतल्या इतर ग्रहांवर जीवनयोग्य वातावरण नाही आणि दुसऱ्या सूर्याच्या ग्रहमाला आपल्यापासून इतक्या दूर आहेत की, त्यांचा विचार करण्यात काहीच अर्थ नाही, याच मतानुसार खगोलशास्त्रज्ञ चालत होते; पण अवकाशयुगाची सुरुवात झाली त्याबरोबरच इतर शास्त्रातही प्रगती झाली. प्रचंड मोठ्या रेडिओ – दुर्बिणी अस्तित्वात आल्या. आद्य वायूंच्या मिश्रणातून विद्युतप्रवाह सोडला तर जटिल कार्बनी रेणू तयार होतात हे याच सुमारास स्टॅन्ली मिलर या जीवरसायन शास्त्रज्ञाने प्रयोगाअंती सिद्ध केले होते. या प्रयोगाने आद्य वातावरणात सजीव उत्पन्न होऊ शकला असता हे सिद्ध होत होते. पृथ्वीवर सजीव कसे निर्माण झाले किंवा पृथ्वीबाह्य सृष्टीत सजीव असतील का? या संशोधनात कार्ल सागन पहिल्यापासून भाग घेत होताच. इ. स. १९६० मध्ये कार्ल सागन कॉलेजात असतानाच नासा (National areonautics and space administration) ने सागनला आपल्या एक्झोबायॉलॉजीच्या कार्यक्रमात सहभागी करून घेतले. इ. स. १९६१ मध्ये पृथ्वीबाह्य सजीवांबद्दल झालेल्या पहिल्या अधिकृत राष्ट्रीय वैज्ञानिक परिषदेतही कार्ल सागनची हजेरी होतीच. ही परिषद अमेरिकेतल्या वेस्ट व्हर्जिनियात झाली. इ. स. १९७१ मध्ये सोविएट अर्मेनियातल्या परिषदेत कार्ल सागनला अनेक सहाध्यायी भेटले. या परिषदेमुळे पृथ्वीबाह्य जीवशास्त्र (Exo-biology) हे नवे शास्त्र मान्यता पावले.

सध्या सागन कॉर्नेल प्रयोगशाळेत जीवनाचा पहिला टप्पा किंवा जीवनाच्या विटा म्हणून ओळखल्या जाणाऱ्या अमायनो आम्लांची निर्मिती प्रथम कशी झाली असेल याबद्दल संशोधन करीत आहेत. यासंबंधीच्या पत्रव्यवहारातून सागन याचे पहिले पुस्तक 'इंटेलिजंट लाईफ इन द युनिव्हर्स' प्रसिद्ध झाले. श्क्लोव्स्की (Shklovskii) यांच्याबरोबर लिहिलेले हे पुस्तक फारच सुरेख, सामान्यातल्या

सामान्य माणसाला कळावे इतक्या सोप्या भाषेत लिहिलेले आहे.

याशिवाय सागन यांची द कॉस्मिक कनेक्शन, द ड्रॅगन्स ऑफ ईडन, ब्रोकाज ब्रेन (निबंधसंग्रह) आणि कॉस्मॉस ही पुस्तेही प्रसिद्ध झाली आहेत. याशिवाय सागन अमेरिकेतल्या टीव्हीवर 'हिअर इज कार्ल' नावाचा नियमित कार्यक्रम सादर करतात. खगोलशास्त्रावरचा हा कार्यक्रम अतिशय लोकप्रिय ठरलेला आहे.

या सगळ्यांचा परिणाम म्हणून की काय, नासाने सागनला सल्लागार म्हणून बोलावलेले आहे. पायोनियर १० व ११ ही याने सोडण्यापूर्वी, या यानांवर पृथ्वीवरचा प्रमुख सजीव-माणूस ओळखता यावा म्हणून सागननी त्या यानांवर एक पट्टी ठोकली. या पट्टीवर नग्न स्त्री–पुरुषांच्या आकृत्या खोदलेल्या होत्या आणि वैश्विक म्हणजे गणिती भाषेत पृथ्वीबद्दलची माहितीही खोदलेली होती.

सागन हा 'सुपरस्टार' झालेला एकमेव शास्त्रज्ञ आहे आणि याचा फायदा तो विज्ञानप्रसारासाठी करतोय हे महत्त्वाचे. स्टार वॉर्स, एम्पायर स्ट्राइक्स बॅक, द क्लोज एनकाउंटर्स ऑफ द थर्ड काइंड या सिनेमांमुळे सागनचा चित्रपटसृष्टीशी संबंध आला. सागनच्या टिव्ही शोबद्दल बोलताना सागनचा एक सहकारी म्हणाला, ''टीव्हीवरचा हा कार्यक्रम बघितल्यावर लक्षावधी अमेरिकन मुलांना खगोलशास्त्रज्ञ व्हावंसं वाटतं नि तितक्याच पालकांना आपण वैज्ञानिक झालो नाही याचं वाईट वाटतं.'' यातच या प्रयोगाचे यश सामावलेले आहे.

विज्ञानातून प्रगती एवढेच नव्हे, तर वैश्विक संस्कृतीकडून मार्गदर्शनाने मानवी उन्नती या दोन स्वप्नांनी हा शास्त्रज्ञ भारावून गेला आहे. त्यातल्या 'विज्ञानातून प्रगती' या ध्येयवाक्याचा आज सगळ्यांनी स्वीकार केलाय; पण त्याबद्दल पावले उचलली आहेत असे मात्र कुठे दिसत नाही. अगदी प्रगत, अती प्रगत देशातूनसुद्धा विज्ञानाकडे घ्यावे तितके लक्ष दिले जात नाही ही वस्तुस्थिती आहे; पण हळूहळू ही परिस्थिती बदलेल असा सागनला विश्वास वाटतो.

'वैश्विक संस्कृतीकडून मार्गदर्शन घेणं' हे त्याचे स्वप्न मात्र स्वप्नच राहण्याची शक्यता आहे, असे डॉ. फ्रॅंक ड्रेक या सागनच्या मित्राचे म्हणणे आहे. अर्थात वैश्विक संस्कृतीचा शोध घ्यायचे आपले प्रयत्न नगण्य आहेत. त्यामुळेच हे स्वप्न अपुरे राहणार आहे, असे सागनचे म्हणणे डॉ. ड्रेकनाही अमान्य नाही.

डॉ. कार्ल सागन हा स्वत: अनेक विषयांबद्दल स्फोटक मत प्रभावीपणे मांडण्याबद्दल प्रसिद्ध आहे. त्यातच एक श्रीमंत व 'अतिप्रसिद्ध तारा' बनल्यामुळे आपल्याला स्वत:च्या आवडीच्या संशोधनाकडे लक्ष घ्यायला आजकाल वेळ मिळत नाही अशी त्याची तक्रार आहे. तो म्हणता, ('science is a joy, it is not just something for an isolated remote elite. It is our birth right')

त्याच्या काही वक्तव्यांना अमेरिकेत बरीच प्रसिद्धी मिळाली. त्यातली काही

मते पुढीलप्रमाणे :

पाणी, कॅल्शियम आणि कार्बन पदार्थ यांच्या रेणूंच्या एकत्रीकरणातून कार्ल सागन तयार झालाय. अगदी अशाच रेणूंनीच तुमचंही शरीर बनलेले आहे. फक्त या गठ्ठ्याला कार्ल सागन म्हणतात. आणि या दुसऱ्या गठ्ठ्याला आणखी काही वेगळं नावं देण्यात येतं. या शरीरात हे रेणू सोडलं तर दुसरे काहीच नाही का? बऱ्याच लोकांना या विचारसरणीत अभावानंच उदात्तता आढळते. मानवी मोठेपणाला धक्का देणारी ही कल्पना आहे, असं त्यांना वाटतं. पण ही कल्पना नाही, हे सत्य आहे. मला विचाराल, तर मला यातच निसर्गाचं, विश्वाचं मोठेपण दिसून येतं! निसर्गात नेहमी विपुलतेने सापडणाऱ्या गोष्टी एकत्रित करायच्या; त्यातून ही अशी गुंतागुंतीची यंत्रणा निर्माण करायची नि प्रत्येक यंत्रणेचे वेगळे वैशिष्ट्य राखायचे भान ठेवायचे यात निसर्गाचाच मोठेपणा नाही तर काय? (भौतिकवादाबद्दल बोलताना)

आपला समाज विज्ञान आणि तंत्रज्ञान यांच्या पायावर उभा आहे. आपल्या राष्ट्रीय जीवनातल्या बारीकसारीक कानाकोपऱ्यातून विज्ञान पाझरत पाझरत पसरले आहे आणि अशा या आपल्या समाजात सामान्य जन, नेते, राष्ट्राची धुरा वाहणारे सरकार, आपले संविधान किंवा न्यायसंस्था यांना विज्ञान कशाशी खातात हे ठाऊक नसावं ही माझ्या दृष्टीने भावी हाहाकाराचीच चिन्हं आहेत. ('विज्ञानाकडे दुर्लक्ष होतंय का?' या टीव्हीवरच्या प्रश्नाच्या उत्तरातून)

जर दूरदृष्टीनं विज्ञान–संशोधनाला सातत्यानं मदत केली तरच आपल्याला भवितव्य आहे, नाहीतर बियाण्यावर स्वत:ची भूक भागवणाऱ्या शेतकऱ्यासारखी आपली अवस्था होईल. हा हिवाळा कसाबसा निभावून नेता येईल नि पुढं कायम उपासमारीची पाळी (टीव्हीवरच्या मुलाखतीत.)

पृथ्वीबाह्य सजीवांबद्दल आपल्या टीव्ही कार्यक्रमात कार्ल सागन म्हणाला, "जीवशास्त्राच्या प्राथमिक परीक्षेत एकदा विद्यार्थ्यांना एक प्रश्न विचारण्यात आला होता, "तुम्हाला मंगळावर जायची संधी मिळाली आणि या प्रयोगशाळेतील उपकरणे न्यायची परवानगी देण्यात आली तर मंगळावर सजीव आहेत की नाही हे तुम्ही कसं सिद्ध कराल?" या प्रश्नाला एका विद्यार्थ्यानं उत्तर दिलं ते असं, मंगळाच्या रहिवाशांनाच हा प्रश्न विचारावा. ते नाही म्हणाले तरी ते उत्तर महत्त्वाचं ठरेल!" या प्रश्नाला सागननी पैकीच्यापैकी मार्क दिले.

मानवजातीच्या सुरुवातीपासून विश्वात आपले स्थान नक्की कोणतं? कुठं? हे शोधायचा मानवाचा प्रयत्न चालू आहे. आपण कुठे आहोत? कोण आहोत? या प्रश्नांची उत्तरे आपल्याला अंतर्मुख बनवतात. आपण एका क्षुल्लक ताऱ्याच्याभोवती फिरणाऱ्या नगण्य ग्रहावर राहतो. हा तारासुद्धा विश्वाच्या एका कोपऱ्यातल्या आकाशगंगेतला. हे विश्व म्हणजे केवढं? आज पृथ्वीवर जेवढी माणसं आहेत

त्यापेक्षा या विश्वात आकाशगंगांची संख्याच जास्त आहे! अशा स्थितीत आपलं स्थान शोधायचा प्रयत्न करणं या प्रश्नाचं उत्तरे शोधणं यातच मानवाचं मोठेपण सामावलेलं आहे.

ही व अशीच मते धाडसाने सतत टीव्हीवर सांगणे आपल्या पुस्तकांतून मांडणे यामुळे कार्ल सागन प्रसिद्ध झाला असे नाही, तर ही मते लोकांपर्यंत पोहचवणे, त्यांच्या मनात विज्ञानाबद्दल कुतूहल निर्माण करणे यातही कार्ल सागनचा बराच मोठा वाटा आहे. आज हा शास्त्रज्ञ अजून तरुण आहे. त्याच्यापुढे विश्वाचा अफाट पसारा पसरला आहे. बघू या त्याची किती स्वप्ने प्रत्यक्षात येतात ते!

◆

(२० डिसेंबर १९९६ रोजी कार्ल सागन यांचे कर्करोगाने निधन झाले. वरील लेख त्यांच्या मृत्यूपूर्वी लिहिला गेला आहे आणि हा लेख पुन:प्रकाशित करण्यात आला आहे.)

आर्थर क्लार्क

आर्थर क्लार्क आज जगप्रसिद्ध आहेत, ते एक लोकप्रिय विज्ञान साहित्यिक म्हणून. विज्ञान लोकाभिमुख व्हावे म्हणून आर्थर क्लार्क यांनी असंख्य पुस्तके व लेख लिहिले. त्याचबरोबर त्यांच्या विज्ञानकथाही गाजल्या. आर्थर क्लार्क यांना अगदी लहानपणापासूनच विज्ञानाचे आकर्षण व विज्ञानकथांची गोडी होती. त्यांनी सोळावे वर्ष गाठत असतानाच एका स्वनिर्मित दुर्बिणीच्या साहाय्याने चंद्राचा नकाशा तयार केला होता. दुसऱ्या महायुद्धात शाही विमानदलात त्यांनी रडार प्रशिक्षक म्हणून काम केले. याच काळात त्यांनी आपल्या पहिल्या विज्ञानकथा लिहिल्या.

इ. स. १९४५ मध्ये वायरलेस वर्ल्ड या मासिकात आर्थर क्लार्क यांनी 'एक्स्ट्रॉटेरेस्ट्रियल रिलेज' हा लेख लिहिला. या लेखाचे मी पेटंट घेतले असते तर आज मी घरबसल्या कोट्याधीश झालो असतो, असे अजूनही विनोदाने आर्थर क्लार्क म्हणतात. या लेखात क्लार्कने संदेशवाहक उपग्रहांची साखळी पृथ्वीभोवती फिरत ठेवली, तर रेडिओ आणि टीव्ही यांचे कार्यक्रम जगाच्या कानाकोपऱ्यात पोचवता येतील, ही कल्पना विस्तृतपणे मांडली होतीच; पण भूस्थिर उपग्रहांकडून काय कामे करून घेता येतील हेही सविस्तर लिहिले होते. यामुळेच आज 'उपग्रही संदेशवहनाचे जनक' म्हणून आर्थर क्लार्कना मानण्यात येते.

इ. स. १९४८ मध्ये किंग्ज कॉलेज लंडन येथून वास्तवशास्त्र व गणित या विषयाची पदवी त्यांनी मिळवली आणि पुढची दोन वर्षे सायन्स ॲब्स्ट्रॅक्टस या मासिकाचे साहाय्यक संपादक म्हणून काम केले. याचा कंटाळा येऊन काही काळातच पूर्ण वेळ लेखक बनण्याचा धाडसी निर्णय घेऊन त्यांनी ही नोकरी सोडली. पूर्णवेळ लेखक बनल्यावर छायाचित्रण आणि पाण्याखालच्या दुनियेचे निरीक्षण या नव्या वेडाने त्यांना पछाडले. याचा परिणाम म्हणजे १९५६ साली ते श्रीलंकेत राहावयास गेले.

याच सुमारास त्यांनी घटस्फोट घेतला. आता ते स्वतःचे वर्णन 'डीव्होर्सड

बॅचलर' असे करतात. त्यांच्या कुटुंबात बेबी नावाचे माकड, रेक्स आणि स्पुटनिक हे दोन जर्मन शेफर्ड कुत्रे होते. त्याचबरोबर गेली काही वर्ष नव्वदीच्या घरातील वृद्ध आई त्याच्याबरोबर होती. त्यांच्या कोलंबोतल्या घरातला तळमजला 'अंडरवॉटर सफारीज लिमिटेड' या त्यांच्या कंपनीच्या ऑफिसने व्यापला होता. हेक्टर एकनायक हा त्यांचा या धंद्यातला भागीदार. इ. स. १९७५ मध्ये भारतात साईट प्रोग्रॅम सुरू झाले, तेव्हा भारत सरकारने क्लार्क यांना एक टीव्ही सेट आणि एक पॅराबोलिक अँटेना भेट म्हणून पाठवली होती. साईट सारखे कार्यक्रम बेमुदत चालत रहावेत, असे त्यांना वाटते. त्यांनी पन्नासहून अधिक पुस्तके कादंबऱ्या लिहिल्या असून त्यांची तीस भाषांत भाषांतरे झाली आहेत.

आर्थर क्लार्क स्वत: विज्ञान कथालेखक आहेत. तसेच विज्ञानकथेचे प्रचारकही आहेत. 'विज्ञानकथेने मानवाचे अनेक फायदे करून दिले आहेत.' असे त्यांचे ठाम मत आहे. विज्ञानकथेबद्दलचे त्यांनी वेळोवेळी प्रसिद्ध केलेले विचार इथे संकलित केले आहेत.

ते म्हणतात, ''विज्ञानकथेमुळे मुलांमध्ये विज्ञानाची गोडी वाढते. विज्ञानकथा वाचून शास्त्रज्ञ बनण्याचे ठरवलेले अनेक नामवंत शास्त्रज्ञ माझ्या ओळखीचे आहेत. अमेरिकेच्या कित्येक अवकाशवीरांना माझ्या पुस्तकांनी अवकाशवीर व्हावंसं वाटलं असं त्यांनीच मला कळवलंय. सामान्य माणसात विज्ञानाबद्दल जे गैरसमज पसरलेले आहेत ते दूर करून सामान्यजनांत विज्ञानाची गोडी वाढवायचं काम विज्ञानकथा करते. ही गोडी आणि वैज्ञानिक माहिती जेवढी फैलावते तेवढा जनतेचा वैज्ञानिक प्रकल्पाबद्दलचा पाठिंबा वाढत जातो. त्यामुळं वैज्ञानिक प्रकल्पात पैसा खर्च करून फायदा काय? असं विचारणारे विरोधक हळूहळू कमी होतील.''

''सगळ्यात महत्त्वाचं म्हणजे मानवजातीच्या बौद्धिक आरोग्याच्या दृष्टीनं विज्ञानकथा महत्त्वाची ठरते. विज्ञानकथा ही बहुतांशी आशावादी असते. जेव्हा कलेचे इतर प्रकार, सिनेमा, नाटकं ही सर्व निराशावादी चित्रं रंगवत आहेत. त्याकाळात भविष्याबद्दल आशावाद व्यक्त करणारा विज्ञानकथा हा एकमेव साहित्यप्रकार ठरतो. भविष्यकाळात मानवजात अधिक प्रगत, अधिक उत्क्रांत होणार आहे हे जसे विज्ञान आपल्याला सांगते, तसंच आपलं भविष्य घडवणं, उद्या आपण कोण होणार हे आपल्या हातात आहे, याची जाणीव करून देण्याचं काम विज्ञानकथा करते.''

आर्थर क्लार्क यांच्या मते, पृथ्वीबाह्य सजीवांशी म्हणजे बुद्धिमान सजीवांशी मानव संपर्कात येणे हे मानवी समूहाच्या दृष्टीने क्रांतिकारी ठरले असते. विश्वाच्या अफाट पसाऱ्यात अब्जावधी आकाशगंगा असताना त्यात मानव सोडून इतरत्र बुद्धिमान सजीव नाहीतच, असे म्हणणे मूर्खपणा ठरणार आहे. आर्थर क्लार्क

यांच्या मते आपल्या आकाशगंगेतच असंख्य संस्कृती एकमेकांशी संपर्क साधून असतील. आपल्या या शेजाऱ्यांशी आपला संपर्क साधला जाणे हे अपरिहार्यच आहे. ब्रिटिश खगोलशास्त्रज्ञ फ्रेड हॉईल यांच्या मते 'हजारो, लाखो जगांना एकमेकांशी जोडणारे असे एक वैश्विक संदेशवहन किंवा संपर्क यंत्रणाचे जाळंच अस्तित्वात असायला हवे. एक ना एक दिवस आपण या जाळ्याचा फायदा घेण्याइतकी तांत्रिक प्रगती निश्चितच करू आणि यानंतर आपल्या ज्ञानात जी भर पडेल त्यामुळे आपली संपूर्ण मानवी संस्कृतीच बदलून जाईल.' ऑर्थर क्लार्क म्हणतात की, 'हे घडले तर अब्राहम लिंकनच्या काळात माणसाला आजचं तांत्रिक ज्ञान मिळालं तर जे वाटलं असतं, तसंच आपलं होईल.'

अशा प्रकारच्या अतिप्रगत संस्कृतीशी आपला संपर्क प्रस्थापित झाला तर काय होईल? या प्रश्नाचा ऊहापोह आर्थर क्लार्क यांनी आपल्या एका कादंबरीत – '२०१० ओडीसी टू' मध्ये केला आहे. अशा अतिप्रगत बुद्धिमान सजीवांशी भेट झाली, तर आपण त्यांना अतिशय व्यावहारिक प्रश्न विचारू, असे एका मुलाखतीत क्लार्क म्हणाले होते. कर्करोग आणि इतर असाध्य रोगांवर मात कशी करता येईल; अणुसंघटनावर (ऑटोमिक फ्युजन) नियंत्रण कसे ठेवता येईल, त्या ग्रहांवर सुद्धा देवधर्म आहे का? काळ आणि अवकाश यांना मर्यादा आहेत का ते अमर्याद आहेत? मरण बौद्धिक आहे का पृथ्वीपुरतेच मर्यादित आहे का? अर्थात प्रथम भाषेच्या अडचणीमुळे अशा प्रश्नांची उत्तरे मिळवणे अवघड जाईल, असेही ते म्हणतात.

त्यांच्या नि आपल्या संकल्पना व भाषा यांच्यातील अडचणींमुळे मानव आणि पृथ्वीबाह्य सजीव यांच्या संपर्कात बऱ्याच अडचणी आल्या तरीही असा संपर्क अतिशय महत्त्वाचा ठरेल. याचे कारण पृथ्वीबाह्य सजीवांचे अस्तित्व सिद्ध होईल. हे एक– दुसरे म्हणजे या संस्कृती आपल्यापेक्षा प्रगत आहेत. तेव्हा आपल्या पुढे आज ज्या अडचणी येतात, उदा. अण्वस्त्रांचा प्रश्न, पृथ्वीवरचे राजकीय, वांशिक, धार्मिक भेदभाव, त्यावर मात करून ही संस्कृती पुढे गेली आहे, हे जर आपल्या लक्षात आले, तर पृथ्वीवरील अनेक प्रश्न आपण अधिक उत्साहाने नि आत्मविश्वासाने सोडवू शकू.

संहारक, द्वेषाने पछाडलेली आक्रमक अशी प्रगत तांत्रिक संस्कृती अस्तित्वात असेल, यावर आर्थर क्लार्क यांचा विश्वास नाही. कारण अशा संस्कृतीचा आपापसातील यादवीत केव्हाच नाश झाला असता. ज्यांनी द्वेष, हिंसा यावर विजय मिळवलाय, अशाच संस्कृती प्रगत होऊन टिकून राहतील, असा क्लार्क यांना विश्वास वाटतो. पृथ्वीवर या आधीही असे पृथ्वीबाह्य सजीवसृष्टीचे प्रतिनिधी येऊन गेले असावेत. या शक्यतेशी ते सहमत आहेत; पण त्याबद्दल खात्रीलायक पुरावा अजून तरी

मिळायचा आहे असे त्यांना वाटते. बम्युर्डा ट्रॅंगल वगैरे खुळ्या समजुती या लेखक प्रकाशकांचे पैसे मिळवायचे साधन आहे, असे ते मानतात.

"विज्ञानाची याच वेगाने प्रगती झाली तर लिहिण्यासारखे विज्ञानकथेत काय उरेल? असा प्रश्न पडण्याचे कारणच नाही,'' ही त्यांची भावना बोलकी आहे. प्रत्येक नवा शोध हा शंभर नव्या विज्ञानकथा, कल्पना जन्माला घालतो, असेही ते म्हणतात. मानव हा असा एक प्राणी आहे की, ज्याची कल्पना त्याच्या कार्याच्या खूप पुढे असते. यामुळे दिवसेंदिवस इतर साहित्य प्रकार मागे पडतील व विज्ञानकथाच टिकून राहतील, असे ऑर्थर क्लार्क यांचे ठाम मत आहे.

◆

बार्बरा मॅक्‌लिंटॉक

उपासक म्हणजे उपासना करणारा. उपासना कशासाठी करायची, तर आपल्याला एक ध्यास असतो, वेड असते, काही ध्येये गाठायचे असते म्हणून आपली पुराणे चाळली, तर अनेक ऋषिमुनींनी वर्षानुवर्षे अशी उपासना केलेली दिसून येते. या उपासनांचे वैशिष्ट्य म्हणजे या तपात, तपश्चर्येत, उपासनेत अनेक विघ्ने यायची. अनेकदा अपयश यायचे. म्हणून मग 'निष्काम कर्मयोग' नावाचे मधाचे बोट निर्माण झाले. आपण फलाची अपेक्षा न धरता काम करत राहायचे. फळ मिळेल किंवा न मिळेल त्याची पर्वा करायची नाही.

आजच्या युगाला आपण विज्ञान–युग म्हणतो. अशा परिस्थितीत या पौराणिक तपश्चर्येला काही अर्थ आहे का? असे विचार आपल्या मनात येणे साहजिकच आहे. पण अगदी भक्त प्रल्हाद किंवा ध्रुव यांच्यासारख्या निष्ठेने निष्काम तपश्चर्या करणाऱ्या काही व्यक्ती आजही आढळतात आणि त्यांना त्यांच्या तपश्चर्येत यश मिळाल्याचे दृष्टोत्पत्तीसही येते. याचे एक उत्तम उदाहरण घ्यायचे तर ते म्हणजे बार्बरा मॅक्‌लिंटॉक या स्त्री संशोधिकेचे.

काही व्यक्ती अत्यंत विनम्र, संकोची, प्रसिद्धिपराङ्मुख असतात. त्या अतिशय बुद्धिमान असतात. त्यांची बुद्धी इतकी कुशाग्र असते की, त्या आपल्या काळाच्या पुढे किमान पंचवीस ते तीस वर्षे असतात. अशा व्यक्तीचे उदाहरण घ्यायचे झाले तरी पुन्हा आपल्याला बार्बरा मॅक्‌लिंटॉक यांचेच उदाहरण घ्यावे लागेल.

परंपरागत विज्ञान आणि आधुनिक विज्ञान यांच्यातला वाद बघायचा झाला, तर आपल्याला असे दिसून येते की, आधुनिक विज्ञानाजवळ असंख्य अत्याधुनिक यंत्र आहेत. आधुनिक विज्ञानाला तंत्रज्ञानाच्या अनेक कुबड्या आहेत. आजकाल शास्त्रज्ञ संशोधन करतात ते बव्हंशी संगणकाच्या–कॉम्प्युटरच्या मदतीने. विशेष म्हणजे अगदी जीवशास्त्रसुद्धा याला अपवाद नाही. जीवशास्त्र आणखी एका साधनाची मदत घेते, ते साधन म्हणजे इलेक्ट्रॉन सूक्ष्मदर्शी. ज्यात धुळीच्या कणापेक्षा सहस्त्रांशाहून लहान असलेले अणुरेणू आपली संरचना उघड करतात

आणि या अत्यंत सूक्ष्म अणुरेणूंचे लक्षावधीपट बृहदीकरण म्हणजे वाढवून दाखवलेले रूप आपण छापले गेलेले पाहतो, कारण ते नुसत्या डोळ्यांनी दिसू शकणार नसते. परंपरागत शास्त्राचा आधार घेणारे शास्त्रज्ञ यावर टीका करत नाही; पण हे अतीच होते म्हणतात. कुशाग्र बुद्धीच्या मानवाला या कुबड्या लागत नाहीत असेही ते म्हणतात नि उदाहरण म्हणून बार्बरा मॅक्लिंटॉक यांच्याकडे बोट दाखवतात.

१९५३ साली या संशोधिकेने जे संशोधन प्रसिद्ध केले, जे विचार मांडले, जी अनुवंशशास्त्रीय निदाने केली, ती रेण्विक जीवशास्त्राला अत्याधुनिक साधनांनी मान्य करायला ३० वर्षे लोटावी लागली. तोपर्यंत बार्बरा मॅक्लिंटॉक आणि त्यांच्या संशोधनाचा विषय असलेले मक्याचे कणीस, यांच्याकडे वैज्ञानिक जगाचे दुर्लक्षच झाले होते. मग मात्र वैज्ञानिक जगाला एकदम जाग आली आणि बार्बरा मॅक्लिंटॉक यांना नोबेल पारितोषिक देऊन त्यांचा गौरव करण्यात आला. १९८३ साली हे बक्षीस स्वीकारल्यावर ''आपल्याला या बक्षिसामुळे वार्ताहरांचा आणि इतरांचा त्रास वाढला. पूर्वी कशी मी निवांतपणे संशोधन करायची. आता मला व्याख्यानांना आमंत्रणं, मुलाखतींना बोलावणी येतात. त्यामुळं माझ्या संशोधनाकडं माझं दुर्लक्ष होतं.'' असे त्यांनी वार्ताहर परिषदेत सांगितले.

नेहमी स्पोर्टशर्ट आणि जीन्स घालून येणारी ही ८० वर्षांची संशोधिका नोबेल पारितोषिक मिळाल्यावर आपली वेषभूषा बदलेल असे त्यांच्या सहकाऱ्यांना वाटत होते. नोबेल पारितोषिकाची बातमी जाहीर झाली त्याच्या दुसऱ्या दिवशीसुद्धा मॅक्लिंटॉकबाई आपल्या ऑफिसात त्यांच्या ठरल्या वेळेस म्हणजे नऊच्या ठोक्याला हजर झाल्या नि कामाला लागल्या. कॉर्नेल विद्यापीठाची पदवी मिळाल्यावर त्या जेव्हा १९२५ च्या आसपास संशोधन करू लागल्या, तेव्हा मक्याच्या शेतात फिरताना त्रास होतो म्हणून त्यांनी हा वेष स्वीकारला होता. त्यात आजतागायत बदल नाही. पाच फूट उंचीच्या या आजींचा दरारा नि वचक भलताच आहे. त्यांचे विचार अगदी स्वच्छ आणि सोप्या भाषेत त्या मांडतात. येणाऱ्या अतिथीचे त्या हसतमुखाने स्वागत करतात; पण तो जर फुकट वेळ खातोय असे त्यांना वाटले, तर लागलीच अशा अनाहुतालाच काय, पण वेळ ठरवून आलेल्या व्यक्तीलासुद्धा त्या ताबडतोब बाहेरचा दरवाजा दाखवतात.

कोल्डस्प्रिंगहार्बर इथे त्या आपल्या मक्याच्या शेतात संशोधन करतात. १९७७ पासून त्यांचेच नाव दिलेल्या एका भल्या मोठ्या प्रयोगशाळेतील आपल्या खोलीत टिपणे काढण्याचे त्यांचे काम चालू असते. शिवाय व्याख्यानांची तयारी, संशोधन निबंधाद्वारे जगापुढे मांडणे आणि संशोधनासाठी येणाऱ्यांना मार्गदर्शन करणे हे त्यांचे दैनंदिन व्याप सतत चालूच असतात.

बार्बरा मॅक्लिंटॉक यांच्या संशोधनाचे महत्त्व लक्षात येण्यासाठी आधी अनुवंश-शास्त्राची थोडी माहिती करून घ्यायला हवी. सजीवांच्या पेशींमध्ये आधीच्या पिढीतला गुण पुढच्या पिढीत वाहून नेण्याची एक यंत्रणा असते. या यंत्रणेला इंग्लिशमध्ये 'क्रोमोसोम्स' म्हणतात, ती महत्त्वाची असतात. या क्रोमोसोम्सवर काही बारीक गाठी असतात. त्यांना 'जीन किंवा जनुके' असं म्हणतात. पूर्वापार समजुतीप्रमाणे गुणसूत्रांवर (क्रोमोसोमवर) 'जीन्स'च्या जागा ठरलेल्या असतात.

अर्थात आज असे कुणी म्हणत नाही. आता लोक म्हणजे या क्षेत्रातले शास्त्रज्ञ 'डी.एन.ए.' शिवाय दुसरे शब्द वापरत नाहीत. डी.एन.ए. म्हणजे डी.ऑक्सिरायबोज्न्यूक्लिइक.ऑसिड. डी.एन.ए.चा शोध लावला दुसऱ्या महायुद्धकाळात आणि त्यांचे महत्त्व कळले ते १९५३ नंतर. १९५३ साली प्रथम वॅटसन आणि क्रीक यांनी डी.एन.ए.च्या संरचनेचे कोडे सोडवले. डी.एन.ए.मध्ये गुण पुढच्या पिढीत वाहून नेणारा घटक आहे, त्यांच्या परस्पर संबंधांना म्हणजेच डी.एन.ए.च्या संरचनेला विशिष्ट महत्त्व आहे, हे यानंतर आपल्याला ठाऊक झाले. क्रोमोसोम, जीन्स यांच्या अंतरंगात अखेरीस डी.एन.ए. असते आणि तेच खरे महत्त्वाचे हे लक्षात यायला. हळूहळू सुरुवात झाली आणि सजीव म्हणजे डी.एन.ए.ची आपली संख्या वाढवायची वाहने आहेत. असे शास्त्रज्ञ विनोदाने म्हणू लागले; पण बार्बरा मॅक्लिंटॉक यांनी हे सर्व कुणाच्याही डोक्यात यायच्या आधी कसलीही प्रचंड तांत्रिक मदत न घेता शोधून काढले होते हे महत्त्वाचे.

१९४० च्या आसपास मक्याच्या पिकात उत्परिवर्तन म्हणजे एखाद्या सजीवात दिसणारे आकस्मिक बदल दिसत होते. त्याच्या मुळाशी जायचे त्यांनी ठरवले. या मक्याच्या रंगसूत्रात काही बदल घडून ती एकमेकात मिसळली गेल्याचे बार्बराबाईंना आढळले. असे बऱ्याच वेळा घडले. घटनांची ही पुनरावृत्ती एक साखळीच असावी असे त्यांच्या लक्षात आले. अशा या घटना नव्या बदलांची नांदी ठरत होत्या. हे जाणून घ्यायला त्या मक्याच्या पिढ्यांची पाहणी करणे हा एक मार्ग आणि रंगसूत्राचा अभ्यास करायला अगदी आपल्या शाळेत असते तशा सूक्ष्मदर्शीचा वापर हा दुसरा मार्ग, असे दोन संशोधन पथ त्यांनी वापरले. ज्या काळात संगणक नुकतेच अस्तित्वात येत होते नि ते अभ्यासाला विशेषत: अशा अभ्यासाला मदत करू शकत नव्हते, त्या काळातली ही गोष्ट आहे. मक्याच्या पानांचा आणि कणसांचा, दाण्यांचा अभ्यास करायचा. पुन्हा या बियाणांची पेरणी करायची, पुन्हा अभ्यास करायचा ही झाली संशोधनाची पद्धत. एक एकराचा मळा आणि दहा फूटांची चौरस खोली ही प्रयोगशाळा.

होताहोता १९४४-४५ दरम्यानचा हिवाळा आला. या हिवाळी पिकातल्या

मक्याच्या दाण्यांवर चित्रविचित्र रंग दिसत होते आणि हे ठिपके उगीच वेडेवाकडे पसरलेले नव्हते, तर या ठिपक्यांची मांडणी वैशिष्ट्यपूर्ण होती, सुसूत्र होती, नियमबद्ध होती. उत्परिवर्तनाची व्याप्ती, क्षेत्र, वारंवारता ठरलेली होती.

कणसाच्या काही बियांमध्ये हे जास्त प्रमाणात होते, तर काही भागात ते कमी प्रमाणात होते.

याचा अर्थ असा की, मका वाढत असताना काहीतरी निर्णायक घटना घडत होती. या निर्णायक घटनेला बार्बराबाईंनी 'डिटर्मिनेशन इव्हेंट' असे नाव दिले.

या निर्णायक घटनांना दोन सूत्रधार जबाबदार असावेत असे त्यांना वाटले आणि हे गुणसूत्रांचे नियंत्रक (सूत्रधार) फिरते असतात हेही त्यांच्या लक्षात आले. हा एक क्रांतिकारी शोध होता. त्याहीपेक्षा महत्त्वाचे म्हणजे त्या बिया आणि ते झाड या सूत्रधारांचे संचलन म्हणजेच या बदलाचे नियंत्रण करीत होते. थोडक्यात म्हणजे हा सजीवच आपले गुण रिंगमास्टरसारखे नियंत्रित करीत होता.

पुढची तीन वर्षे त्यांनी या आपल्या संशोधनाची खात्री करून घेतली. त्याबद्दल एक नव्वद पानी शोधनिबंध त्यांनी लिहून काढला आणि १९५१ साली तो प्रसिद्ध केला. प्रथम जेव्हा त्याचे एक, जाहीर चर्चासत्रात प्रसिद्धीपूर्व वाचन झालं तेव्हा त्याचा शोध उपस्थित शास्त्रज्ञांच्या चक्क डोक्यावरून गेला. त्या काळातल्या विज्ञानाला हा शोध पचवण्याचे सामर्थ्य नव्हते. ''सर्वांनी माझं कौतुक केलं, पण मी काय बोलले हे कुणालाच कळलं नव्हतं!'' असे त्यांनी पुढे या घटनेचे वर्णन केले होते.

पुढची तीस वर्षे त्यांनी या शास्त्रज्ञांना आपले संशोधन समजून सांगण्यात खर्च केली; पण डी.एन.ए. ची संरचना माहीत झाल्यावर बहुतेक अनुवंशशास्त्रज्ञ इलेक्ट्रॉन सूक्ष्मदर्शी आणि सूक्ष्मजीव यांच्या नादी लागले होते.

खरे सोने मातीत पडले तरी त्याची झळाळी लपत नाही; असेच बार्बरा मॅक्लिंटॉक याच्या संशोधनाबाबत म्हणता येईल. अखेरीस अनुवंशशास्त्रज्ञ मॅक्लिंटॉक यांचे संशोधन कळेल एवढी प्रगती झाली आणि मग त्यांच्यावर 'उड्या मारणाऱ्या गुणसूत्रांचा' आता जगाने स्वीकार केला होता.

◆

अल्बर्ट आइनस्टाईन

अल्बर्ट आइनस्टाईन हे या शतकावर छाप पाडणारे सर्वांत प्रभावी व्यक्तिमत्व. याच्या शोधांनी जग बदलले. मानवी आयुष्याला नवे वळण लागले. त्याच्या शोधातून पुढे अणुबॉंबची निर्मिती झाली. जगाच्या इतिहासाला कलाटणी मिळाली. अशा या आइनस्टाईनची अनेक चरित्रे लिहिली गेली; पण हॉफमन व हेलेन ड्यूकास या जोडगोळीने लिहिलेले 'अल्बर्ट आइनस्टाईन; क्रिएटर ऑन्ड रिबेल' हे चरित्र सगळ्यात उजवे ठरले. त्याच्या अनेक आवृत्त्या निघाल्या. एखादी गाजलेली 'बेस्ट सेलर' खपावी तसे ते खपले, कारण आइनस्टाईन या शास्त्रज्ञाचे चरित्र म्हणून ते लिहिले नव्हते, तर आइनस्टाईन या मानवाचे चरित्र– भले मग तो महामानव का असेना – म्हणून ते लिहिले गेले होते. मुख्य म्हणजे हे चरित्र अल्बर्ट आइनस्टाईनचे बालमित्र, सहकारी, नातेवाईक यांच्या मुलाखतींवर आणि पत्रव्यवहारावर आधारित आहे. त्यामुळे बर्‍याच चरित्रातून समावेश न झालेल्या माहितीची या पुस्तकात रेलचेल आहे. या शिवाय आइनस्टाईन विचार कसा करायचा? एखादा शोध लावताना, लागताना, आणि लावल्यावर त्याची मन:स्थिती कशी असायची या बद्दलची माहिती या पुस्तकात फारच सुंदर रंगवली आहे.

मला स्वत:ला मात्र या पुस्तकातला 'द चाईल्ड अँड द यंग मॅन' हा भाग आवडला. याला दोन कारणे आहेत. एक तर आइनस्टाईनच्या उत्तरायुष्याची माहिती बर्‍याच ठिकाणी वाचायला मिळते. त्याबद्दल खूपच लिहिले गेले आहे; त्या मानाने त्याच्या बालपणाबद्दल किंवा तरुणपणाबद्दल कमी लिहिले गेले आहे. या काळातच मनाची घडण होते आणि पुढील आयुष्यावर त्या काळातील घटनांचा पक्का ठसा उमटतो असे म्हणतात. आइनस्टाईनच्या आयुष्यातल्या या भागाबद्दल त्या मानाने फारच कमी लिहिले गेले आहे.

जर्मनीत उल्म या गावी आइनस्टाईनचा जन्म झाला. या गावातील सर्व घरे दुसर्‍या महायुद्धात जमीनदोस्त झाली. त्यात आइनस्टाईनचे घरही होते. उल्ममध्ये

'आइनस्टाईन स्ट्रास' या नावाचा एक रस्ताही होता; पण हिटलरच्या नाझींना एका 'ज्यू' चा असा सन्मान झालेला बघवेना! ज्यू जमात ही 'उंटरमेन्श' किंवा मानव म्हणून घ्यायला नालायक असलेली जमात आहे या त्यांच्या दाव्याला यामुळे बाधा येत होती. त्यामुळे उल्मच्या पहिल्या नाझी मेयरने या रस्त्याचे नाव बदलून 'फिस्टेस्ट्रास्' असे ठेवले. नाझींच्या पराभवानंतर पुन्हा या रस्त्याचे नाव 'आइनस्टाईन स्ट्रास' करण्यात आले.

या घटनेबद्दल १९४३ मधे लिहिलेल्या एका पत्रात आइनस्टाईन म्हणतो. ''रस्त्याच्या नावाबद्दलची ही घटना माझ्या कानावर आली होती. त्यामुळे मला खूप गंमत वाटली.''

तसे पाहायला गेले तर स्वत:आइनस्टाईन उल्ममधे फारच कमी काळ होते. अल्बर्ट एक वर्षाचा असताना त्याचे वडील आणि काका यांनी म्युनिचला एक विद्युत उपकरणांचा कारखाना सुरू केला. आइनस्टाईन आणि त्याची बहिण माजा हे म्युनिचमधल्या कॅथॉलिक प्राथमिक शाळेत शिकले. त्यामुळे त्यांच्यावर ज्यू संस्कार झालेच नव्हते असे मात्र नाही स्वत:अल्बर्ट हा आचार-विचारांनी अतिशय धार्मिक होता. डुकराचे मास खाणे त्याने बराच काळ धार्मिक कारणास्तव निषिद्ध मानले होते. आपले आईवडील ज्यू धर्मातल्या रूढींचे किंवा आन्हिकाचे पालन करीत नाहीत याबद्दल अल्बर्टला वाईट वाटायचे.

आइनस्टाईनच्या शास्त्रीय संशोधनाचा मूलभूत पायाही धार्मिकच होता. लहान मूल जसे सतत कुतूहल मिश्रित आकर्षणाने झपाटलेले असते तसे आइनस्टाईनला जन्मभर प्रत्येक गोष्टीबद्दल वाटायचे.

''सृष्टीचे आकलन होणे ही सृष्टीबद्दलची सर्वांत अनाकलनीय गोष्ट आहे!'' असे आइनस्टाईन नेहमीच म्हणायचा. कुठल्याही शास्त्रीय सिद्धान्ताबद्दल विचार करण्याची, मग तो स्वत:चा सिद्धान्त असो की दुसऱ्या कुणाचा आइनस्टाईनची एक खास पद्धत होती. ''आपण जर देव असतो तर विश्वाची निर्मिती आपण अशीच केली असती का?'' असा विचार आधी करायचा. मग त्या विश्वात हा शोध कुठे नि कसा बसला असता? कसा शोभला असता यावरून त्या विचारप्रणालीचे त्या संशोधनाचे मूल्यमापन व्हायचे. आइनस्टाईनची सृष्टिच्या सरलतेवर अमाप श्रद्धा होती.

मुलाचे पाय पाळण्यात दिसतात असे आपल्याकडे म्हटले जाते; पण अल्बर्टच्या बाबतीत मात्र असे काहीचे घडले नव्हते असे म्हणायला हवे. वयाची तीन वर्षे पूर्ण होईपर्यंत अल्बर्ट बोलत नसे. आपला मुलगा मुका झाला की काय म्हणून त्याच्या आई-वडीलांनी त्याला डॉक्टरला दाखवले. लहानपणापासून अल्बर्ट एकलकोंडाच होता. तो इतर मुलात कधीही मिसळत नसे. त्याच्या बालपणीच्या सवयींबद्दल त्याची बहीण माजा लिहिते... अल्बर्ट माझ्यापेक्षा अडीच वर्षांनी मोठा. तो कधीच

धावपळीच्या किंवा सामूहिक खेळात भाग घेत नव्हता, तर ज्या खेळात मनाची एकाग्रता सावधानता, याची गरज असते, असे खेळ तो एकटाच खेळत असे. लाकडी ठोकळे किंवा पत्ते यांचे उंचच उंच चौदा-पंधरा मजली मनोरे बनवणे, त्याला फार आवडायचे. दादागिरी, गुंडगिरी, हुकुमत चालवणे याचा त्याला मनस्वी तिटकारा होता. सैन्याचे संचलन बघणं तो टाळत असे.''

सन १८८६ मधे अल्बर्ट सात वर्षाचा असताना त्याच्या आईने– पॉलीनने आपल्या आईला एक पत्र लिहिले त्यात ती म्हणते ''काल अल्बर्टचे मार्क समजले. या वेळीही तो पहिला आला.'' यामुळे आपल्याला असे वाटेल की, आयुष्याची पहिली तीन वर्षे बोलू न शकणाऱ्या अल्बर्टने पुढे बरीच प्रगती केली असावी; पण आपल्या शालेय शिक्षण कालाबद्दल स्वत: आइनस्टाईनने पुढे अत्यंत कटू उद्गार काढले आहेत. त्या काळातल्या तात्या पंतोजी पद्धतीचा, छडीच्या साहाय्याने परेड चालावी तसे चालणाऱ्या वर्गांचा त्याला तिरस्कार वाटायचा. १० व्या वर्षी माध्यमिक शाळेत प्रवेश घेतल्यावर तर हा तिरस्कार आणखीच वाढीस लागला. १९५५ मधे आइनस्टाईनने एका पत्रात याबद्दल लिहिले की, ''मी उत्कृष्ट दर्जाचा विद्यार्थी नव्हतो पण अगदीच टाकाऊ विद्यार्थीही नव्हतो. माझ्या स्मरणशक्तीच्या कमकुवतपणामुळे शब्द (स्पेलिंग्ज) पाठ करणे आणि उतारे लक्षात ठेवणे या गोष्टी मला फार त्रास द्यायच्या.''

अल्बर्टच्या ग्रीक मास्तरांनी 'ठोकळा आहेस, तुझं पुढं काय होणार कळत नाही?' असे म्हटले खरे; पण 'गणित आणि शास्त्र या विषयात मी शालेय अभ्यासक्रमाच्या खूपच पुढे होतो.' असे स्वत: आइनस्टाईनने लिहिले आहे. यासाठी स्वत:चा स्वत:च अभ्यास करायचा या त्यांच्या वाक्यातच त्याच्या जीवनातील यशाचे गमक आढळून येते. प्रत्येक गोष्टीचा स्वत: अभ्यास करणे, तो समजावून घेणे, आपल्या कुतूहलाचे समाधान करून घेणे, याशिवाय आइनस्टाईनला चैन पडत नसे.

लहानपणी भूमितीने आइनस्टाईनना झपाटले. भूमितीत ज्या पद्धतीने पुरावा दिला जातो त्यामुळे त्यांना भूमिती आवडायची. सगळा कसा सरळसोट कारभार. पुराव्यात ऊणीव नाही. प्रमेय सोडवायचे कसे हे ठरलेले. त्यांना बाराव्या वर्षी युक्लीडच्या भूमितीची एक चोपडी मिळाली. आपल्या आत्मचरित्रात आइनस्टाईनने 'द होली जॉमेट्रिकल् बुकलेट' असा याचा उल्लेख केलाय.

म्युनिचमध्ये धंदा डबघाईला आल्यावर आइनस्टाईन मिलान जवळ पावीया या गावी गेले. जर्मनीतून इटलीत गेल्यावर अल्बर्टच्या शिक्षणाचे नुकसान होईल म्हणून त्यांना मात्र बरोबर नेण्यात आले नव्हते. १५ वर्षांचा अल्बर्ट आता म्युनिचमध्ये एकटांच राहू लागला. सरळ स्वभावाच्या अल्बर्टच्या वागण्यातून

आपल्या शिक्षकांच्या अमानुष वागणुकीबद्दलचा तिरस्कार लपत नसे. यामुळे तर शिक्षकांचा अल्बर्टवर राग होताच, पण अल्बर्टच्या प्रश्नांना त्यांना उत्तरे देता येत नसत याची त्यांना अधिक चीड येत होती. एकदा त्याच्या वर्गशिक्षकाने 'तू शाळा सोड. तुझ्या उपस्थितीने वर्गाचे माझ्याबद्दलचे प्रेम खराब होते, असे त्याला सांगितले.' मग याचे गणिताचे ज्ञान विद्यापीठीय दर्जाचे आहे, आणि प्रकृती अस्वास्थ्यामुळे त्याने हवापालट करावी, अशी दोन सर्टिफिकिटे घेऊन अल्बर्ट इटलीस पोहोचला.

वडिलांचा धंदा रूटुखुटूच चाललेला, तेव्हा त्याने स्वित्झर्लंडमधल्या झुरिच पॉलिटेक्निकमध्ये प्रवेश मिळवावा असे वडिलांनी अल्बर्टला सांगितलं; पण प्रवेश परीक्षेत अल्बर्ट नापास झाला. या निकालाची अल्बर्टला तशी अपेक्षा होतीच पण तरीही तो निराश झालाच. प्रवेशासाठी १८ वर्षे वय असणे आवश्यक होते. तर अल्बर्ट फक्त साडेसोळा वर्षांचा होता. अल्बर्ट वनस्पतीशास्त्रांच्या आणि भाषांच्या सर्व विषयांत नापास झाला होता. पण प्रो. हाईन्रिश वेबरनी त्याला निरोप पाठवला. ''जर तुला माझ्या फिजिक्सच्या वर्गात बसायचे असेल तर अवश्य ये.'' आणि झुरिच पॉलीटेक्निकचे डायरेक्टर अब्बीन हरझोग यांनी अल्बर्टला आरॉ इथल्या शाळेत प्रवेश मिळवून घ्यायला मदत केली.

या शाळेतले खेळीमेळीचे वातावरण बघून अल्बर्ट चाट पडला. इथली शालांत परीक्षा पास झाल्यावर अल्बर्टला झुरिच पॉलिटेक्निकमध्ये प्रवेश मिळाला. आरॉच्या शाळेत प्रकाश किरणांच्या गतीने चालणाऱ्या माणसाला प्रकाश लहरी कशा दिसतील या प्रश्नाने आइनस्टाईनला पछाडले होते. सापेक्षवादाची सुरुवात अशा तऱ्हेने वयाच्या सोळाव्या वर्षीच आइनस्टाईनच्या मनात झाली. प्रश्नाला उत्तर मिळाले ते दहा वर्षांनी. त्याला झुरिच पॉलिटेक्निकमधे प्रवेश मिळावा म्हणून वयाची अट शिथील करण्यात आली होती, आणि इ. स. १८९६ च्या अखेरीस आइनस्टाईन झुरिच पॉलिटेक्निकमधे रूजू झाला. त्याच्या जिनोआच्या काकांनी त्याला दरमहा १०० फ्रँक्स खर्चाला द्यायचे ठरविले पण तरीही पाठ्यपुस्तकाप्रमाणे अभ्यास करणे अल्बर्टच्या बंडखोर मनाला मानवत नव्हते. इथेच अल्बर्टची आणि मायलेवा मॉरिकची ओळख झाली. पुढे त्यांनी लग्न केले. तासाला वर्गात जाऊन बसणे अल्बर्टला कधीच जमले नाही. मार्सेल ग्रॉसमनच्या नोट्सवरून अभ्यास करून इ. स. १९०० मधे अल्बर्ट कसाबसा डिग्री परीक्षा पास झाला.

आता अल्बर्ट बेकार तरुण म्हणून स्वित्झर्लंडमधे नोकरी शोधू लागला. त्याच्या फटकळ आणि कुणाचे ऐकून न घेण्याच्या वृत्तीमुळे सर्वच शिक्षकांचे त्याबद्दलचे मत वाईट झालेले होते. १९०१ मधे आपल्या डायरीत अल्बर्टने लिहिले, 'क्रेबर माझ्याविरूद्ध नसते तर विद्यापीठात सहाय्यक संशोधकाची नोकरी

मला सहज मिळाली असती.' मग आइनस्टाईन मिळेल त्या नोकऱ्या करत अखेरीस पेटंट ऑफिसात कारकून बनला. तरी त्याचे शास्त्रीय संशोधन चालूच होते. पेटंट ऑफिसातली नोकरी आइनस्टाईनना मिळण्यात त्यांच्या ग्रॉसमन् या मित्राचीच मदत झाली होती. ही जागाही तात्पुरतीच होती. याच वर्षी आइनस्टाईननी झुरिच विद्यापीठास थर्मोडायनॅमिक्स या विषयात डॉक्टरेटसाठी प्रबंध सादर केला. तो विद्यापीठाने 'डॉक्टरेट योग्य नव्हे' असा शेरा मारून परत केला.

डिसेंबर १९०१ मधे पेटंट ऑफिसने अल्बर्ट काम करीत होता ती जागा भरण्याची जाहिरात दिली. ही जागा इंजिनियर क्लास वन् अशी होती. जूनमध्ये मुलाखती झाल्या. २३ जून १९०२ या दिवशी आइनस्टाईनला पहिली पर्मनंट नोकरी मिळाली. पगार होता वर्षाला ३५०० फ्रँक.

पुढचे आइनस्टाईनचे आयुष्य पेटंट क्लार्कने लावलेला महान शोध वगैरे मथळ्यांनी वारंवार छापून आलंय.

या पुस्तकातली आइनस्टाईनच्या बालपणावर प्रकाश टाकणारी प्रकरणे तर हृद्य आहेतच पण पुढेही आइनस्टाईनची शास्त्रज्ञ म्हणून माहिती न देता एक सहृदय माणूस म्हणून जो परिचय करून देण्यात आलाय त्यामुळेच मला वाटते हे पुस्तक लोकप्रिय झाले असावे. 'टाईम'च्या सर्वात उत्तम खपणाऱ्या यादीतील या पुस्तकाच्या ५ लाखांवर प्रती खपल्या आणि दोन वर्षात त्याच्या ३ आवृत्ती निघाल्या यावरूनच आइनस्टाईनची लोकप्रियता लक्षात येते.

◆

'सर ख्रिस्तोफर रेन'

'सर ख्रिस्तोफर रेन
वेंट आऊट टू डाइन विथ मेन
ही सेड इफ ऎनिवन कॉल्स
टेल देम आय ॲम डिझायनिंग सेंट पॉल्स ॥'

अशा काव्यपंक्ती, आजकालच्या भाषेत चारोळी, इंग्लंडमध्ये एकेकाळी प्रसिद्ध होती. सेंट पॉल ही चर्चची जगप्रसिद्ध इमारत (कॅश्रीडल) बांधणारा, १६६६ मधल्या आगीत जळून खाक झालेल्या लंडनची पुनरुभारणी करणारा स्थपती म्हणून रेनचे नाव प्रसिद्ध आहे. तो केवळ स्थपती नव्हता, त्याचे डोके अनेक विषयांत चालत असे. चार्ल्स राजावर त्याची भक्ती होती. क्रॉमवेलने चार्ल्सला हटवले, तेव्हा रेनच्या वडिलांनी विस्टशायरमध्ये स्थालांतर केले. ख्रिस्तोफर तिथे शालेय शिक्षण पूर्ण करून ऑक्सफर्डला गेला, तेव्हाच हे पाणी वेगळे आहे, हे सर्वांच्या लक्षात येऊ लागले. गणित आणि खगोलशास्त्रात तो रमत होता. वयाच्या चोविसाव्या वर्षी तो खगोलशास्त्राचा प्राध्यापक बनला. त्यानंतर पाचच वर्षांत सॅव्हिलियन प्राध्यापकपदी त्याची नेमणूक झाली. हा एक मान समजला जातो. न्यूटनने त्याच्या गाजलेल्या आणि आधुनिक विज्ञानाचा पाया मानल्या गेलेल्या 'प्रिन्सिपिया' या ग्रंथात त्याला रेनच्या संशोधनाचा खूप उपयोग झाल्याचे नमूद केले आहे. वायुभार मापकासंबंधी त्याने केलेले संशोधनही त्या काळात गाजले होते. याशिवाय शरीररचनाशास्त्र आणि औषधविज्ञान या विषयातही रेनने मूलभूत संशोधन केलेले होते.

वयाच्या तिसऱ्या वर्षी रेनचे लक्ष वास्तुशास्त्राकडे वळले. काही काळातच इंग्लंडमधील सर्वांत कुशल स्थपती म्हणून त्याचा लौकिक गाजू लागला. एवढ्या विविध क्षेत्रांत मान्यता मिळूनही रेन कायम विनम्र राहिला, हे विशेष. तो प्रसिद्धिपराङ्मुख होता. त्याने अनेक गरजूंना वेळोवेळी विविध प्रकारची मदतही केली होती. दुसऱ्या

चार्ल्सची रेनवर मर्जी बसली होती. राजाच्या मैत्रीचा त्याने कधीही गैरफायदा घेतला नव्हता; आमंत्रणाशिवाय तो कधीही राजदरबारी गेला नव्हता. ब्रॅगांझाच्या कॅथेरिनशी चार्ल्सचे लग्न ठरले. हुंडा म्हणून त्याला टॅंजिअर आणि मुंबई भेट मिळाली. चार्ल्सने रेनला टॅंजिअरची पुनर्बांधणी करण्यास सांगितले. 'मी आधीच हाती घेतलेली कामे आणि शिकवणे यांच्यात व्यत्यय येईल.', असे सांगून रेनने ते काम नाकारले. त्या काळात राजाज्ञेचा भंग म्हणजे मृत्युदंड असे समीकरण असे; पण चार्ल्सला रेनचा प्रामाणिकपणा ठाऊक होता. १६६१ मध्ये चार्ल्सने 'सर्व्हेयर जनरल' या पदावर रेनची नेमणूक केली.

त्यानंतर पाच वर्षांनी एका आगीत– ग्रेट फायरमध्ये– लंडन बेचिराख झाले. या आगीत तेरा हजार दोनशे घरे जळाली. राजाने लंडनच्या पुनर्वसनाची जबाबदारी रेनवर टाकली. रेनच्या विरोधकांनी त्यात अडथळे आणले. या आगीपूर्वी लंडनमध्ये प्लेगची साथ आली होती. तशी साथ पुन्हा येऊ नये, याचा विचार करून रेनने नवा आराखडा बनवला. तो पार पाडण्याचे काम पार्लमेंटने दुसऱ्यांच्या हाती सोपवले. त्यांनाही रेनने मदत केली. या आगीत सेंट पॉल कॅश्रीडल या भव्य चर्चचे खूप नुकसान झाले होते. 'आधी पोटोबा, मग विठोबा,' या म्हणीस जागून स्वत:ची घरे आणि व्यापारपेठा बांधायची घाई झालेल्या लंडनवासीयांनी तिकडे दुर्लक्ष केले होते. आगीआधीच ते प्रार्थनामंदिर डबघाईस आले होते. रेनने त्याचा नवा आराखडा तयार केला. दुसऱ्या कुणीही त्या कामावर देखरेख केलेली चालणार नाही, या अटीवर त्याने तो राजाकडे सादर केला. शत्रूंच्या अडथळ्यावर मात करून हे बांधकाम पाडायलाच सात वर्षे लागली; तर पूर्ण व्हायला बावीस वर्षे लागली. त्या काळात रेनने केलेली इतरही बांधकामे अजून टिकून आहेतच; पण ब्रिटनचा सांस्कृतिक वारसा म्हणून जपून ठेवण्यात आली आहेत. १७२३मध्ये रेनच्या मृत्यूनंतर त्याला सेंट पॉल कॅश्रीडलच्या परिसरात दफन करण्यात आले.

◆

विक्रम साराभाई

विक्रम अंबालाल साराभाईंचा जन्म अहमदाबाद येथे एका श्रीमंत घराण्यात झाला. त्यांचे वडील उद्योगपती होते. त्यांच्या आई-वडिलांनी चालवलेल्या आधुनिक पद्धतीच्या शाळेत त्यांचे शिक्षण झाले. तिथून ते पुढील शिक्षणासाठी केंब्रिजला गेले. १९४० मध्ये त्यांनी केंब्रिजची पदवी मिळवली. त्यानंतर दुसरे महायुद्ध सुरू झाल्यामुळे ते भारतात परतले. इथे सी. व्ही. रामन यांच्याकडे त्यांनी संशोधन सुरू केले. वैश्विक किरणांवरच्या या संशोधनासाठी लागणारी उपकरणे त्यांची त्यांनीच बनवली होती. १९४५ मध्ये ते केंब्रिजला परतले. १९४७ मध्ये त्यांच्या प्रबंधास मान्यता मिळून त्यांना डॉक्टरेटची पदवी मिळाली.

वडिलांच्या शिक्षण संस्थेने चालवलेल्या महात्मा गांधी विज्ञान संस्थेत त्यांनी फिजिक्स रिसर्च लॅबोरेटरीची स्थापना केली. पुढे या संस्थेला सी. एस. आय. आर. (विज्ञान आणि प्रौद्योगिकी संशोधन संस्थान) आणि ऑटॉमिक एनर्जी कमिशन यांची मान्यता मिळून आर्थिक मदतही मिळू लागली. या संस्थेत साराभाईंच्या नेतृत्वाखालील एक गट वैश्विक किरणांचा अभ्यास करू लागला, तर दुसरा गट अयनांवर आणि त्यावरच्या वातावरणाचा अभ्यास करू लागला. साराभाईंनी वैश्विक किरणांच्या अभ्यासासाठी आधी अहमदाबाद येथे आणि मग हळूहळू कोडाईकनाल (१९५१) आणि त्रिवेंद्रम (१९५५) येथे नोंद घेणारी केंद्रे प्रस्थापित केली.

१९५७-५८ मध्ये आंतरराष्ट्रीय भू-भौतिक वर्षात भारताने साराभाईंच्या नेतृत्वाखाली भाग घेतला. भारतीय वैज्ञानिकांनी या आंतरराष्ट्रीय प्रयत्नांत बहुमूल्य योगदान दिले. १९५७ मध्ये पहिला कृत्रिम मानवनिर्मित उपग्रह स्पुटनिक आकाशात झेपावला. त्यामुळे भारताने राष्ट्रीय अवकाश अनुसंधानाची स्थापना केली. साराभाई या समितीचे पहिले अध्यक्ष बनले. होमी भाभा आणि साराभाईंनी मिळून थुंबा येथे अग्निबाण प्रक्षेपण केंद्राची स्थापना केली. इथून २१ नोव्हेंबर १९६३ रोजी पहिला अग्निबाण अवकाशात झेपावला. वातावरणाच्या वरच्या थराचा अभ्यास करण्यासाठी

हा अग्निबाण सोडण्यात आला होता. १९६५ मध्ये थुंबा केंद्रास आंतरराष्ट्रीय मान्यता मिळाली. भाभांच्या अपघाती निधनानंतर भारतीय आण्विक संशोधनाची धुरा साराभाई सांभाळू लागले. त्याचबरोबर मे १९६६ मध्ये त्यांना ॲटॉमिक एनर्जी कमिशनचे अणुऊर्जा आयोगाचे अध्यक्षपदही देण्यात आले.

भाभांप्रमाणेच विज्ञान तंत्रज्ञानाचा उपयोग सामान्य नागरिकांसाठी व्हायला हवा, असे साराभाईंही म्हणत असत. त्यामुळे दळणवळण, हवामानशास्त्र, दूरसंदेश आणि शिक्षणासाठी अवकाशी साधने वापरावीत, असा विचार ते वारंवार बोलून दाखवीत असत. यासाठी विकसनशील देशांनी प्रगत तंत्रज्ञानाची कास धरायला हवी, असे त्यांना वाटत असे. १९७५–७६ या वर्षात साईट (सॅटेलाईट इन्स्ट्रक्शनल टेलिव्हिजन एक्सपरिमेंट) हा कार्यक्रम साराभाईंनी नासाच्या मदतीने राबवला. याआधीच पहिल्या भारतीय उपग्रहनिर्मितीच्या कामास त्यांनी सुरुवात केली. त्यामुळेच भारताचा पहिला उपग्रह 'आर्यभट्ट' रशियाच्या मदतीने अवकाशगामी बनला.

साराभाईंना भटनागर पदक (१९६२), पद्मभूषण (१९६६) असे सन्मान प्राप्त झाले होते. १९६२ मध्ये भारतीय विज्ञान परिषदेच्या अधिवेशनात पदार्थविज्ञान विभागाचे अध्यक्षपद त्यांनी भूषविले होते. १९७० मध्ये आंतरराष्ट्रीय आण्विक संघटनेच्या वार्षिक परिषदेचे ते अध्यक्ष होते, तर १९७१ मध्ये संयुक्त राष्ट्रसंघाने आयोजिलेल्या 'शांततेसाठी अणुऊर्जा' या चौथ्या परिषदेचे ते उपाध्यक्ष होते. ३१ डिसेंबर १९७१ या दिवशी या द्रष्ट्या भारतीय शास्त्रज्ञाचे हृदयविकाराच्या तीव्र झटक्याने झोपेतच निधन झाले.

◆

निकोलस लिओनार्द सादी कार्नोत

निकोलस लिओनार्द सादी कार्नोत हा उष्मागतिकी थर्मोडायनॅमिक्स या शास्त्रशाखेचा जनक समजला जातो. निकोलसचा जन्म १ जून १७९६ या दिवशी पॅरिस येथे लुक्झेंबर्ग पॅलेसमध्ये झाला. त्याचे वडील फ्रेंच राज्यक्रांतीत क्रांतिकारक सैन्यात सेनानी होते, तर त्याचा एक पुतण्या पुढे फ्रान्सचा राष्ट्राध्यक्ष बनला. सादी दोन वर्षांचा असताना त्याच्या वडिलांना फ्रान्स सोडून जर्मनीत पळून जावे लागले. नंतर नेपोलियनला मदत करायला ते पॅरिसला परतले. नेपोलियनला स्वत:लाच सम्राट बनायचेय, हे लक्षात येताच त्यांनी नेपोलियनची साथ सोडली. १८१२ मध्ये पॅरिसच्या अभियांत्रिकी महाविद्यालयात सादी दाखल झाला.

१८१४ मध्ये त्याने पॅरिसच्या संरक्षणासाठी लढाईत भाग घेतला, तेव्हा त्याचे वडील अँटवर्पचा वेढा लढवीत होते. फ्रान्समध्ये पुन्हा बुरबाँ राजघराण्याची सत्ता प्रस्थापित झाली, हा लोकशाहीवादी कार्नोत कुटुंबीयांना बसलेला धक्का अभूतपूर्व होता. त्यामुळे निराश झालेल्या सादीच्या वडिलांनी फ्रान्स सोडायचा निर्णय घेतला. परागंदावस्थेत त्यांचे निधन झाले. त्यानंतर सादीने फ्रेंच लष्करात प्रवेश मिळवला. या कार्नोत घराण्यातल्या लोकशाहीवादी लेफ्टनंटला १८२८ मध्ये त्रासाला कंटाळून लष्करी सेवेचा राजीनामा द्यावा लागला, हे एक प्रकारे सादीच्या आणि विशाल जगाच्या दृष्टीने छुपे वरदानच ठरले. लष्करी सेवेतून मुक्त झालेला सादी उष्णतेचा अभ्यास करू लागला. बाष्पशक्तीवर चालणाऱ्या यंत्रणा हा त्याच्या खास अभ्यासाचा विषय होता. १८२४ मध्ये त्याचे संशोधन 'रिफ्लेक्शन्स ऑन द मोटिव्ह फोर्स ऑफ फायर अँड ऑन द मशिन्स प्रॉपर टू डेव्हलप धिस फोर्स' या मथळ्याखाली प्रसिद्धी पावले. फ्रान्समध्ये या संशोधनाकडे दुर्लक्ष करण्यात आले. मात्र, इंग्लंडमध्ये हे संशोधन डोक्यावर घेण्यात आले; किंबहुना, त्यामुळे इंग्लंडमध्ये यंत्रशास्त्रीय क्रांतीच घडून आली. त्या वेळी यांत्रिकी प्रगतीला गती मिळाली. त्यामध्येच आजच्या प्रगतीची बीजे रोवली गेली आहेत, असे मानण्यात येते. कार्नोतच्या

निधनानंतर फ्रान्समध्ये त्याला खूप मान्यता मिळाली. कार्नोतने अभियांत्रिकी संशोधनाला वैज्ञानिक सूत्रांची जोड दिली, आणि चुकत–माकत, प्रयत्न करीत एखादे यंत्र नशिबाने बनवता येते, ही समजूत चुकीची आहे. यांत्रिकी आणि विज्ञान परस्परपूरक आहेत, हे दाखवून दिले. उष्णतेचे ऊर्जेत रूपांतर होते. आणि त्यावर यंत्रणा चालतात; त्यामुळे हळूहळू उष्णता कमी–कमी होत जाते, हे कार्नोतने प्रथम जगाच्या निदर्शनास आणले. उष्णता तेवढीच राहिली, तर कार्य घडून येत नाही. त्यानंतर त्याने सर्वोत्कृष्ट कार्यक्षम यंत्रणेबद्दलचे त्याचे विचार मांडले. 'जिथे सर्व उष्णतेचा पूर्णपणे वापर होऊन कार्य घडते आणि या कार्यातून वापरल्या गेलेल्या उष्णतेएवढी उष्णता परत मिळते, ते शंभर टक्के कार्यक्षम यंत्र होय,' असे सादी म्हणत असे. बाष्पशक्ती, पेट्रोलियम, नैसर्गिक किंवा कोळशापासून मिळणारा इंधनवायू, अल्कोहोल अशा विविध इंधनांवर चालणाऱ्या यंत्रणांकडून जास्तीतजास्त कार्य कसे करवून घेता येईल, हेही त्याने दाखवून दिले.

लॉर्ड केल्विन यांनी पुढे सादी कार्नोतला 'विज्ञानातला हिरा' असे म्हटले. एकोणिसाव्या शतकाच्या विज्ञान प्रगतीस या एका माणसाने जेवढा हातभार लावला, तेवढे महान कार्य दुसऱ्या कुणालाही जमलेले नाही, असेही लॉर्ड केस्विनने सादी कार्नोतबद्दल लिहून ठेवले. किंबहुना, सादी कार्नोतने केवळ उष्मागतिकीच नव्हे, तर यांत्रिकीलाही नवे परिमाण दिले. त्या जोरावरच आधुनिक तंत्रज्ञान जोपासले गेले. सादी कार्नोतचा १८३२ मध्ये युरोपात आलेल्या कॉलऱ्याच्या साथीत २४ ऑगस्ट रोजी मृत्यू ओढवला.

◆

हेन्री ग्रेटहेड

आज हेन्री ग्रेटहेडचे नाव विस्मृतीत गेले असले, तरी त्याच्यामुळे हजारो माणसे वेळोवेळी वाचलेली आहेत, हे विसरून चालणार नाही. हेन्रीचा जन्म २७ जानेवारी १७५७ रोजी यॉर्कशायरमधल्या रिचमंड नावाच्या गावी झाला. त्याने पडाव बांधायच्या धंद्यात मजुरी करताना पडावबांधणीची बरीच विद्या शिकून घेतली. त्यामुळे लांब पल्ल्याच्या जहाजांवर तो सुतार म्हणून काम करू लागला. सागर किती लहरी आणि धोकादायक बनू शकतो, हे त्याने या काळात अनुभवले. या उद्योगात असताना इतर खलाशांप्रमाणे पैसे न उधळता बऱ्यापैकी पैसे साठवून त्याने सागराला रामराम ठोकला आणि स्वत:चा पडावबांधणी व्यवसाय सुरू केला.

त्या काळात मोठ्या जहाजांवर असतात, त्या जीवरक्षक होड्या अस्तित्वात नव्हत्या. नंतरही बराच काळ ही कल्पना कुणाच्या डोक्यात आली नसती; पण १७८९ मध्ये एक फार मोठी दुर्घटना घडली आणि ग्रेटहेडच्या विचारांना चालना मिळाली. 'ॲडव्हेंचर' नावाचे एक जहाज टाइन नदीच्या मुखाजवळच्या वाळूच्या दांड्यावर येऊन आदळले. त्या दिवशी सागर इतका खवळलेला होता, की किनाऱ्यावरून त्या जहाजाला कोणतीही मदत करणे शक्य नव्हते. लाटांची जोराने आदळआपट होऊन त्या जहाजाचे तुकडे–तुकडे झाले. किनाऱ्यावर जमलेल्या शेकडो माणसांच्या नजरेसमोर त्या जहाजावरील सर्व व्यक्ती बुडून मेल्या. टाइन नदीच्या मुखाजवळचे वाळूचे दांडे मृत्यूचे सापळे म्हणूनच त्या काळात प्रसिद्ध होते. त्यामुळे या भागातील लोकांनी वर्गणी जमवून एक निधी उभारला. संकटग्रस्त जहाजातील लोकांना वाचविण्याची युक्ती शोधून काढणाऱ्यास हे पैसे बक्षीस म्हणून देण्याचे जाहीर करण्यात आले. साऊथ शिल्ड भागातील लोकांनी उभारलेल्या या निधीतूनच पुढे इंग्लंडची 'कोस्टल रेस्क्यू' प्रणाली आणि कोस्ट गार्ड सर्व्हिस सुरू झाली. हे बक्षीस मिळविण्याचा अनेक जणांनी प्रयत्न केला. सेंट हिल्डा या चर्चचा सेवेकरी विल्यम वूडहॅवच्या कल्पना खूप चांगल्या होत्या; पण वूडहॅव जहाजात

कधीच बसलेला नव्हता. त्यातल्या काही व्यावहारिक कल्पना पुढे ग्रेटहेडने स्वत:च्या जीवरक्षक बोटीत वापरल्या. ग्रेटहेड स्वत: सागरावर वावरलेला होता. पडाव बांधणीचा त्याला चांगलाच अनुभव होता. त्यामुळे आदर्श योजना म्हणून त्याच्या योजनेचा स्वीकार करण्यात आला.

ग्रेटहेडची जीवरक्षक नौका ३० फूट (सुमारे ९ मीटर) लांब, १० फूट (सुमारे ३ मीटर) रुंद होती. बोटीत प्रत्येक बाजूस ५ अशी दहा वल्ही होती. या बोटीत वीस माणसे बसू शकत होती. तिच्या अनेक चाचण्या घेण्यात आल्या, त्यात तिची उपयुक्तता सिद्ध झाली. ही जीवरक्षक नौका ड्यूक ऑफ नॉर्दंबरलँडने विकत घेतली आणि साऊथ शिल्ड्सच्या नागरिकांना ती भेट म्हणून दिली. पुढे १९ व्या शतकाच्या अखेरपर्यंत या बोटींनी शेकडो प्राण वाचवले. नंतर अधिक प्रगत तंत्रज्ञानाच्या साह्याने नवनव्या प्रकारच्या जीवरक्षक नौका अस्तित्वात आल्यावर ग्रेटहेड नौका विस्मरणात गेल्या. या नौकांच्या उत्पादनामुळे ग्रेटहेडला त्या काळात बरीच कीर्तीही मिळाली आणि पैसाही मिळाला. १८९० मध्ये साऊथ शिल्ड इथे ग्रेटहेडचे स्मारक उभारण्यात आले. या स्मारकावरील मजुकरात वूडहॅवच्या नावाचाही उल्लेख आढळतो. ग्रेटहेडचे १८१६ मध्ये निधन झाले.

◆

हेनरी कॅव्हेंडिश

अतिशय विक्षिप्त, माणूसघाणा, एकलकोंडा, भावनाशून्य असे वर्णन केले, की इंग्रजांच्या जिभेवर हेनरी कॅव्हेंडिशचे नाव येते; त्याचबरोबर त्याच्या प्रचंड बुद्धिमत्तेने जगाचे डोळे दिपवले होते, हेही मान्य करायला हवे. त्याचे शोधनिबंध हे अत्यंत उच्च दर्जाचे होते. शास्त्रज्ञांचे अनेक बोल प्रसिद्ध आहेत; पण हा बाबा आयुष्यात इतके कमी बोलला, की तो मुका आहे की काय, असा संशय यावा. त्याच्या नोंदी त्याच्या मृत्यूनंतर जगापुढे आल्या. त्या पाहून वैज्ञानिक जग आश्चर्याने थक्क झाले; इतके त्याचे संशोधन त्याच्या काळाच्या पुढे होते. तो कुणाशी कधी बोलला नव्हता, कारण त्याचे बोलणे समजू शकेल, अशी व्यक्तीच त्याला भेटली नसावी, असे त्याच्याबद्दल, त्याचे संशोधन पाहिल्यावर इतर शास्त्रज्ञ म्हणाले. उष्णता आणि विद्युत ऊर्जेबद्दल त्याने जे संशोधन केले होते, ते काळाच्या इतके पुढे होते, की आज हे संशोधन त्याच्या मृत्यूनंतर जन्मलेल्या शास्त्रज्ञांचे आहे, असे मानले जाते. नंतरच्या शास्त्रज्ञांकडे तंत्रज्ञानाच्या साह्याने प्रगत अशी संशोधन साधने होती. कॅव्हेंडिश हा त्याच्या काळातल्या सर्वोत्कृष्ट गणितींपैकी एक तर होताच; पण तो उत्कृष्ट खगोलशास्त्रज्ञही होता.

'रसायनशास्त्र ही फ्रेंचांची देणगी आहे, लव्होयजेया अमर शास्त्रज्ञाने या शास्त्राचा पाया घातला,' असे उद्गार बर्थोलेटने जेव्हा काढले, तेव्हा सर एडवर्ड थॉर्प यांनी त्याला उत्तर देताना म्हटले, ''रसायनशास्त्र हे ब्रिटिशांनी जन्माला घातले; कॅव्हेंडिश हा त्या शास्त्राचा जन्मदाता होता.'' पृथ्वीचे वजन किती असावे, हे शोधायचा पहिला शास्त्रीय प्रयत्न कॅव्हेंडिशने केला. हवेच्या घटकाचे प्रमाण सर्वप्रथम त्याने निश्चित केले. पाण्याचे स्वरूप आणि घटक सांगून त्यानेच हे घटक एकत्र करून पाणी तयार करून दाखवले. उष्णतेसंबंधीचे नियम त्याने शोधून काढले. पृथ्वी, जमीन, हवा, पाणी आणि अग्नी या सर्वांचा त्याने कसून अभ्यास केला. कॅव्हेंडिश विक्षिप्त, अबोल आणि श्रीमंत होता आणि मटणाचा एक काप खाऊन जगत असे. त्यापेक्षाही तो शास्त्रज्ञ म्हणून महान होता, हे फार महत्त्वाचे

ठरते. तो खऱ्या अर्थाने निसर्गाचा अभ्यासक होता. त्याच्या काळात विज्ञानाच्या जेवढ्या शाखा ज्ञात होत्या, त्या सर्व शाखांत त्याने काळाच्या पुढे जाऊन अभ्यास केलेला होता. असे असले, तरी रसायनशास्त्रातील त्याच्या संशोधनाने त्याला खरी कीर्ती मिळवून दिली.

इथल्या अभ्यासपद्धतीत दम नाही, म्हणून केंब्रिज विद्यापीठास रामराम ठोकणाऱ्या आणि पदवी नको म्हणणाऱ्या कॅव्हेंडिशवर ब्लॅक नावाच्या प्राक्‌रसायनशास्त्राच्या (अल्केमिस्ट) विचारांचा प्रभाव होता. त्यामुळे त्याने कार्बॉनिक आम्ल वायूचा अभ्यास सुरू केला. हा वायू हवेच्या दीडपट जड असतो, असे सिद्ध केले. मग त्याने हायड्रोजनचा अभ्यास सुरू केला. तो ऑक्सिजनमध्ये मिसळून पाणी तयार होते, हे त्याने दाखवून दिले. तोपर्यंत पाणी हे एक अद्वितीय मूलद्रव्य मानले जात असे. ते एक रासायनिक संयुग आहे, हे दाखवून त्याने रसायनशास्त्रात क्रांती घडवून आणली. दोन रंगविहीन, चवहीन अदृश्य वायूंचे हे मिश्रण आहे, हे पाहून मग रसायनशास्त्राने नवा वसा घेतला.

१० मार्च १८१० या दिवशी कॅव्हेंडिशचा मृत्यू ओढावला. त्याच्या पैशांचा विनियोग करून केंब्रिजमध्ये कॅव्हेंडिश प्रयोगशाळा उभारण्यात आली. या प्रयोगशाळेत पुढे अनेक ख्यातनाम रसायनशास्त्रज्ञांच्या कीर्तीचा पाया घातला गेला.

◆

सर रिचर्ड बर्टन

रिचर्ड बर्टनचा जन्म १८२१ मध्ये एका श्रीमंत जमीनदार घराण्यात झाला. त्याचे वडील लष्करात कर्नल होते. वयाची पहिली दहा वर्षे तो फ्रान्समध्ये वाढला. या काळात तो अतिशय द्वाड म्हणून प्रसिद्ध होता. शाळेत सतत मारामाऱ्या करून त्याने शिक्षकांना उच्छाद आणला होता. त्याच्या वडिलांबरोबर इटलीत गेला असताना तो तलवारबाजी शिकला. पुढे तो युरोपातील सर्वोत्कृष्ट तलवारबाजांपैकी एक म्हणून गाजला. नेपल्समध्ये कॉलऱ्याच्या साथीत त्याने मृतदेह पुरण्याचे काम मोठ्या हौसेने केले. या काळात पाणी पिऊन कॉलरा होतो, म्हणून तो मद्य पिऊ लागला. त्या वेळी तो पंधरा वर्षांचा होता.

या दुर्गुणी मुलाला एक जन्मजात देणगी होती. तो कुठलीही भाषा अगदी अल्पकाळात एखाद्या स्थानिकाप्रमाणे बोलू लागत असे, तो उत्कृष्ट चित्रकार होता, अतिशय साहसी आणि चौकसही होता. त्याच्या वडिलांनी त्याला धर्मगुरू बनवायचे ठरवले होते. १८४० मध्ये ट्रिनिटी, ऑक्सफर्ड इथे त्यासाठी त्याला पाठविण्यात आले. तिथे धर्मगुरू बनण्याचे प्रशिक्षण सोडून रिचर्डने तलवारबाजी, मुष्टियुद्ध याबरोबर अरेबिक भाषेत प्रावीण्य मिळविण्यात अधिक रस घेतला. १८४२ मध्ये अफगणिस्तानात ब्रिटिशविरोधी उठाव झाला. तोपर्यंत ऑक्सफर्ड विद्यापीठाने रिचर्डला 'साभार परत' पाठवले होते. तेव्हा सैन्यात कमिशन मिळवून तो मुंबईला आला. त्याला प्रत्यक्ष लढाई मात्र करावी लागली नव्हती.

भारतात राहून तो भारतीय भाषा शिकला. कराचीत त्याने ब्रिटिश वेष परिधान करणे सोडून दिले. तो पूर्णपणे सिंधी बनला. कराचीच्या बाजारपेठेत त्याने एक दुकान मांडले. लष्करी सेवेची वेळ संपली की तो वेष बदलून हे दुकान चालवीत असे. त्याने सिंधी भाषा आत्मसात केली. पंजाबीही तो शिकला. केसाला मेंदी लावलेला बर्टन सिंधी बोलू लागला की तो सिंधी नाही यावर विश्वास ठेवणे अवघड होत असे. त्याने हिंदू, मुस्लिम धर्मांचा अभ्यास केला. त्यांच्या चालीरीती नोंदवल्या. युद्धसमाप्तीनंतर या भागाच्या सर्वेक्षणास सुरुवात झाली. त्यात बर्टनचा समावेश

होता. ब्रिटिश लष्करातल्या सर्वोत्कृष्ट दुभाषांत त्याची गणना होऊ लागली. १८४८ मध्ये सर चार्ल्स नेपियरनंतरच्या सेनानीला हा असला उद्योगी माणूस सैन्यात नको होता. त्याने बर्टनला धारेवर धरले. बर्टन आजारी पडला आणि मग वैद्यकीय रजा घेऊन मायभूमीस परतला. इथून बरा झाल्यावर तो इजिप्तला गेला.

तो १८५३ मध्ये पूर्णपणे अरब बनून एका मुस्लिम तांड्यातून मक्केच्या यात्रेस गेला. आजमितीस फक्त अकरा युरोपी बिगर मुस्लिमांनी हजची यात्रा पूर्ण केली आहे. त्यातल्या आद्य यात्रेकरूंत बर्टनचा समावेश होतो. त्याचे सत्य स्वरूप उघड झाले असते, तर त्याच्यावर मृत्यू ओढवला असता. त्याला इतर यात्रेकरूंनी दगडांनी ठेचून मारले असते. या काळात तो सर्व प्रदेशाचे नकाशे तयार करीत होता. ते काम त्याला चोरून करावे लागत होते, कारण तो अक्षरशत्रू मुसलमान बनून या तांड्यात सहभागी झाला होता. मग त्याने पवित्र काबाच्या परिसराचे रेखाटन त्याच्या अंगरख्याच्या आतल्या बाजूस केले. इथून जेद्दाहला जाऊन तो सागरी मार्गाने इजिप्तला परतला. त्याची 'अ पिलिग्रिमेज टू मदिना अँड मक्का' ही त्रिखंडात्मक पुस्तके खूपच गाजली. कैरोतून तो सागरी मार्गाने मुंबईत आला. ईस्ट इंडिया कंपनीने त्याला आता सोमाली लँड (आताचा सोमालिया) इथे पाठवले. त्या काळात या देशात कोणालाही प्रवेश नव्हता; पण बर्टन हरारे या राजधानीच्या ठिकाणी पोहोचला आणि अमीराला भेटून परतला. वाटेत तो तहानेने मरायची वेळ आली होती. त्याने सर्वप्रथम सोमाली लँडच्या राजधानीचे आणि भूप्रदेशाचे वर्णन, तसेच हजार शब्दांचा सोमाली भाषेचा शब्दकोशही तयार केला.

स्पेकेला घेऊन बर्टन नाईलचा उगम शोधायला १८५७ मध्ये निघाला. त्याचे आणि स्पेकेचे ताबोरा येथे भांडण झाले. बर्टन हा खऱ्या अर्थाने मानस शास्त्रज्ञ होता. त्याला इथल्या आदिम जमातींचा अभ्यास करायचा होता. तेव्हा स्पेके बर्टनला सोडून पुढे गेला. त्यामुळे लेक व्हिक्टोरिया आणि नाईल नदीचा उगम यांचा शोध स्पेकेच्या नावावर जमा झाला. पुढे अरेबियन नाईट्स आणि इतर काही अरबी ग्रंथांची भाषांतरे करणारा, म्हणून त्याला प्रसिद्धी मिळाली; पण त्याचे मानवशास्त्रीय कामही महत्त्वाचे आहे, हे विसरून चालणार नाही.

◆

चार्ल्स गुडइअर

'दुदैवाचे दशावतार पाहण्याची आता माझ्यात ताकद नाही,' असे एकच प्याल्यात सुधाकर म्हणतो; पण अशा दशावतारांवर मात करून आपल्या शोधाचे चीज झालेले पाहायला जगलेला एक शास्त्रज्ञ– म्हणजे चार्ल्स गुडइअर. त्याचा जन्म १९ डिसेंबर १८०० ला कनेक्टिकट या अमेरिकन राज्यात न्यू हॅवन या शहरी झाला. तो लहानपणी वडिलांच्या अनेक उद्योगांत लुडबूड करीत असे, शेतीकामातही तो भाग घेत असे. त्याने धर्मगुरू व्हावे, असे त्याच्या वडिलांना वाटत होते; पण त्यांच्याच विविध अवजारेनिर्मितीच्या कामात मदत करीत असल्याने हा विचार हळूहळू मागे पडून चार्ल्सने अवजार आणि शेतीकामास उपयुक्त लोखंडी सामान विकण्याचे एक दुकान टाकले. लग्न नुकतेच झाले होते, धंदाही बरा चालत होता, अशा काळात रबराशी चार्ल्सचा प्रथम परिचय झाला. दक्षिण अमेरिकेतून त्या वेळी अमेरिकेत रबर येत असे. कुठल्याही बंदरात त्याचे ढीग पडलेले असत. कारण रिकाम्या जहाजात तोल सांभाळणारे वजन (बॅलास्ट) म्हणून तळाला जी अडगळ आणि वाळू टाकतात, तसेच हे रबरही त्या काळात वापरले जात होते.

दक्षिण अमेरिकेतले इंडियन हे वापरतात म्हणून इंडियन आणि पेन्सिलने लिहिलेल्या मजकुरावर ते घासले की तो खोडला जातो, म्हणून रबर असे इंडियन रबर होते. याला रेड इंडियन 'कुचुक' असे म्हणत. १८२० मध्ये या रबराचे बूट बोस्टनमध्ये प्रथम आले, तेव्हा ते बघायला गर्दी लोटली होती. हिवाळ्यात हे रबर कडक व्हायचे आणि उन्हाळ्यात ते वाहू लागायचे. झटकन साफ करता येत नाही आणि घाण वास येतो म्हणून कुणी ते फारसे वापरतही नसे. हे रबर गुडइअरने बघितले. त्या काळात त्याचा धंदा बुडाला होता आणि तो कर्जबाजारी बनला होता. कर्ज फेडता न आल्यामुळे वयाच्या तिसाव्या वर्षीच तो तुरुंगात गेला. त्यानंतर दहा वर्षे तो आत–बाहेर करीत होता. हे रबर टिकाऊ बनवेल त्याला भरपूर पैसे मिळविता येतील, असे एका रबराच्या व्यापाऱ्याने त्याला सांगितले, ते त्याच्या

लक्षात होते. तेथून पुढचे चार्ल्सचे आयुष्य टिकाऊ रबर बनविण्याच्या धडपडीची कहाणी आहे. रबर जवळजवळ फुकटच उपलब्ध होते. त्यात मॅग्नेशियमपासून निरनिराळे अनेक पदार्थ मिसळवून ते टिकाऊ बनते का, ते पाहण्याची धडपड करण्यात चार्ल्सचे कुटुंबही सहभागी झाले होते. रबराच्या पोळ्या लाटून त्या भाजण्यापासून रबरात वेगवेगळे पदार्थ घालून ते मिसळावेत म्हणून तुडवण्यापर्यंतच्या सर्व उद्योगांत त्याची पत्नी आणि मुली गढलेल्या असते. तुरुंगात असेल, तर चार्ल्स तिथेही त्याचे प्रयोग चालू ठेवत असे. दरम्यान, चार्ल्सला न बुडणाऱ्या जीवरक्षक बोटीचे एकाधिकार मिळाले आणि त्यामुळे त्याला थोडाफार पैसा मिळू लागला. 'जर इंडिया रबरची टोपी, कोट, पँट आणि बूट घातलेली कफल्लक व्यक्ती दिसली; तर ती म्हणजे चार्ल्स गुडइअर,' असे त्या काळात म्हटले जात होते. १८३९ मध्ये चार्ल्सच्या अथक परिश्रमांना यश आले. चार्ल्सचा गंधकाच्या साह्याने रबर टिकाऊ बनविण्याचा एक प्रयोग फसला होता, तेव्हा रबर आणि गंधक एकत्रित उकळवण्याचा त्याचा प्रयोग चालू असताना ते मिश्रण चुकून गरम तव्यावर पडले आणि पहिले व्हल्कनाइज्ड रबर तयार झाले. या अपघाताचे महत्त्व चार्ल्सने ओळखले. त्याला एकाधिकार मिळविण्यासाठी खूप झगडावे लागले; पण त्याच्या मृत्यूपूर्वी या टिकाऊ रबराचा जनक म्हणून त्याला श्रेय मिळालेच. १ जुलै १८६० रोजी गुडइअर वारला तेव्हा तो श्रीमंत नव्हता; पण कर्जमुक्त मात्र होता, हे महत्त्वाचे.

◆

लुईगी गॅल्व्हानी

'गॅल्व्हनाइझ' हा शब्द इंग्रजी भाषेत ज्याच्यामुळे प्राप्त झाला, त्या लुइगी गॅल्व्हानीचा जन्म 'बोलोन्या' या गावी १७३७ मध्ये झाला. लुइगी धार्मिक प्रवृत्तीचा होता. त्याला चर्चचा सेवक बनायचे होते. त्याच्या पालकांना मुलाची ही महत्त्वाकांक्षा मान्य नव्हती. त्यांनी त्याला शरीरशास्त्रज्ञ-डॉक्टर बनवायचे ठरवले. पुढे बोलोन्या विद्यापीठात तो शरीरशास्त्राचा प्राध्यापक बनला. त्याने गॅलिआझी नावाच्या डॉक्टरच्या मुलीशी लग्न केले. लुइगीच्या पत्नीची निरिक्षणशक्ती अप्रतिम होती. तिच्या नवऱ्याने केलेले बेडकांचे शवविच्छेदन ती पाहत असे. एक दिवस तिच्या नवऱ्याने शवविच्छेदन केलेल्या बेडकाचे पाय अचानक हलल्याचे तिने बघितले. विच्छेदक सुरीचा स्पर्श होताच हे पाय हलले होते. ती सुरी एका विद्युतघटाच्या संपर्कात आलेली होती; हेही तिने शोधून काढले. मग तिने ही गोष्ट तिच्या नवऱ्याला सांगितली. त्याला पत्नीच्या निरीक्षणशक्तीची कल्पना होती. त्याने लगेच तो प्रयोग परत करून बघितला. पाय खरोखरच हलले. मग त्याने हे कसे घडते, याचा विचार करून गॅल्व्हानिक बॅटरीचा शोध लावला. पाक्किया येथे त्या वेळी अल्डेस्सांड्रो व्होल्टा हे पदार्थविज्ञानाचे प्राध्यापक काम करीत होते. त्यांनीही विद्युतनिर्मितीसंबंधी प्रयोग चालवले होते. गॅल्व्हानीच्या शोधाची बातमी त्यांच्या कानावर गेली, तेव्हा त्यांनी आपल्या प्रयोगात सुधारणा केल्या. गॅल्व्हानी आणि व्होल्टा या दोघांनी मिळून वीजप्रवाह मिळविण्याचे तंत्र निर्माण केले, असे म्हटले तरी चालू शकेल.

गॅल्व्हानीने त्याच्या प्रयोगांवरचे त्याचे विचार ग्रंथबद्ध केले. लुइगी शांतताप्रिय होता. विद्यापीठातल्या प्राध्यापकाचे जीवन त्याला रुचत होते. विद्यार्थ्यांना शिकवणे, स्वतःचे प्रयोग करणे आणि इतर संशोधकांशी चर्चा करणे असा त्याचा जीवनक्रम होता. धार्मिक बाबींकडे त्याचा ओढा होता. 'बोलोन्या' हे कित्येक शतके पोपच्या अधिपत्याखाली असलेले शहर-राज्य होते. त्या काळात इटलीत अनेक संस्थाने होती, त्यातलेच हे एक. दरम्यान, तिथे बंड होऊन पोपची सत्ता झुगारून देण्यात

आली आणि तिथे 'सिसाल्याईन रिपब्लिक' हे राज्य अस्तित्वात आले. गॅल्व्हानीला हा धर्मद्रोह वाटत होता. त्याने या राज्याशी एकनिष्ठ राहायची शपथ घ्यायला नकार दिला. त्यामुळे त्याला विद्यापीठातून हाकलून देण्यात आले. तेव्हा लुइगी त्याच्या भावंडांकडे राहावयास गेला; पण विद्यापीठातून ज्या पद्धतीने बाहेर पडावे लागले, त्यामुळे त्याची प्रकृती ढासळली. नव्या राज्यकर्त्यांना काही काळातच त्यांची चूक उमगली आणि त्यांनी विद्यापीठात लुइगी परत यावा म्हणून प्रयत्न सुरू केले; पण तोपर्यंत गॅल्व्हानी अखेरचे क्षण मोजत होता. १७९८ मध्ये त्याचे निधन झाले.

गॅल्व्हानी आणि व्होल्टा हे समकालीन शास्त्रज्ञ होते; पण त्यांचे आयुष्य मात्र अगदी भिन्न परिस्थितीत गेले. गॅल्व्हानी घरकोंबडा होता. घर ते विद्यापीठ आणि प्रयोगशाळा या परिसरात त्याचे आयुष्य गेले. व्होल्टा स्वभावाने फिरस्ता होता. स्वित्झर्लंड, हॉलंड, जर्मनी, फ्रान्स आणि इंग्लंड अशा देशांत जाऊन तिथल्या शास्त्रज्ञांशी तो वैचारिक आदान-प्रदान करीत असे. व्होल्टाला ज्या वेळी इंग्लंडमधील रॉयल सोसायटीचे कोप्ली मेडल देण्यात आले होते, त्या वेळी गॅल्व्हानीला विद्यापीठास रामराम ठोकावा लागला होता. व्होल्टाला नेपोलियनने पॅरिसमध्ये बोलवून त्याचा सन्मान केला, तर ऑस्ट्रियाच्या सम्राटाने त्याला पादुआच्या पदार्थविज्ञान केंद्राचा प्रमुख बनवला होता. दोघे शास्त्रज्ञ एकाच काळात दोन जवळच्या शहरांत एकाच विषयाचा पाठपुरावा करीत होते; पण त्या दोघांच्या जीवनशैली आणि आयुष्यात अमाप फरक होता. असे असले, तरी ते दोघे परस्परांविषयी आदरभाव बाळगून होते; हे विशेष!

◆

आर्किमिडीज्

आर्किमिडीज् 'युरेका, युरेका...' (मला सापडलं, मला सापडलं) असे ओरडत विवस्त्रस्थितीत पळत सुटल्याची गोष्ट सर्वांनाच ठाऊक असते; पण आर्किमिडीज्ने तेवढा एकच शोध लावला नव्हता. त्याच्या नावावर इतर अनेक शोध आहेतच; पण त्याने लिहिलेले अनेक ग्रंथ पुढे जवळजवळ १८०० वर्षे युरोपमध्ये प्रमाणग्रंथ म्हणून मानले जात होते. युरोपीय विज्ञानाचा पाया आर्किमिडीज्ने घातला, असे म्हटले जाते. आर्किमिडीज् सिर्कसमध्ये 'विक्षिप्त व्यक्ती' म्हणून प्रसिद्ध असला, तरी त्याच्या बुद्धिमत्तेमुळे त्याला राजदरबारी मान होता. हिथेरो या राजाचा तो जवळचा मित्र होता. लहानपणीच शिक्षणासाठी आर्किमिडीज् अलेक्झांड्रियास गेला. तिथे तो बराच काळ वास्तव्यास होता. इजिप्तमध्ये पाण्याची वानवा होती. नाईलला पूर आला, की ते पाणी शेतीपर्यंत पोचवायची व्यवस्था अगदीच प्राथमिक स्वरूपाची होती. तेव्हा आर्किमिडीज्ने मळसूत्राची कल्पना वापरून पाण्यात उपसा करणारे यंत्र तयार केले. हा 'आर्किमिडीयन स्क्रू' पुढे पंधराशे वर्षे मध्यपूर्वेत आणि युरोपात पाणी उपसण्यासाठी वापरला जात होता. आर्किमिडीज्ने शोधलेल्या अनेक यंत्रापैकी हे पहिले यंत्र. त्या काळात भूमध्य सागरात सतत युद्धे होत असत. कार्थेज, रोम, ग्रीसमधील अनेक राज्य सतत लढत राहत. सिर्कसवर मात्र हिथेरो राजाच्या दूरदर्शी नेतृत्वाला आर्किमिडीज्ची साथ लाभल्याने शांततेत जगत होते.

आर्किमिडीज्चे वडील फिडियस हे खगोलशास्त्रज्ञ होते. त्यामुळे आर्किमिडीज्चा गणिताशी संबंध आला. त्या विषयात त्याला रुची निर्माण झाल्यामुळे तो अलेक्झांड्रियास गेला. तो सिर्कसला परतला, तेव्हा त्याने राजाची भेट घेतली. 'मला एक तरफ आणि टेकू दे; मी तुला पृथ्वी इकडची तिकडे करून देतो,' हे त्याचे वाक्य प्रसिद्धच आहे. फिडियसचा हा अजागळ दिसणारा मुलगा महाप्रतापी आहे, हे हिथेरोने ओळखले. त्याने आर्किमिडीज्ची नेमणूक राजदरबारी संरक्षणविषयक प्रमुख सल्लागार म्हणून केली. प्लुटार्कने आर्किमिडीज्बद्दल एक गोष्ट लिहून ठेवली आहे. या नव्या

पोराला राजाने महत्त्वाचे पद द्यावे, हे दरबाऱ्यांना आवडले नव्हते. तेव्हा बंदरात मालाने भरलेले एक गलबत आर्किमिडीज्ने एका जागेहून दुसऱ्या जागी लीलया हालवून दाखवले, तेव्हा मग दरबाऱ्यांचा विरोध मावळला.

रोमन सेनापती मार्सेलसने सिरॅकसवर हल्ला चढविला, तेव्हा आर्किमिडीज्ने उभारलेल्या उल्हाट यंत्रांनी, म्हणजे यांत्रिक गोफणींनी, त्याच्या जहाजांवर प्रचंड मोठ्या शिळा आणि झाडांचे बुंधे यांचा वर्षाव केला. या माऱ्यातून वाचून जी जहाजे सिरॅकसच्या तटापर्यंत पोहोचली. ती यांत्रिक हातांनी उचलून उलटी करण्यात आली, तर काही हवेत लटकत ठेवण्यात आली. सिरॅकसच्या रक्षणासाठी आर्किमिडीज्ने अशा अनेक यंत्रणांचा शोध लावला, तरीही युद्धाबद्दल तिटकारा असल्यामुळे त्याने या कुठल्याही यंत्रणांचे आराखडे रेखाटले नाहीत किंवा त्यांच्या यंत्रणा कशा चालतात, तेही लिहून ठेवले नाही. त्याला आणखीही एक कारण होते. यंत्रांमागचे तत्त्व त्याच्या बुद्धीला आव्हान वाटत होते. प्रत्यक्ष यंत्र बनविण्यास अक्कल लागत नाही, असेही त्याचे मत होते. त्याने गणित, भूमिती आणि त्रिकोणमिती या विषयांवर दहा ग्रंथ लिहिले.

सिरॅकस युद्ध करून जिंकणे अशक्य आहे, हे लक्षात आल्यावर मार्सेलसने त्या बेटाला वेढा घातला. तीन वर्षे सिरॅकसचा बाहेरच्या जगाशी असलेला संबंध संपुष्टात आला. अन्नावाचून सिरॅकसचे नागरिक बेजार झाले. अखेरीस रोमन सैन्याने सिरॅकसमध्ये प्रवेश केला. मार्सेलसने 'आर्किमिडीज्ला घेऊन या,' अशी सैनिकांना आज्ञा दिली. आर्किमिडीज् त्या वेळी घराच्या अंगणात रेघोट्या मारत बसलाय, असे त्या सैनिकांना दिसले. त्याचे या सैनिकांकडे लक्ष नव्हते. हा वेडा आपले बोलणे न ऐकता मातीत रेघोट्या मारत बसलाय, हा त्या सैनिकांना अपमान वाटला. 'हे प्रमेय सोडवतो आणि निघतो,' या आर्किमिडीज्च्या बोलण्याचा अर्थ कळण्याची त्या सैनिकांची पात्रताच नव्हती. त्यांनी आर्किमिडीज्चे शिर धडावेगळे केले. या घटनेचे मार्सेलसला फार दुःख झाले. त्याने आर्किमिडीज्चा देह सन्मानाने पुरला आणि त्यावर कबर बांधली. त्यानंतर सिरॅकसचे दुर्दैव सुरू झाले. हळूहळू आर्किमिडीज्ची कबर झाडोऱ्याने झाकली गेली. पुढे इ. स. पू. ७५ मध्ये सिसेरोने ती कबर शोधून काढून तिचे पुनरुज्जीवन केले.

निकोलस कोपर्निकस

'सृष्टीची उलथापालथ तर झाली नाही ना?' असे बेबंदशाहीतील संभाजी म्हणतो. वैज्ञानिक सृष्टीत १५४३ मध्ये अशी एक उलथापालथ घडली. त्यामुळे पृथ्वीचे अढळ स्थान नष्ट झाले. खरेतर इसवी सनपूर्व चौथ्या शतकातच हेराक्लयडिसने पृथ्वी आणि इतर ग्रह हे सूर्याभोवती फिरतात, असे प्रथम सांगितले होते; पण पुढे अलेक्झांड्रियाच्या टॉलेमीने इसवी सनाच्या दुसऱ्या शतकामध्ये त्याच्या 'अल्माजेस्ट' या ग्रंथात विश्वाच्या मध्यभागी पृथ्वी असून, विश्व तिच्याभोवती फिरते, असा एक सिद्धान्त मांडला. तो सर्वसामान्य माणसांना पटणारा होता; शिवाय तत्कालीन धर्मग्रंथांनाही मान्य होता. त्यामुळे १५४३ पर्यंत विश्वाच्या केंद्रस्थानी पृथ्वी असून, सूर्य–तारे आणि ग्रह पृथ्वीभोवती फिरतात, हे त्रिकालाबाधित सत्य मानले जात होते. १५५३ मध्ये 'अवकाशस्थ गोलांच्या भ्रमणासंबंधी सहा प्रकरणे' या नावाचा एक ग्रंथ प्रसिद्ध झाला आणि या पृथ्वीकेंद्रित सिद्धान्ताला धक्का बसला. ते सत्य नसून, भ्रामक समजूत असल्याचे जाहीर झाले. या ग्रंथाला 'रिव्होल्युशन्स' या छोटेखानी नावाने ओळखले जाते. हा ग्रंथ निकोलस कोपर्निक या व्यक्तीने लिहिला होता. या नावाचे लॅटिनीकरण म्हणजे 'कोपर्निकस.' कोपर्निकसने तोपर्यंतच्या समजुतींनाच धक्का दिला नव्हता, तर अवकाशस्थ ग्रहगोलांच्या अभ्यासाला नवे परिमाण मिळवून दिले होते.

'रिव्होल्युशन्स' हा ग्रंथ सिद्ध करायला कोपर्निकसचे तीस वर्षांचे परिश्रम कारणीभूत होते. त्याने हजारो निरीक्षणे आणि गणिती समीकरणे मांडून ही सिद्धता तयार केली होती. या सिद्धान्ताला मान्यता मिळायला पुढे दोनशे वर्षे लागली. कोपर्निकसचे व्यक्तिमत्त्व बहुआयामी होते. तो डॉक्टर होता, वैद्यकीय व्यावसायिक असूनही राजकारणी मुत्सद्दीही होता; गणिती होता आणि शिवाय उच्च प्रतीचा आकाश निरीक्षक होता. पोलंड आणि जर्मनीतील युद्ध थांबवून शांतता प्रस्थापित करायला त्याने मदत केली होती. अशा या विद्वान माणसाचा जन्म पोलंडमधील टारून या गावी १४७३ मध्ये झाला होता. त्याचे मूळ नाव जर्मन असावे. त्यामुळे

कोपर्निकस जर्मन की पोलिश, हा वाद अजूनही मिटलेला नाही; पण कोपर्निकस कुटुंब बऱ्याच पिढ्या पोलंडमध्ये वास्तव्यास होते. तो दहा वर्षांचा असताना त्याचे वडील वारले. कोपर्निकसच्या धर्मगुरू काकांनी त्याचा सांभाळ केला. त्यामुळे त्याला उत्कृष्ट शिक्षण मिळाले. शाळेतच कोपर्निकसला खगोलशास्त्राची आवड निर्माण झाली.

सुरुवातीपासूनच त्याला टॉलेमीचा सिद्धान्त चुकीचा वाटत होता. विद्यापीठात शिकत असताना त्याच्या वह्यांमध्ये तो विचारही नोंदवून ठेवीत असे. आश्चर्य म्हणजे, त्या वह्या अजून जपून ठेवण्यात आलेल्या आहेत. शिक्षण संपल्यावर धर्मपीठात वरिष्ठ पदावर असलेल्या काकांमुळे तोही चर्चचा सेवक बनला. काकांच्या मृत्यूनंतर कोपर्निकसला थोडा फावला वेळ मिळू लागला, तेव्हा त्याने परत खगोलशास्त्राचा अभ्यास सुरू केला. त्या काळात दूरदर्शी उपलब्ध नव्हती. कोपर्निकसने चाळिशी ओलांडली होती, तरीही कॅथेड्रलच्या मनोऱ्यावर जाऊन त्याने निरीक्षणे सुरू केली. १५१६ मध्ये त्याच्या ग्रंथाचे पहिले लेखन संपले. दरम्यान, कोपर्निकसवर नव्या जबाबदाऱ्या आल्या. १५१९ मध्ये युद्ध सुरू झाले. ते थांबल्यावर मग कोपर्निकसचे खगोलशास्त्रीय कार्य सुरू झाले. कोपर्निकसचे कार्य प्रसिद्ध झालेही नसते, कारण तो स्वत:च त्या निरीक्षणांबद्दल पूर्णपणे समाधानी नव्हता; पण त्याचा जर्मन मित्र ऱ्हेटिकस हा कोपर्निकसच्या अखेरच्या काळात त्याला भेटायला गेला. ऱ्हेटिकसने कोपर्निकसच्या कार्याचा सारांश जर्मन भाषेत प्रसिद्ध केला होता. त्याच्या आग्रहामुळे कोपर्निकसने त्याचा ग्रंथ छापायला घ्यायला मान्यता दिली. ग्रंथ छपाईला गेला आणि कोपर्निकसला पक्षाघाताचा झटका आला. या आजारातच त्याला स्मृतिभ्रंश झाला. त्याचा छापलेला ग्रंथ त्याने बघितला; पण तो आपलाच आहे, हे त्याला कळले नव्हते. ज्या दिवशी ग्रंथ प्रसिद्ध झाला, त्याच दिवशी – २४ मे १५४३ रोजी– कोपर्निकसचे निधन झाले.

◆

रोझा बेडिंग्टन

'मी जेव्हा माझ्या आयुष्याचा विचार करते, तेव्हा मी ते सत्कारणी लावले याची मला खात्री वाटते.' हे उच्चार रोझा बेडिंग्टनने मृत्यूपूर्वी काही दिवस आधी तिच्या सॉली डनवुडी नावाच्या संशोधन सहकार्‍ करणाऱ्या मैत्रिणीजवळ काढले होते. १८ मे २००१ या दिवशी रोझा स्तनांच्या कर्करोगाला बळी पडली, तेव्हा ती ४५ वर्षांची होती. इतक्या अल्पायुष्यातही तिने सस्तन प्राण्यांच्या गर्भाशयातील वाढीबद्दल पथदर्शक संशोधन केले. त्यामुळे गर्भाच्या वाढीबद्दलचे बरेच गैरसमज दूर व्हायला मदतच झाली. तिने संशोधनासाठी प्रयोगशाळेत वाढवलेल्या उंदरांचा वापर केला. काही पेशींचा छोटा गट वेगवेगळ्या हालचालींद्वारे गर्भ कसा निर्माण करतो, हे तिने शोधलेच; पण यापूर्वी केवळ गर्भाला संरक्षण देणारे कवच तयार करणाऱ्या पेशी म्हणून दुर्लक्षित केल्या गेलेल्या पेशींचा तिने सखोल अभ्यास केला. या पेशीच सस्तन प्राण्यातील गर्भात वेगवेगळे अवयव निर्माण करण्यामागच्या सूत्रधार असतात, हे तिने जगापुढे आणले.

१९८० च्या आधी काही काळ ऑक्सफर्ड विद्यापीठात डॉक्टरेटसाठी रोझा संशोधन करीत होती. त्या वेळी ऑक्सफर्ड विद्यापीठात सस्तन प्राण्यांविषयी संशोधन जोरात चालू होते. गर्भाच्या वाढीबद्दल अनेक चर्चासत्रे होत होती आणि त्यात भाग घेण्यासाठी जगभरातील दिग्गज येत असत. बीजांडाचे फलन झाल्यानंतर काय घडते आणि फलित बीजांड गर्भाशयाच्या अस्तरात कसे विसावते, रुजते आणि वाढते, याची शास्त्रज्ञांना माहिती होती; पण सुमारे शंभर पेशींचा हा गोळा गर्भाशयाच्या अस्तरात विसावल्यानंतर लगेच काय घडते याबद्दल फारशी माहिती उपलब्ध नव्हती. त्याला कारणही तसेच होते. गर्भाशय अस्तरात रुजणारा गर्भगोळा कुणीही परीक्षानलिकेत वाढवू शकलेले नव्हते. तो गर्भाशय अस्तरातून वेगळा करताच मरून जात असे.

बेडिंग्टनने यासाठी एक नवी पद्धत शोधून काढली. ही पद्धत वापरून मग तिने गर्भाची वाढ खुंटणार नाही, याची खात्री करून घेतली. त्यानंतर गर्भातल्या

कुठल्या पेशी कुठल्या अवयवास जन्म देतात, हे शोधून काढायचे तिने ठरवले. या वाढीच्या काळात गर्भपेशी खूप फिरतात. तिने या फिरण्याचे वर्णन 'पिंगा घालतात,' अशा अर्थाचे शब्द वापरून केले. त्यांचा हा नाच तर्कशुद्ध किंवा पूर्वनियोजित वाटत नाही. तेव्हा या पेशींचा तिने मागोवा घेऊन त्यांच्या हालचालींचा नकाशा तयार केला. १९८३ मध्ये बेडिंग्टनने ऑक्सफर्डमध्ये स्वत:ची प्रयोगशाळा तयार केली. मूळपेशी शरीरातील कुठलीही युती तयार करू शकते, हे सिद्ध करणाऱ्या आद्यशास्त्रज्ञांपैकी एक, हा मान तिने मिळविला. १९९१ मध्ये तिने स्कॉटलंडमधील एडिंबरोतील जिनोम संशोधन केंद्रात काम करायला सुरुवात केली. मानवी जीनचा अभ्यास महत्त्वाचा ठरणार, हे जाणून विल्यम स्कार्न्सबरोबर ती जीन संशोधनात गढली. अवयवनिर्मितीची जबाबदारी असलेले जीन शोधायचे त्यांनी ठरवले. यासाठी जे विविध जीन काम करतात, ते कोणत्या क्रमाने काम करतात, ते शोधत असतानाच तिची सस्तन प्राणी संशोधन विभागाची प्रमुख म्हणून नॅशनल इन्स्टिट्यूट ऑफ मेडिकल रिसर्चमध्ये नेमणूक करण्यात आली. इथे तिने गर्भात डोके निर्माण करणारे केंद्र असते, हे शोधून काढले.

ती उत्कृष्ट घोडेस्वार होती. ती नृत्य करीत असे आणि तलवारबाजीच्या स्पर्धांतही भाग घेत असे. १९८७ मध्ये तिने रॉबिन डेनिस्टनशी विवाह केला. १९९५ पासून ती कर्करोगाशी झुंज देत संशोधन करीत होती; पण अखेरीस ती कर्करोगास बळी पडली.

पिएर घुलाँग

पिएर घुलाँगचा जन्म १२ फेब्रुवारी १७८५ रोजी झाला. त्यानंतर काही दिवसांतच त्याचे वडील वारले. तो ४ वर्षांचा असताना त्याच्या आईचे निधन झाले. पिएरचा सांभाळ त्यानंतर मावशीने केला. लहानपणापासूनच त्याला गणितात गती होती. वयाच्या सोळाव्या वर्षी तो पॉरिसमधील एकोल पॉलिटेक्निकमध्ये दाखल झाला. तिथेही त्याच्या बुद्धिमत्तेने त्याचे शिक्षक प्रभावित झाले. तिथे अभ्यासामुळे पिएरचे प्रकृतीकडे दुर्लक्ष झाले. त्यामुळे महाविद्यालयाच्या दुसऱ्या वर्षी त्याला आजारपणाने घरी बसविले. फ्रेंच राज्यक्रांती नुकतीच घडून गेली होती. त्या काळात कुणीही वैद्यकीय व्यवसाय करू शकत असे. पिएरही उपजीविकेचा मार्ग म्हणून मग वैद्यक व्यवसाय करू लागला. दरम्यान, त्याने वैद्यकीय महाविद्यालयात प्रवेश करून पदवीही मिळविली. वैद्यकीय व्यवसायात त्याने चांगलाच जम बसविला. तो पॉरिसच्या गरीब वस्तीत खूपच लोकप्रिय बनला; पण त्याच्या दयाळू बुद्धीने त्याचे अर्थकारण गोत्यात आणले; कारण तो गोरगरिबांना त्याच्या खर्चाने औषधे पुरवायचा. वैद्यकीय व्यवसाय बंद केल्यावर पिएर रसायनशास्त्राकडे वळला. इथे बर्थोलेटया महान भौतिक रसायनशास्त्रज्ञाचे मार्गदर्शन त्याला लाभले. बर्थोलेटच्या हाताखाली दोन वर्षे काम केल्यानंतर 'एकोल पॉलिटेक्निक' मध्ये तो शिकवू लागला.

पिएर १८२० मध्ये भौतिकशास्त्राचा प्राध्यापक बनला. त्याने तोपर्यंत अनेक शोधनिबंध लिहिले होते. 'अरुसील' विज्ञान संस्थेत सादर केलेल्या त्याच्या पहिल्या शोधनिबंधात त्याने रासायनिक प्रक्रियांवर भाष्य केले होते. दोन रसायनांची प्रक्रिया घडवली, तर तीच प्रक्रिया उलट दिशेनेही घडू शकते, हा बर्थोलेटचा सिद्धान्त त्याने प्रयोगाने सिद्ध करून दाखविला होता. त्यानंतर त्या काळातल्या समजुतीला धक्का देणारे कार्बनी रसायनातील संशोधन त्याने जगापुढे आणले. कार्बनी रसायनातल्या हायड्रोजनची जागा धातू घेऊ शकतात; हा त्याचा सिद्धान्त गाजला. नायट्रोजन क्लोराइडच्या संशोधनात त्याने एक बोट आणि एक डोळा गमावला. एखादे

रसायन तापविले, की त्यातील मूलद्रव्ये वेगळी होताना उष्णता बाहेर पडते, हे या संशोधनाचे निष्कर्ष त्याने प्रसिद्ध केले. त्यातूनच ताप रसायनशास्त्राचा पाया घातला गेला. त्यानंतर फॉस्फोरिक आम्ल आणि नायट्रोजनची विविध ऑक्साइडे यासंबंधीही त्याने पायाभूत संशोधन केले. मग रसायनांची विशिष्ट उष्णता या विषयावर अलेक्सिस पतीतबरोबर त्याने संशोधनास सुरुवात केली. अणुभार आणि विशिष्ट उष्णता यासंबंधीचे त्याचे संशोधन आणि गणिती सूत्रे आजही त्यांच्या नावाने ओळखली जातात. पदार्थांच्या शीतकरणाचे गणित त्याने तयार केले.

पदार्थ थंड का होतो आणि ही उष्णता कुठे जाते, हे त्याने स्पष्ट केले. फ्रेंच ॲकॅडमी ऑफ सायन्सेसच्या सदस्यत्वानंतर १८२८ मध्ये पिएर एका वर्षासाठी या संस्थेचा अध्यक्ष होता. १९ जुलै १८३८ रोजी त्याचे निधन झाले.

◆

कॅरोलिन हर्शेल

विल्यम हर्शेलचे नाव युरेनसचा शोधक म्हणून प्रसिद्ध आहे. ते सर्वांना ठाऊक आहे; पण त्याच्या बहिणीचे–कॅरोलिनचे–नाव क्वचितच वाचायला मिळते. विल्यमच्या संशोधनाला तिने खूप मदत केली होती, हे फार थोड्या लोकांना ठाऊक आहे. ती विल्यमपेक्षा अकरा वर्षांनी लहान होती. तिचा जन्म १६ मार्च १७५० या दिवशी 'हॅनोव्हर' या जर्मन शहरात झाला. हर्शेल कुटुंबात एकूण दहा मुले होती. त्यामुळे त्यांच्या आईवडिलांनी मुलांचे लाड केले नाहीतच; पण कॅरोलिनला तर फारच वाईट वागवले. एकटा विल्यमच तिच्याशी प्रेमाने वागत असे. नशीब काढण्यासाठी १७५७ मध्ये इंग्लंडमध्ये विल्यम गेला. तिथे तो वादन शिक्षक म्हणून काम करू लागला. तसेच, एक चांगला वादक म्हणून पैसेही मिळवू लागला होता. बऱ्यापैकी पैसा साठल्यावर १७७२ मध्ये त्याने कॅरोलिनला इंग्लंडमध्ये बोलवून घेतले होते. त्याच्या वाद्यवृंदात ती गायिका म्हणून काम करू लागली. १७८१ मध्ये युरेनसचा शोध लावल्यानंतर हर्शेलची नेमणूक शाही ज्योतिषी म्हणून करण्यात आली. त्यामुळे त्याने संगीत क्षेत्रास रामराम ठोकला. कॅरोलिनला हे आवडले नव्हते. संगीत क्षेत्रात या बंधूभगिनींचे नाव चांगलेच प्रसिद्धीस आले होते. आकाशात डोळे लावून बसण्यात फारसे भवितव्य नव्हते; पण तिची भावाविषयीची भक्ती इतकी प्रचंड होती, की तिनेही भावाबरोबरच संगीत क्षेत्रास रामराम ठोकला.

हर्शेलबरोबर तीही रात्र–रात्र जागून आकाश-निरीक्षण करीत असेच; पण निरीक्षण करण्यासाठी लागणाऱ्या साधनांची मांडणी, हलवाहलव करण्यातही ती भावाला मदत करीत असे. शाही नोकर असल्याने विल्यम दौऱ्यावर गेला, की वेधशाळेची सर्व जबाबदारी कॅरोलिन सांभाळायची. छोटेखानी, मृदुभाषी कॅरोलिन एवढे कष्ट उपसूनही कायम हसतमुख असे. कॅरोलिनने एकटीने आठ नव्या धूमकेतूंचा शोध लावला होता. राजकन्येची ती आवडती सखी होतीच; पण इंग्लंडच्या राजकन्येला तिने खगोलशास्त्राचे प्राथमिक धडेही दिले होते. विल्यमचे

लग्न झाल्यानंतरही भावा–बहिणींत दुरावा निर्माण झाला नव्हता. उलट, त्यानंतर कॅरोलिनचे काम अधिकच वाढले. त्याच्या मृत्यूनंतर मात्र ती खचली. तिची भावावर इतकी अनन्यसाधारण भक्ती होती, की विल्यमच्या मृत्यूनंतर तिला इंग्लंडमध्ये राहणे अवघड वाटू लागले. त्यामुळेच ती जर्मनीला परत गेली. भावाच्या मृत्यूनंतर २४ वर्षांनी वयाच्या ९८ व्या वर्षी – ९ जानेवारी १८४८ रोजी तिचे निधन झाले.

विल्यम हर्शेलच्या अवकाश–निरीक्षणांचे जे नकाशे प्रसिद्ध झाले होते, त्यांच्यातील तेजोमेघ आणि तारकांपुंजांच्या याद्या तिने संपादित करून जगापुढे आणल्या. हे कार्य खरोखरच महान होते. त्यासाठी तिने बरीच वर्षे मेहनत घेतली होतीच; पण मान मोडून अनेक बारकाव्यांसह ही यादी तिने तयार केली होती. या तिच्या कार्याबद्दल रॉयल ॲस्ट्रॉनॉमिकल सोसायटीने तिला सुवर्णपदक देऊन तिचा गौरव केला होता.

◆

मायलेट्सचा थालेस

थालेसचा जन्म इ. स. पू. ६४० च्या आसपास झाला असावा, असे मानण्यात येते. त्याचे महत्त्व म्हणजे, आधुनिक विज्ञानाचा जन्मदाता म्हणून पाश्चात्य जग त्याच्याकडे बघते. त्याचे मूळ गाव मायलेटस हे त्याच्याहून प्राचीन संस्कृतीचा ठेवा मिरवणारे आणि प्राचीन तत्त्वज्ञांचा वारसा चालवणारे गाव म्हणून ओळखले जात होते. ॲथेन्सच्या विद्वानांनासुद्धा मायलेटस विद्वत्तेचे माहेरघर वाटत असे. अशा या गावी एका सरदार घराण्यात थालेसचा जन्म झाला. त्याला साहसाची आवड असल्याने जमीनदारी सोडून तो सागराकडे वळला. भूमध्य सागराभोवतालची सर्व शहरे, राज्ये आणि वेगवेगळ्या सांस्कृतिक ठिकाणांना त्याने व्यापाराच्या निमित्ताने भेटी दिल्या. गणित, वेगवेगळी यंत्रे आणि वैज्ञानिक करामतींची त्याला आवड होती. अलेक्झांड्रियातून तो इजिप्तमध्ये शिरला. इजिप्त धर्मगुरूंचे बांधकामाचे ज्ञान, त्यासाठी त्यांनी निर्माण केलेले भौमितिक आराखडे आणि त्रिकोणमिती यांच्यामुळे तो फारच प्रभावित झाला. इजिप्तमध्ये ४००० वर्षे हे ज्ञान जोपासण्यात आले होते. नाईल नदीला जेव्हा पूर येतो, तेव्हा आकाशात ठरावीक तारे ठरावीक ठिकाणीच असतात; हे ज्ञान इजिप्तच्या धर्मगुरुंना होते. त्यावरून त्यांनी पंचांग निर्माण केले होते. तिथी, वार, वर्षे अशी कालगणनाही ते करीत असत. या ताऱ्यांच्या अभ्यासावरून दिशादर्शनाची कलाही त्यांनी आत्मसात केली होती. थालेसने हे सर्व ज्ञान इजिप्ती लोकांकडून मिळवले. त्याचप्रमाणे तो इजिप्तमध्ये भूमापन आणि सर्वेक्षणही शिकला.

गुरूची विद्या गुरूला शिकविणारा तो आद्य विद्यार्थी असावा. कालमानपरत्वे इजिप्ती भूमितीमध्ये काही उणिवा निर्माण झाल्या होत्या. इजिप्ती ज्ञान हे अनुभवजन्य ज्ञान असले, तरी त्यामागे वैचारिक अधिष्ठान नव्हते. थालेसने इजिप्ती भूमितीतील उणिवा दूर केल्या. बिंदू आणि रेषांचा त्याने पद्धतशीर वापर सुरू केला. भौमितिक मोजमापांना त्याने गणितात बसवले. भौमितिक आकृतींचे काही भाग माहिती असतील, तर गणिती पद्धतीने उरलेले भाग शोधता येतात, हे त्याने इजिप्ती

लोकांना शिकवले. 'शिष्यात् इच्छेत् परजयम्' असे एक संस्कृत वचन आहे. इजिप्ती गुरूंनी थालेसकडून या नव्या पद्धती शिकून ते सार्थ केले. पुढे युकिल्डने हे सर्व ज्ञान प्रमेयबद्ध केले. आज थालेसचे शोध प्राथमिक वाटतात. व्यासामुळे वर्तुळाचे दोन सारखे भाग होतात. समद्विभुज त्रिकोणाचे पायाजवळचे कोन समान असतात वगैरे गोष्टी त्या काळी नवीन होत्या. पिरॅमिडच्या सावलीवरून पिरॅमिडची उंची मोजून दाखवून त्याने फॅरोहना चकित केले. सूर्याचा व्यास मोजायचे गणित त्याने मांडले. रेखांश निश्चित करायची त्याची पद्धत पुढे २३०० वर्षे वापरात होती.

वेगवेगळी ग्रहणे ही देवांची करणी नसून, ते निसर्गसूत्र आहे, त्यामागे जादूटोणा नसून निसर्गाचे नियम आहेत, हे थालेसने मायलेटसला परतल्यावर ग्रीक धर्मगुरुंना ठणकावून सांगितले. नैसर्गिक कारणामुळे मानवाच्या पूर्वजांमध्ये बदल घडून आजचा माणूस जन्माला आला, हे सुमारे २५०० वर्षांपूर्वी थालेसचा विद्यार्थी ॲनॅक्सीमँडरने जाहीर केले होते. त्यानेच इतर विद्यार्थ्यांच्या मदतीने तत्कालीन ज्ञानजगताचा पहिला नकाशा बनवला. पृथ्वीवरचा पहिला जीव पाण्यात जन्मला, असा अंदाज थालेसने व्यक्त केला होता. पाण्यावर जग चालते, असेही तो म्हणे. थालेसचे ग्रंथ पुढे पर्शियन आक्रमणात नष्ट झाले; तरीही त्याच्या विद्यार्थ्यांनी आणि नंतरच्या ग्रीक शास्त्रज्ञांनी त्याच्या विद्वत्तेचे आणि शोधांचे श्रेय या मायलेटसच्या विद्वानाला दिल्याने आज जगाला त्याची थोडीफार माहिती आहे.

◆

जॉन फ्लॅमस्टीड

डेनबी नावाच्या गावी १९ ऑगस्ट १६४६ या दिवशी जॉन फ्लॅमस्टीडचा जन्म झाला. तो तीन वर्षांचा असताना त्याची आई वारली. फ्लॅमस्टीडचे वडील मद्यनिर्मिती करीत. त्यांनी मुलाला वाढवले आणि शाळेत पाठवायला सुरुवात केली. जॉन १४ वर्षांचा असताना पाण्यात जरा जास्त काळ डुंबला. त्याला सर्दी झाली, ताप आला. ही घटना घडली नसती, तर जॉन बहुधा शिकून कारकून झाला असता. त्याची शाळा डर्बी फ्री स्कूल ही घरापासून ८ किलोमीटर दूर होती. या आजारपणानंतर जॉनला संधिवात झाला. त्यामुळे त्याची शाळा बंद झाली. त्या काळापासून मरेपर्यंत जॉनला वेदनांशी सतत सामना करावा लागला. शाळा बंद झाल्यावर जॉनने घरीच अभ्यास करायचे ठरविले. या आजारपणात जॉनने खगोलशास्त्रावरचा 'द स्फेरा' हा सॅक्रोबोस्कोचा ग्रंथ वाचला. त्यामुळे जॉन खगोलशास्त्राकडे आकृष्ट झाला. सप्टेंबर १६६२ च्या खंडग्रास सूर्यग्रहणानंतर जॉनचा खगोलशास्त्राकडचा ओढा अधिक वाढला. त्याला उपलब्ध झालेले या विषयावरचे मिळतील ते ग्रंथ त्याने वाचून पूर्ण केले. त्याच्या अभ्यासाची मित्रांनी टिंगल केली; पण तरीही त्याने चित्त विचलित होऊ न देता, हा अभ्यास सुरूच ठेवला.

हळूहळू या मुलाच्या खगोलशास्त्रीय अभ्यासाकडे तत्कालीन इंग्रज विद्वानांचे लक्ष वेधले गेले. त्याचे वडील त्याला उपचारासाठी गावोगावी नेत. तिथल्या ग्रंथालयात जाऊन हा मुलगा पुस्तके वाचत बसे. अखेरीस डॉक्टर, वैदू, बाबा, बुवा, नवस आणि गंडेदोरे यांना जॉन कंटाळला. त्याने फक्त खगोलशास्त्राचाच नाद धरला. ऑक्टोबर १६६८ मध्ये त्याने सूर्यग्रहण बघितले आणि त्यासंबंधीची निरीक्षणे प्रसिद्ध केली. त्या काळातली पंचांगे आणि आकाशातील ग्रहताऱ्यांच्या हालचाली यांचा तंतोतंत मेळ कधीच बसत नसे. फ्लॅमस्टीडने ही भ्रमणकोष्टके अचूक बनवायचा विडाच उचलला. त्याच्या या अभ्यासामुळे सर जोनास मूर यांची फ्लॅमस्टीडवर मर्जी बसली. लंडनमध्ये त्यांना भेटून फ्लॅमस्टीड केंब्रिजला गेला.

तिथे न्यूटनशी त्याचा परिचय झाला.

चंद्राच्या गतीचा अभ्यास करताना होरॉक्स या खगोलशास्त्रज्ञाने तीस वर्षांपूर्वी केलेली गणिते ही पद्धतशीर आणि अचूक आहेत असे त्याला आढळून आले. न्यूटनच्या सांगण्यावरून या कोष्टकात सुधारणा करून फ्लॅमस्टीडने ती प्रकाशित केली. इ. स. १६७३ मध्ये फ्लॅमस्टीडने ग्रहांचे भासमान व्यास आणि वस्तुनिष्ठ व्यास यांची आकडेवारी प्रसिद्ध केली. न्यूटनला 'प्रिन्सिपिया' हा ग्रंथ लिहिताना ती खूप उपयोगी ठरली. १६७४ मध्ये सर जोनास मूर यांच्याकडे पाहुणा म्हणून लंडनला राहत असताना फ्लॅमस्टीडने भरती–ओहोटीची कोष्टके दुसऱ्या चार्ल्ससाठी तयार केलीच; पण राजा आणि ड्यूक ऑफ यॉर्क यांना एक वायुभारमापक आणि एक तापमापक भेट दिला. त्यांच्या साह्याने हवामानाचा अंदाज सांगण्याची रीतही शिकवली. ही सर्व यंत्रे त्याने स्वत: बनवली होती.

१६७५ मध्ये दुसऱ्या चार्ल्सने फ्लॅमस्टीडला 'शाही खगोल निरीक्षक' म्हणून नेमणूक दिली. चंद्र, सूर्य आणि ग्रहताऱ्यांच्या हालचालींचे अचूक निरीक्षण करून त्यांची बिनचूक कोष्टके बनवणे आणि त्या कोष्टकांच्या साह्याने रेखांश शोधण्याची पद्धत निश्चित करणे, हे काम या शाही खगोलशास्त्रज्ञावर सोपविण्यात आलेले होते. त्यासाठी *ग्रीनिच* इथे एक वेधशाळा उभारण्यात आली. १० जुलै १६७६ रोजी फ्लॅमस्टीड पहिला शाही खगोलशास्त्री म्हणून इथे रुजू झाला. त्यानंतर न्यूटन आणि फ्लॅमस्टीड यांच्या भांडणास सुरुवात झाली. फ्लॅमस्टीडला न्यूटन आपले संशोधन चोरू पाहतोय, असे वाटत होते. न्यूटनला या काळात विचित्र आजार जडला होता. त्यामुळे तो चिडला, की अनावर होत असे; पण तो रॉयल सोसायटीचा अध्यक्ष होता. त्याने फ्लॅमस्टीडचे संशोधन सोसायटीच्या नावावर प्रसिद्ध करायचे ठरवले. हा वाद विकोपास गेला. न्यूटनच्या मागे राजसत्ता होती. सोसायटीने प्रसिद्ध केलेल्या कोष्टकात खूप उणिवा राहिल्या होत्या. मृत्यूपूर्वी फ्लॅमस्टीडने या कोष्टकांच्या प्रती विकत घेऊन जाळल्या. ३१ डिसेंबर १७१४ या दिवशी फ्लॅमस्टीड मरण पावला.

◆

जिओव्हानी डोमेनिको कॅसिनी

दूरदर्शीचा शोध लागल्यावर ज्या आकाशनिरीक्षकांनी तिचा उपयोग करून खगोलशास्त्राच्या प्रगतीस हातभार लावला, त्यांत कॅसिनीचे नाव अग्रभागी घ्यावे लागते. कॅसिनीचा जन्म ८ जून १६२५ या दिवशी नाइसजवळच्या 'पेरिनाल्डो' या गावी झाला. जिनोआ येथे जेसुइटांच्या मठात शिक्षण पूर्ण झाल्यावर कॅसिनी बोलोन्या विद्यापीठात खगोलशास्त्राचा प्राध्यापक म्हणून काम करू लागला. त्या काळात हे इटलीतील सर्वश्रेष्ठ विद्यापीठ म्हणून प्रसिद्ध होते. त्याने सूर्याभावती फिरणाऱ्या ग्रहांचा आणि त्यांच्या उपग्रहांचा सखोल अभ्यास केला. त्यामुळे त्याची कीर्ती सर्वदूर पसरली. त्या काळात पॅरिस येथे एक अत्याधुनिक वेधशाळा बांधली जात होती. तिचा संचालक म्हणून कॅसिनीला बोलावून घेण्यात आले. या फ्रेंच वेधशाळेच्या पहिल्या संचालकाला मग १६७३ मध्ये फ्रेंच नागरिकत्व सन्मानपूर्वक देण्यात आले. फ्रेंच वेधशाळेचे पहिले चारही संचालक कॅसिनीच होते. या चारही पिढ्यांनी ही जबाबदारी यशस्वीरीत्या पार पाडली.

जिओव्हानी कॅसिनीची सर्व महत्त्वपूर्ण निरीक्षणे पॅरिस वेधशाळेतून केली गेली. मात्र, याआधी गुरूचे परिभ्रमण, गुरूच्या उपग्रहांचे गुरूसमोरून गमन, तसेच मंगळ आणि शुक्र यांच्या परिभ्रमणाविषयीची त्याची निरीक्षणेही महत्त्वाची मानली जातात. ती त्याने बोलोन्या विद्यापीठात प्राध्यापकपद भूषवीत असताना केली होती. त्या काळात खगोलशास्त्रविषयक संशोधनात दूरदर्शीचा वापर नुकताच सुरू होत होता. फार थोड्या खगोलशास्त्रज्ञांना दूरदर्शीच्या साह्याने निरीक्षणाची संधी प्राप्त होत असे. त्यामुळे कॅसिनीने मिळालेल्या संधीच्या सदुपयोग करून घेतला, असे म्हणावे लागते. शनीचे चार उपग्रह त्याने निश्चित केले. त्याच्याआधी शनीला एकच उपग्रह असावा, असे मानले जात असे. शनीला एकच कडे नाही, तर दोन कड्यांमध्ये मोकळी जागा आहे, हेही त्याने जगाच्या निदर्शनास आणले. शनीच्या कड्यांना विभक्त करणाऱ्या मोकळ्या जागेस 'कॅसिनीज् डिव्हिजन' असे नाव देण्यात आले. गुरूचा आयापेटस हा आठवा उपग्रहही कॅसिनीने प्रथम बघितला. त्याने शनीचे

उपग्रह १६७१ ते १६८४ दरम्यान जगाच्या निदर्शनास आणले. १६७१ मध्ये आयापेटस बघितला, तर शनीच्या कड्यांतला विभक्तपणा १६७५ मध्ये त्याच्या लक्षात आला. कॅसिनीने या निरीक्षणांव्यतिरिक्त इतरही महत्त्वाचे कार्य केले. त्याने चंद्राच्या पृथ्वीवरून दिसणाऱ्या भागाचा अतिशय बारकाईने तयार केलेला नकाशा अद्भुत वाटावा इतका अचूक आहे. त्यात चांद्रपृष्ठावरचे खळगे, पर्वत, सागर (पूर्वी इथे पाणी असावे, असा समज होता. म्हणून यांना ‘मारिया’ म्हणतात.) वगैरे रूपे या नकाशात दाखवली आहेत. त्या काळातल्या उपलब्ध साहित्याच्या साह्याने हा नकाशा तयार करणे, हे खरोखरच कॅसिनीचे महान कार्य ठरते. गुरूच्या उपग्रहांच्या गुरूभोवतीच्या प्रदक्षिणेचा तक्ताही कॅसिनीने तयार केला होता. पॅरिसच्या वेधशाळेच्या प्रमुख पदावर असताना त्याने पुढाकार घेऊन पाठविलेल्या मोहिमेने ध्रुवाकडून विषुववृत्ताकडे जाताना गुरुत्वाकर्षण हळूहळू कमी होत जाते, हे सिद्ध केले. त्यामुळे एकच वस्तू ध्रुवाजवळ जड, तर विषुववृत्ताजवळ त्या मानाने हलकी भासते; हे जगापुढे आले. कॅसिनीने इतरही अनेक शोध लावले. या प्रज्ञावंत खगोलशास्त्रज्ञाचे पॅरिसच्या वेधशाळेतच ११ सप्टेंबर १७१२ रोजी निधन झाले.

◆

मॉटगोल्फिए बंधू

जेव्हा–जेव्हा आकाशात उडण्याचा प्रयत्न करण्याचा माणसाचा इतिहास लिहिला जातो, तेव्हा–तेव्हा मॉटगोलिफए बंधूंचे नाव त्यात आघाडीवर असते. विमानोड्डाणात जसे राइट बंधू गाजले; तसेच हे मॉटगोलिफए ही गाजले. यांचे वडील कागदनिर्मितीचा व्यवसाय करीत. व्हिदालों-ले-ऑनोने नावाच्या गावी त्यांच्या कागद कारखान्याजवळच त्यांचे घर होते. जोसेफ १७४० मध्ये जन्मला, तर एतिएनचा जन्म १७४५ मध्ये झाला. ही एकूण पाच भावंडे होती. त्यातले हे दोघे. या सर्वच मुलांना विज्ञान तंत्रज्ञानात रस होता; पण या दोघा भावांना स्वत:चा प्रयोग करण्याची आवड होती. जोसेफ तसा विचित्र होता. बराच काळ तो काही न करता आराम करायचा. या काळात त्याचे डोके चालत असे. मग विचार पक्के झाले, की त्याला कामाचा झटका येत असे. अशा वेळी तो अथक दोन–दोन दिवस काम करीत राही. ऑनोनेच्या महाविद्यालयात त्याने शिक्षण कसेबसे पूर्ण केले आणि मग तो वडिलांच्या व्यवसायात शिरला. त्याच्या डोक्यात सतत विचित्र कल्पना पिंगा घालत असत. कागदाच्या गिरणीत त्याने प्रवेश केला, तेव्हा तिथल्या यंत्रणेत सुधारणेस खूप वाव आहे, असे त्याला वाटू लागले. वडील त्या कल्पना ऐकून घेत; मात्र मुलाला त्या कल्पना राबवू देत नसत. तेव्हा वडिलांपासून वेगळा होऊन जोसेफने त्याच्या ऑगस्टीन नावाच्या भावासह एक नवी कागद गिरणी सुरू केली होती.

जोसेफच्या डोक्यात नवनव्या कल्पना आल्या, तरी त्यांच्या पाठपुरावा करण्यासाठी लागणारी चिकाटी आणि शिस्त त्याच्याजवळ नव्हती. त्यामुळे लवकरच त्याची कागद गिरणी बंद पडली आणि तो कर्जबाजारी बनला. यातून तो सावरला, याचे कारण त्याने छपाईच्या पद्धतीत सुधारणा केली; आग विझवण्यासाठी वापरायचा एक पंप बनवला. शिवाय, तो माल खपविण्यासाठी युरोपभर हिंडला. या त्याच्या परिश्रमांना यश येऊन त्याची आर्थिक परिस्थिती सुधारली. याच काळात हवेत झेपावण्याचे विचार त्याच्या डोक्यात शिरले. इथे त्याला एतिएनची साथ लाभली.

एतिएन आर्किटेक्ट होता. कालांतराने वडिलांना मदत करण्यासाठी तो वडिलांच्या कागद गिरणीचे व्यवस्थापन पाहू लागला. त्याने या गिरणीच्या व्यवस्थापनात सुधारणा घडवून आणल्यानंतर मग कागदनिर्मितीचे तंत्र सुधारले, त्यानंतर यंत्रे सुधारली. याचे कारण तो पद्धतशीर काम करीत असे.

हे दोघे भाऊ एकत्र आले आणि हवेत जाण्याचा मार्ग शोधू लागले. आकाशात ढग तयार होतात; ते पाण्याच्या वाफेमुळे, हे त्यांना ठाऊक होते. वजनाने अतिशय हलक्या अशा एखाद्या पिशवीत आपण जर वाफ कोंडून ठेवू शकलो, तर त्या पिशवीच्या साह्याने आपल्याला तरंगत ढगांच्या उंचीपर्यंत जाता येऊ शकेल, असे त्यांना वाटत होते. अशा प्रकारचा प्रयोग करण्यापूर्वी जोसेफने हवाईछत्रीच्या साह्याने तरंगत खाली उतरण्याचे प्रयोग सुरू केले. त्याने सात फूट व्यासाची एक छत्री बनवली. तिला एक शेगडी लटकवली. एकदा एक शेकोटी पेटली होती. त्याचा धूर आत शिरून एक शर्ट खूप फुगला, तेव्हा बलूनमध्ये गरम हवा भरायची युक्ती जोसेफला सापडली. हळूहळू त्यांचे असे गरम हवेचे कागदी फुगे हवेत जाऊ लागले. मग त्यांनी मोठी कापडी बलून माँटगोल्फिए बंधूंच्या मदतीने बनवली. सप्टेंबर १७८३ या दिवशी फ्रान्सच्या राजाच्या उपस्थितीत एक मेंढी, एक कोंबडा आणि एक बदक घेऊन याच बंधूंच्या बलूनने आकाशात उड्डाण केले. व्हर्सायमधून उडालेले हे बलून दोन मैल दूर शेतात उतरले. मेंढीने लाथ मारल्यामुळे कोंबड्याला इजा झाली, हे सोडले, तर उड्डाण यशस्वी ठरले होते. १५ ऑक्टोबर १७८३ या दिवशी माँटगोल्फिए बंधूंच्या बलूनमधून 'जाँ फ्रान्स्वापिलाए द रोझीएट' आकाशगामी बनला. माणसाच्या आकाशविजयाला प्रारंभ झाला होता.

◆

बेंजामिन फ्रँकलिन

बेंजामिन फ्रँकलिन हे एक अष्टपैलू व्यक्तिमत्त्व होते. राजकारण, गुप्तहेरगिरी, समाजकारण तसेच विज्ञान आणि तंत्रज्ञान व याशिवाय इतर अनेक क्षेत्रांत त्याने स्वत:चा ठसा उमटवला. अमेरिका आज विज्ञान-तंत्रज्ञानक्षेत्रात आघाडीवर आहे, त्याचे श्रेय फ्रँकलिनने अमेरिकेत विज्ञान-तंत्रज्ञान भक्कम पायावर उभे केले, त्याला दिले जाते. बेंजामिनचा जन्म १७ जानेवारी १७०६ या दिवशी मॅसॅच्युसेट्स राज्यात बोस्टन येथे झाला. १७ भावंडांतला तो दहावा. तो चर्चला द्यावा, त्याने धर्मगुरू बनून धर्मप्रसार करावा, अशी त्याच्या वडिलांची इच्छा होती. ते खाटिकखान्यातून चरबी गोळा करून त्यापासून दिवे आणि साबण बनवीत असत; तसेच हाडांपासून सरस बनवीत असत. या उद्योगात त्यांना बरेच मनुष्यबळ लागत असे. त्यामुळे बेंजामिनला चर्चच्या हवाली करण्याचा बेत लांबणीवर पडला. वयाच्या बाराव्या वर्षी बेंजामिन भावाच्या छापखान्यात रुजू झाला. दरम्यान, तो दोन वर्षे शाळेत जाऊन लिहायला-वाचायलाही शिकला होता. छपाईकलेत त्याने इतके प्रावीण्य मिळवले, की तो सर्वोत्कृष्ट छापखानदार म्हणून प्रसिद्ध पावला. दरम्यान, त्याचा भाऊ जेम्स फ्रँकलिनने त्याच्या 'न्यू इंग्लंड करंट' या वृत्तपत्रामध्ये लिहिलेल्या अग्रलेखांमुळे त्याला तुरुंगात डांबण्यात आले, तेव्हा बेंजामिन छपाई सोडून ते वृत्तपत्र चालवू लागला. त्याच्या संपादकत्वाखाली ते वृत्तपत्र भरभराटीला आले. जेम्स तुरुंगातून बाहेर पडल्यावर बेंजामिन बोस्टनहून फिलाडेल्फियास गेला. तिथल्या एका वृत्तपत्रात व्यवस्थापक आणि मुद्रक म्हणून तो काम करू लागला; पण त्याच्या डोक्यात त्याचे स्वत:चे वृत्तपत्र सुरू करायचे विचार घोळत होते. तो दीड वर्ष इंग्लंडमध्ये घालवून परतला आणि त्याने स्वत:चे वृत्तपत्र चालू केले. त्या काळात या 'पुअर रिचर्ड्स अल्मानाक'चा खप १० हजारांहून अधिक होताच; पण त्या वृत्तपत्राचे युरोपातील सर्व भाषांत अनुवाद प्रसिद्ध होत होते.

१७४६ मध्ये बेंजामिनने वैज्ञानिक क्षेत्रात प्रवेश केला. विद्युत प्रवाहाचे त्याचे

संशोधन गाजले. आकाशात चमकणारी वीज आणि स्थितिक विद्युत यांच्यात फरक नाही, हे त्याने दाखवून दिले. त्याने विजेपासून उंच इमारतींचे संरक्षण करणारे संरक्षक बनवले. हवामानाचा अंदाज करता यावा म्हणून दैनंदिन तापमान आणि वाऱ्याची दिशा व गती यांच्या नोंदी ठेवायला सुरुवात केली. आखाती प्रवाहाचा अभ्यास करून त्याचे तापमान आणि हवामानावर होणारे परिणाम अभ्यासले. त्यांचा मच्छीमारीसाठी उपयोग होऊ शकतो, हे दाखवले. वेगवेगळे रंग वेगवेगळ्या प्रमाणात उष्णता शोषून घेऊन साठवतात, हे सिद्ध केले. १७५७ मध्ये त्याला राजकीय प्रतिनिधी म्हणून इंग्लंडला पाठविण्यात आले, तेव्हा तिथे त्याचे शास्त्रज्ञ म्हणून स्वागत झाले. ऑक्सफर्ड आणि सेंट अँड्र्यूज या विद्यापीठांनी त्याचे वैज्ञानिक संशोधनाचा गौरव करण्यासाठी त्याला 'डॉक्टरेट' पदवी दिली. अमेरिकेच्या स्वातंत्र्यलढ्यात तो फ्रान्समध्ये अमेरिकेची बाजू मांडण्यासाठी गेला. त्याने फ्रान्स आणि स्वतंत्र होऊ पाहणाऱ्या वसाहतींमध्ये दोस्तीचा करार केला. वयाच्या ऐंशीव्या वर्षापर्यंत तो पॅरिसमध्ये राहिला. मग त्याने सार्वजनिक आयुष्यातून निवृत्त व्हायचे ठरवले आणि तो अमेरिकेस परतला; पेनसिल्व्हानियाचा अध्यक्ष म्हणून त्याची निवड करण्यात आली. तीन वर्षे हे अध्यक्षपद उपभोगून त्याने सार्वजनिक आयुष्यास रामराम ठोकला. १७ एप्रिल १७९० रोजी वृद्धापकाळाने त्याचे निधन झाले तेव्हा अमेरिकेच्या चौदाही घटक राज्यांनी एक महिनाभर दुखवटा पाळला होता.

◆

जोसेफ ब्लॅक

रसायनशास्त्राचा पाया घालणाऱ्या शास्त्रज्ञांपैकी जोसेफ ब्लॅक एक मानला जातो, त्याचे वडील मद्यविक्रेते होते. त्यांचा बेलफास्ट इथे मोठा व्यवसाय होता. जोसेफचा जन्म फ्रान्समधील बोर्डा येथे झाला. १७२८ मध्ये जन्मलेल्या जोसेफची नक्की जन्मतारीख ज्ञात नसली, तरी त्या वर्षी द्राक्षाचे पीक चांगले गाजले, त्यामुळे वर्ष नक्की आहे. वयाची पहिली अकरा वर्षे तो फ्रान्समध्ये वाढला. बाराव्या वर्षी त्याला त्याची मातृभूमी आयर्लंडमध्ये पाठविण्यात आले. तो बेलफास्टमध्ये शाळेत जाऊ लागला. तो अशक्तच होता, त्यामुळे त्याने हिशेबाचे ज्ञान शिकून धंद्यात यावे, असे वडिलांना वाटत होते, पण त्याचबरोबर जोसेफच्या वडिलांचे वाचन चतुरस्त्र होते आणि त्यांची स्वत:ची ग्रंथशाळा होती. तिथे सर्व विषयांचे ग्रंथ असत. त्यामुळे त्यांनी त्याला ग्लासगो विद्यापीठात पाठवले. तिथे ब्लॅकने वैद्यकीय शाखेत प्रवेश घेतला. त्याच वेळी रसायनशास्त्राचीही त्याला गोडी लागली. ग्लासगोतील शिक्षण संपवून जोसेफ एडिंबरो विद्यापीठात उच्च शिक्षणासाठी गेला. तिथे तो रसायनशास्त्राच्या प्रेमात पडला. इथे एक गोष्ट लक्षात ठेवायला हवी. ती म्हणजे, त्या काळातल्या रसायनशास्त्रामध्ये आणि आजच्या रसायनशास्त्रामध्ये जमीन–अस्मानाचा फरक आहे. तेव्हा परीस आणि अमृत यांचा शोध, नवी व राजांना आकर्षिक करतील अशी मूल्यद्रव्ये किंवा संयुगे शोधणे याभोवती संशोधन फिरत असे. त्याला कसलेही नियम नव्हतेच; पण प्रयोगात सातत्यही नव्हते आणि आणि प्रयोगांचे प्रमाणीकरणही होत नसे. एकाच रसायनाला वेगवेगळी नावे आणि वेगवेगळ्या रसायनांना एकच नाव, असेही चित्र असे.

त्या काळात वेगवेगळ्या रोगांवर अनेक चित्रविचित्र औषधे असत. त्यातले 'कॉस्टिक पोटॅश' हे रसायन मूतखड्यावर जालीम उपाय म्हणून वापरले जात असे. फरशीचा दगड तापवला, की चुनकळी निर्माण होते. तिला अग्नीची शक्ती प्राप्त झालेली असते. पोटॅशियम मिसळले, तर ही शक्ती पोटॅशियमला प्राप्त होते,

त्यामुळे मुतखडा विरघळतो, असा यामागचा विचार होता. ब्लॅकने या कॉस्टिक पोटॅशचा अभ्यास करायचे ठरवले होते. त्याने तीन वर्षे या अभ्यासात घालवली. त्यामुळे त्याला एम.डी. ही पदवी मिळायला वेळ लागला; पण कॉस्टिक पोटॅश वगैरे सर्व गोष्टी बकवास आहेत, असे त्याने स्पष्ट शब्दांत त्याच्या प्रबंधात म्हटले; किंबहुना, त्या काळातले असे बरेच विचार ब्लॅकने मोडीत काढले.

वयाच्या सव्विसाव्या वर्षी त्याने त्याचे हे विचार मांडले. फरशीचा दगड तापवला, की त्यातला कार्बनडाय ऑक्साइड वायू निघून जातो. जेव्हा उरलेला भाग पाण्यात टाकला जातो, तेव्हा त्याची पाण्याशी प्रक्रिया होते. त्यात देवाची करणी किंवा चमत्कार नाही, तर त्यामागे शास्त्रीय नियम आहे, हे सांगणारा तो पहिला शास्त्रज्ञ ठरला. त्यानंतर ब्लॅकने रसायनशास्त्रीय प्रयोगांना शिस्त लावायला सुरुवात केली. कुठलाही प्रयोग करताना त्यांच्या नोंदी ठेवणे आवश्यक आहे, असे तो म्हणे. त्याचे आणि त्याच्या विचारांचे महत्त्व शास्त्रीय जगताच्या लगेचच लक्षात आले. १७५६ मध्ये ग्लासगो विद्यापीठात शरीरविज्ञानाचा प्राध्यापक आणि रसायनशास्त्राचा व्याख्याता अशी दुहेरी जबाबदारी त्याच्यावर सोपविण्यात आली.

त्याच्या विद्यार्थ्यांमध्ये जेम्स वॅट, डॉ. जेम्स हटन यांच्यासारखे, पुढे गाजलेले शास्त्रज्ञ होते. ब्लॅकला नवीन रसायने शोधण्यापेक्षा रसायनशास्त्रास वैज्ञानिक बैठक देणे आणि प्रयोगांसाठी शिस्तबद्ध पद्धत निर्माण करणे यात जास्त रस होता. ही पद्धत वापरणारे विद्यार्थी निर्माण करणे त्याला आवश्यक वाटत होते. त्याने बर्फाचे पाणी आणि पाण्याची वाफ होताना तापऊर्जा कामी येते, वाफ जेव्हा ही ऊर्जा गमावते, तेव्हा तिचे पुन्हा पाणी होते आणि त्याच प्रकारे पाण्याचे बर्फ होते, हे प्रयोगांनी सिद्ध केले. या उष्णतेस त्याने सुप्त उष्णता (लेटंट हीट) असे नाव दिले. ६ डिसेंबर १७९९ ला सकाळच्या न्याहारीच्या वेळी त्याने दुधाचा पेला उचलला होता आणि त्याचे निधन झाले. मात्र मरतानाही त्याने पेला व्यवस्थित टेबलावर ठेवला. त्याच्या मृत्यूसमयीही तो शिस्तीनेच वागला होता.

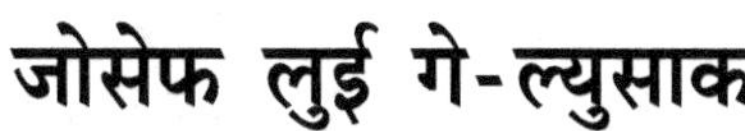

जोसेफ लुई गे-ल्युसाक

आधुनिक विज्ञानाचा पाया घालणाऱ्या शास्त्रज्ञात गे-ल्युसाकचे नाव अग्रभागी येते. त्याचा जन्म ६ डिसेंबर १७७८ चा. फ्रान्सच्या लिमुझीन प्रांतात सेंटलीओनार्ड-ल-नोब्लात या गावी गे-ल्युसाक जन्मला. त्याचे वडील न्यायाधीश होते. फ्रान्समध्ये राज्यक्रांती झाली नसती, तर जोसेफही कायद्याचा अभ्यास करून बहुधा पुढे न्यायाधीश बनला असता. राज्यक्रांतीनंतर जोसेफच्या वडिलांना तुरुंगात टाकण्यात आले. त्यांना पॅरिसला पाठवावे म्हणजे गिलोटिनच्या साहाय्याने त्यांना मृत्यूदंड देता येईल, असा निरोप पॅरिसहून क्रांतिकारकांनी पाठवला. खरेतर जोसेफचे वडील कनवाळू म्हणून प्रसिद्ध होते. गरिबांना मदत करण्यात ते नेहमीच पुढाकार घेत असत. जोसेफ पंधरा वर्षांचा होता, अतिशय हुशार म्हणून तो प्रसिद्ध होता. त्याने तुरुंगाधिकाऱ्यांचे मन वळवले. त्यामुळे त्यांना तुरुंगाधिकाऱ्याने पॅरिसला पाठवले नाही. पुढे क्रांतिकारक त्यांना विसरले. काही काळानंतर त्यांची सुटका झाली. ते आता बेरोजगार तर होतेच, पण खायला-प्यायलाही महाग झाले होते. त्याही परिस्थितीत १७९५ मध्ये त्यांनी जोसेफला शिक्षणासाठी पॅरिसला पाठवले. रात्री स्वतःचा अभ्यास करायचा. महाविद्यालयातून सुटका होताच शिकवण्या करायच्या, असे करीत जोसेफ शिकलाच, पण त्याने त्याच्या धाकट्या भावाच्या वैद्यकीय शिक्षणाचाही भार उचलला. यामुळे जोसेफची प्रकृती मात्र खालावली. तरीही त्याने तीन वर्षांत अभ्यासक्रम पूर्ण करून पदवी संपादन केली. त्याने अभियांत्रिकी आणि रसायनशास्त्र हे विषय पदवीसाठी निवडले होते. त्याला पूल बांधणाऱ्या कंपनीत नोकरीही मिळत होती; पण बर्थोलेट या रसायनशास्त्रज्ञाला जोसेफची गती लक्षात आली होती. त्याने जोसेफला प्रयोगशाळेत नोकरी देऊ केली.

गे-ल्युसाकच्या कार्यक्षमतेमुळे, परिश्रमांमुळे आणि ज्ञानामुळे बर्थोलेट प्रभावित झाला. त्याने गे-ल्युसाकला पॉलिटेक्निकमध्ये सहायक प्राध्यापकाची नोकरी मिळवून दिली. इथे अल्पकाळातच संशोधन आणि शिकविण्याची हातोटी यामुळे जोसेफ

गाजला. त्याने वायूंच्या भौतिक गुणधर्मांचा अभ्यास सुरू केला. वाढत्या तापमानाच्या प्रमाणात वायूचे घनफळ वाढते ते प्रमाण निश्चित असते. हे गे-ल्युसाकने सिद्ध केले. जोसेफच्या वायूंच्या आणि हवेच्या संशोधनाचा बोलबाला होऊ लागला. २ एप्रिल १८०४ या दिवशी फ्रेंच शास्त्रसभेने जोसेफवर महत्त्वाची कामगिरी सोपवली. एका रशियनाने बलूनमधून उड्डाण केले होते. जसजसे हवेत वर जावे त्या प्रमाणात पृथ्वीचे चुंबकीय आकर्षण कमी कमी होते, असे त्यांने दाखवून दिले होते. या संशोधनातले तथ्य हुडकून काढण्याची जबाबदारी जोसेफवर सोपविण्यात आली होती. जोसेफ आणि एक तरुण मदतनीस बलूनमध्ये बसून उडाले. त्यांना हवी ती उपकरणे देण्यात आली होती. ते ४२५० मीटर (सुमारे १३ हजार फूट) उंचीवर पोहोचले. तिथे त्यांच्या चुंबकसूचीची हालचाल जमिनीलगत असताना होते तशीच होत असल्याचे दिसून आले. त्या उंचीवरच्या हवेचाही अभ्यास व्हायला हवे, असे जोसेफच्या मनात आले. खरेतर त्याला साहसाची चटक लागली होती आणि वैज्ञानिक कुतूहलाला साहसाची साथ मिळाली, तर नवे संशोधन करता येईल, असे त्याला वाटत होते. १६ सप्टेंबर १८०४ या दिवशी तो एकटाच बलूनमधून ७ हजार मीटर उंचीवर (सुमारे २३ हजार फूट) गेला. तिथे त्याला श्वसनाला थोडा त्रास होत होता. तिथली हवा खूप कोरडी असल्याने ब्रेड गिळतानाही अवघड जात होते. त्या उंचीवरही हवेतील घटकांच्या प्रमाणात बदल होत नाही, हे त्याच्या लक्षात आले. जितके अधिक उंच जावे तितकी हवा अधिक थंड होत जाते, असे त्याने स्वानुभवाने सिद्ध केले. हे प्रयोगात सिद्ध व्हायला विसावे शतक उजाडले. १८०९ मध्ये गे-ल्युसाक प्राध्यापक बनला. त्यांने आयोडीन या मूलद्रव्याचा, सायानोजेन आणि प्रूसिक आम्लाचा पुढे शोध लावला. एका कपड्याच्या दुकानात एक विक्रेती मुलगी रसायनशास्त्राचे पुस्तक वाचत बसली होती. गे-ल्युसाकने तेवढ्या कारणासाठी तिला मागणी घातली; आणि तिच्याशी लग्न केले. १८३९ मध्ये त्याला फ्रेंच शासनाने 'पीअर' (मानद सरदार) केले. ९ मे १८५० या दिवशी वृद्धापकाळाने तो मरण पावला.

◆

सर जॉर्ज हॉवर्ड डार्विन

खूप गाजलेल्या वडिलांच्या मुलांचे पुढे काय होते, हे आपल्याला क्वचितच वाचायला मिळते. अगदी क्वचितच एखाद्या महान शास्त्रज्ञाचा मुलगा मोठा वैज्ञानिक झालाय, असे बघायला मिळते. अशी जी काही थोडी उदाहरणे आहेत, त्यात चार्ल्स डार्विन आणि जॉर्ज डार्विन ही जोडी आहे. जॉर्ज हा चार्ल्स डार्विनचा दुसरा मुलगा. त्यांचा जन्म ९ जुलै १८४५ या दिवशी केंट परगण्यात झाला. क्लॅपहॅम इथे शालेय शिक्षण घेताना जॉर्ज यांच्यावर रेव्हरंड चार्ल्स प्रिचार्ड यांचा प्रभाव पडला हे प्रिचार्ड पुढे ऑक्सफर्ड विद्यापीठात खगोलशास्त्राचे प्राध्यापक बनले. प्रिचार्ड यांच्या सहवासात आल्यामुळे जॉर्ज यांना लहानपणीच खगोलशास्त्राची आवड वाटू लागली. १८६४ मध्ये जॉर्ज ट्रिनिटी महाविद्यालयात केंब्रिजमध्ये दाखल झाले. १८६८ मध्ये ते रँगलर परीक्षेत दुसरे आले. त्यांनी जवळच्या नातेवाईकांतील परस्पर विवाहसंबंध आणि त्यांचा मुलांवर होणारा परिणाम याचा सांख्यिकी अभ्यास केला. चार्ल्स डार्विन आणि त्यांची पत्नी एम्मा वेजवूड ही आत्येमामे भावंडे होती. युरोपात राजघराण्यातील बरेच विवाह असे नात्यातील व्यक्तींतच होत होते. कारण राजघराण्यातील व्यक्तींना सामान्य घराण्यातील व्यक्तींशी विवाह करायला परंपरेने बंदी होती. जॉर्ज यांचा हा अभ्यास सोडला, तर पुढील सर्व संशोधन मात्र खगोलशास्त्रास वाहिलेले होते. असे असले, तरी तिथेही दोन आकाशस्थ गोलांचा परस्परसंबंध हाच त्यांच्या संधोधनाचा प्रमुख विषय होता. आपल्या सूर्याची ग्रहमाला कशी निर्माण झाली असावी, ग्रहांचे परस्परांच्या गतीवर आणि भ्रमणकक्षेवर कोणते परिणाम होतात; याचबरोबर त्यांचा खास अभ्यासाचा विषय म्हणजे, पृथ्वी आणि चंद्र यांचे परस्परसंबंध. त्यांनी दूरदर्शीचा त्यांच्या अभ्यासात कधीच उपयोग केला नाही.

केंब्रिजमधील न्यूनहॅम ग्रेंज इथल्या त्यांच्या घरी अभ्यासिकेत बसून गणिताच्या साहाय्याने ते आकाशातील कोडी सोडवत असत. १८८३ मध्ये खगोलशास्त्र आणि प्रायोगिक तत्त्वज्ञानाच्या प्लुमियनपदी त्यांना नेमणूक मिळाली. जॉर्ज डार्विन यांचे

प्रमुख संशोधन सागरलाटांबाबतच्या गणिती अभ्यासाबद्दल आहे. त्यांच्या आधी न्यूटन आणि लाप्लास यांनी सागरलाटांचा अभ्यास केला होता. त्या लाटांचे वेगवेगळे प्रकार, त्यांची निर्मिती, त्या निर्मितीमागचे बल, सागरलाटांच्या विविध हालचालींचे परिणाम, यांचा डार्विन यांनी अभ्यास केला. या अभ्यासात त्यांनी लॉर्ड केल्विन यांचे सहकार्य मिळवले. जॉर्ज डार्विन यांच्या शोधनिबंधांचा एकत्रित ग्रंथ त्यांनी 'लॉर्ड केल्विन' यांनाच अर्पण केला आहे. जॉर्ज डार्विनचे लाटांचे संशोधन दोन प्रकारचे होते. खोल सागराच्या पृष्ठभागावरील लाटा, किनाऱ्यावरील भरती– ओहोटी आणि बाजूंनी जमीन असलेल्या सागरातील लाटा (खाडी आणि उपसागरातील लाटा) या संशोधनास व्यावहारिक महत्त्व होते. याचे कारण भरती–ओहोटीवर बऱ्याच व्यक्तींचे जीवन अवलंबून असते. दुसरे संशोधन खगोलशास्त्राशी संबंधित होते. सागरलाटांच्या निर्मितीचा पृथ्वीच्या स्वांग परिभ्रमणावर परिणाम होतो, त्यामुळे पृथ्वीची स्वत:भोवती फिरण्याची गती मंदावते आणि दिवस (अहोरात्र) मोठा होतो. प्रत्येक क्रियेला तितकीच जोरदार प्रतिक्रिया होत असते. त्यामुळे जी ऊर्जा खर्च होते, तिचा परिणाम लाटानिर्मात्यावर–म्हणजे चंद्रावरही–होणार, हे उघड होते. त्यामुळे चंद्राची भ्रमणकक्षा प्रभावित होत असणार. या परिणामाचे गणित डार्विन यांनी केले. त्यांनी यामुळे चंद्र पृथ्वीपासून हळूहळू दूर–दूर जात असल्याचा निष्कर्ष काढला. सुमारे सहा कोटी वर्षांपूर्वी चंद्र आणि पृथ्वी अगदी खेटून असावेत. त्या वेळी त्या दोघांचा दिवस साडेपाच तासांचा असावा, असेही त्यांनी म्हटले. हिमालयातील गुरुत्वाकर्षणातील अनियमिततेचा त्यांनी अभ्यास केला होता. ७ डिसेंबर १९१२ रोजी त्यांचे निधन झाले.

◆

रिचर्ड जॉर्डन गॅटलिंग

दोन परस्परविरोधी शोधांचा जनक असलेल्या गॅटलिंगचे नाव त्याच्या संहारक शोधासाठीच जास्त गाजले, असे म्हणावे लागेल. त्याच्या दोन्हीही शोधांनी मानवजातीचा इतिहास थोडाफार बदलला, असेच म्हणावे लागते. एकीकडे बी पेरणारे यंत्र शोधून शेतकऱ्यांची भरभराट व्हायला कारणीभूत ठरलेल्या गॅटलिंगने मशिनगनसारखे घाऊक प्रमाणात माणसे मारणारे यंत्रही शोधून काढले.

रिचर्ड जॉर्डन गॅटलिंगचा जन्म अमेरिकेतील नॉर्थ कॅरोलिना राज्यात हर्टफर्ड कौंटीत १२ सप्टेंबर १८१८ या दिवशी झाला. रिचर्डचे वडील सधन शेतकरी होते. त्यांची कापसाची शेती होती. त्यांच्या पदरी भरपूर गुलाम होते. त्या काळात सूतकताईची 'व्हिटनीज् कॉटनजिन' अमेरिकेत सर्वत्र वापरली जाऊ लागली होती. त्यासाठी सतत कापूस पुरवावा लागे. गुलामांना सतत काम मिळत राहावे म्हणून ही बापलेकांची जोडी कायम कापूस उत्पादन वाढविण्याच्या युक्त्या शोधण्यात मग्न असे. त्यातूनच अमेरिकन शेतीला नवे वळण देणाऱ्या बी पेरणाऱ्या यंत्राचा गॅटलिंग पितापुत्रांनी शोध लावला. या यंत्रामुळे सारख्या अंतरावर, पण झटपट बी पेरणे शक्य झाले. दोन झाडांत अंतर राहिल्यामुळे तण काढणे आणि कापूस वेचणे यातलाही वेळ वाचू लागला.

त्यानंतर रिचर्डने त्याचे डोके दळणवळणाच्या साधनांकडे वळविले. त्या काळात अमेरिकेतील बरीच वाहतूक नद्यांमधून चालत असे. त्यासाठी पॅडलव्हील असलेल्या बोटी वापरात येत असत. या पडावांच्या दोन्ही बाजूस लाकडी फळ्या बसवलेली चाके असत. बाष्पशक्तीने ही चाके फिरवली जात. त्यात खूप ऊर्जा वाया जात असे. एकवीस वर्षांच्या रिचर्डने या चाकांऐवजी मळसूत्राची रचना वापरून प्रॉपेलर (याला मराठीत परिचालक म्हणतात) बनवला; पण एरिकसन नावाच्या माणसाने सहा महिने आधीच असा परिचालक बनवून त्याचे एकाधिकार मिळवले होते, तेव्हा मग रिचर्ड पेरणी यंत्र बनविण्याच्या खटपटीस लागला. त्यानंतर

वाखाचे धागे काढणारे यंत्र त्याने बनवले. घायपातापासून वाख बनविण्याची प्रक्रिया त्यामुळे सुलभ झाली.

त्याने जी अनेक यंत्रे शोधून काढली, त्यांचा अमेरिकन शेती तंत्रावर फार प्रभाव पडला. या यंत्रांच्या निर्मितीचे कारखाने त्याने सेंट लुईस इथे सुरू केले. त्याची बरीच यंत्रे युरोपीय देशातही जाऊ लागली. दरम्यान, डॉक्टर व्हायचे, असे ठरवून त्याने वैद्यकीय महाविद्यालयात प्रवेश मिळवला. परीक्षा देऊन तो डॉक्टराची पदवी घेऊन बाहेर पडला आणि अमेरिकन यादवी युद्धास सुरुवात झाली, तेव्हा तत्कालीन युद्धसाहित्यात सुधारणा करण्यासाठी तो झटू लागला. यापूर्वी त्याने बंदुका आणि पिस्तुलांचा वापर केला असला, तरी अभ्यास केलेला नव्हता. गॅटलिंगने मग ही सर्व युद्धांत वापरायची शस्त्रे उघडून त्यांचे कार्य समजावून घेतले. नंतर काही दिवसांतच पहिली गॅटलिंग गन अस्तित्वात आली. त्यात दहा नळ्या जोडून एक वर्तुळ तयार करण्यात आले होते. या नळ्या एका अक्षाभोवती फिरत. प्रत्येक नळी गोळी समोर आली, की गोळी नळीत शिरत असे आणि झाडली जात असे. रिव्हॉल्व्हरप्रमाणे या गॅटलिंग गनचे कार्य चालत होते. इथे एक महत्त्वाची गोष्ट म्हणजे, गॅटलिंगने ही गॅटलिंग गन दक्षिणेच्या सैन्याला दिली नाही, तर गुलामगिरीविरुद्ध लढणाऱ्या म्हणजे उत्तरेच्या-सैन्याला दिली. मात्र, ही युद्धात उतरली, तेव्हा युद्ध जवळजवळ संपत आलेले होते. युद्धानंतर या यांत्रिक बंदुकीत गॅटलिंगने आणखी सुधारणा केल्या. सुरुवातीस मिनिटाला २५० गोळ्या झाडणारी यंत्रणा सुधारणेनंतर १२०० गोळ्या झाडू लागली. रिचर्ड मरेपर्यंत नवनवी अवजारे निर्माण करीत होता. २६ फेब्रुवारी १९०३ रोजी न्यूयॉर्क मुक्कामी त्याचे निधन झाले.

◆

रॉबर्ट बॉईल

रॉबर्ट बॉईलचा जन्म २५ जानेवारी १६२७ या दिवशी लिस्मोर या गावी झाला. अर्ल ऑफ कॉर्कचे हे चौदावे अपत्य पुढे 'फादर ऑफ मॉडर्न केमिस्ट्री' म्हणून गाजले. बॉईलचे वडील स्वकष्टाने पुढे आले होते. त्याचा रॉबर्टला फार अभिमान वाटत असे. रॉबर्ट जन्मजात अशक्तपणा आणि तोतरेपणा गाठीस घेऊन वाढला. त्याच्या प्रकृतीने त्याला मैदान बंद केले, हे तो त्याचे भाग्य समजत असे. तो अतिशय अभ्यासू होता. मात्र, एकाच वेळी त्याला अनेक विषयांत लक्ष घालावेसे वाटत असे. त्याच्या या भरकटणाऱ्या जिज्ञासेला सर हेन्री वॉटर यांनी शिस्त लावली. वयाच्या आठव्या वर्षी रॉबर्टला इटनला पाठविण्यात आले. वॉटर यांनी तिथे रॉबर्टला अनेक शिक्षणेतर गोष्टीही शिकवल्या. समाजात कसे वावरावे, पुस्तकांच्या माध्यमातून ज्ञानाची भूक कशी भागवावी, या गोष्टींचा रॉबर्टला खूप उपयोग झाला. दरम्यान, एका डॉक्टरच्या अज्ञानामुळे बॉईल मृत्यूच्या दारी गेला होता; पण सुदैवाने तो वाचला. तेव्हापासून तो रोगापेक्षा वैद्याला फार घाबरत असे. त्यामुळेच रॉबर्टने स्वतःच शरीरशास्त्राचा अभ्यास करायचा ठरवला.

पुन्हा डॉक्टरकडे जायला लागू नये म्हणून वैद्यकाचा अभ्यास करणाऱ्या रॉबर्टचे लक्ष औषधे तयार करण्यासाठी आवश्यक अशा रसायनांनी वेधून घेतले. औषधनिर्मितीचा शास्त्रीय पाया घालण्याचे श्रेय राबर्ट बॉईलकडे जाते. इंग्लंडमधल्या यादवीच्या काळात तो 'अदृश्य महाविद्यालया'चा सदस्य बनला. हे महाविद्यालय राजकीय नसून, 'प्रायोगिक विज्ञाना'वर भर देणाऱ्या तरुणांचा एक गट होता. १६५४ पासून हे सर्वजण बॉईलच्या घरी दर आठवड्यास जमू लागले. त्यामुळे त्यांचा 'कुठे भेटायचे,' हा त्या आधीचा प्रश्न निकालात निघाला. त्यातूनच (रॉयल) सोसायटी फॉर इम्प्रूव्हिंग नॅचरल नॉलेज' (रॉयल सोसायटी ही प्रसिद्ध संस्था) अस्तित्वात आली. १६६२ मध्ये दुसरा चार्ल्स या संस्थेचा आश्रयदाता बनल्यावर या संस्थेला 'रॉयल' हे नाव प्राप्त झाले.

या सोसायटीने तिचे उद्योग बंद करून ख्रिश्चन धर्मावर आघात करणे बंद

करावे, असे आवाहन चर्चने केले. बॉईलने तिकडे दुर्लक्ष केले दरम्यान, प्लेगची साथ आणि नंतरची आग या दोन दुर्घटनानंतर लंडनचे पुनर्वसन करण्यात या संस्थेच्या सदस्यांनी हात भार लावला. त्यामुळे विज्ञानाला बरे दिवस आलेच; पण राजाही तिकडे आकर्षित झाला. १६५९ मध्ये बॉईलने निर्वात पोकळी तयार करण्यासाठी प्रयत्न सुरू केले. त्याचबरोबर हवेच्या घटकांचा अभ्यासही त्याने सुरू केला. यातूनच 'बॉईलचे नियम' अवतरले. त्याने लाकडापासून अल्कोहोलची निर्मिती केली. त्याची प्रकृती कधीच फारशी बरी नसताना त्याने अनेक रासायनिक उपक्रम राबविले.

त्याने इंग्लंडमधील वैज्ञानिक प्रगतीचा पाया घातला. प्रयोगशाळेत नवनवीन रसायने बनवता येतात, हेही त्याने सिद्ध केले. या पूर्वीच्या प्राक्रसायनात म्हणजे अल्केमीत, जो गूढ संदेह असे, तो बॉईलने दूर केला. तो प्रयोगांची टिपणे ठेवायचा. आधी केलेला प्रयोग जसाच्या तसा करून तेच निष्कर्ष येतात याची खात्री केल्याशिवाय तो त्याचे निष्कर्ष जाहीर करीत नसे. रासायनिक पृथक्करण संकल्पना त्याचीच. दोन रसायनांचा संयोग झाल्यावर तिसरा अज्ञात पदार्थ तयार होतो यात आश्चर्य वाटण्यासारखे काहीही नाही, असे तो म्हणे. वृत्तीने बॉईल अतिशय धार्मिक होता, हे खरे; पण चर्चचे प्रयोग थांबवायचे आवाहन त्याने झुगारून दिले होते. 'प्रयोगाने जे सिद्ध होते, ते धर्म नाकारू शकत नाही,' असे तो म्हणे. त्याने अनेक गरीब वैज्ञानिकांना वेळोवेळी आर्थिक साह्य केलेच; पण त्यांच्या शोधांचे एकधिकार त्यांनाच मिळावेत म्हणून प्रयत्नही केले. त्यासाठी तो स्वत:चे पैसे खर्च करीत असे. ३० डिसेंबर १६९१ रोजी अल्पशा आजाराने तो मरण पावला.

लुई ब्रेल

लुई ब्रेलचा जन्म पॅरिसजवळच्या कुव्रे नावाच्या गावी जानेवारी १८०९ मध्ये झाला. तो तीन वर्षांचा असताना त्याचे डोळे गेले. त्याला पॅरिसजवळ अंधांसाठी चालवलेल्या एका विद्यालयामध्ये शिक्षणासाठी पाठविण्यात आले. व्हॅलेंटिन हॉय नावाच्या माणसाने अंधांना वाचता येतील, अशी उठावाची अक्षरे १७८४ मध्ये निर्माण केली होती. त्याने स्थापन केलेल्या शाळेत लुई दाखल झाला होता. हॉयच्या पद्धतीमध्ये रोमन लिपीतली अक्षरे वापरली जात होती. ग्रेट ब्रिटनमध्ये गॉलने या पद्धतीत सुधारणा घडवून आणायचा प्रयत्न केला होता. इतरही अनेक ठिकाणी आंधांना वाचता येईल अशा तऱ्हेच्या अक्षरनिर्मितीचे प्रयत्न सुरू होते. ब्रेल शाळेत प्रथम दाखल झाला, तेव्हा अंधांच्या वाचनाच्या अनेक प्रकारच्या पद्धती अस्तित्वात होत्या. त्या सर्व डोळस माणसांनी तयार केल्या होत्या. ब्रेल हा अतिशय हुशार विद्यार्थी होता. त्याने कसलीही अडचण न जुमानता त्याचे शिक्षण पूर्ण केले. वयाच्या सतराव्या वर्षीच त्याला हॉयच्या शिक्षण संस्थेत प्राध्यापक म्हणून नोकरी मिळाली.

प्राध्यापक झाल्यानंतर ब्रेलने पहिली गोष्ट केली, ती म्हणजे, अंधासाठी अक्षर पद्धतीत सुधारणा. तोपर्यंत अंधांसाठी ज्या छपाईपद्धती वापरल्या जात होत्या; त्या सर्व गैरसोईच्या होत्या. ज्यांची दृष्टी शाबूत होती, त्यांनी या पद्धती निर्माण केलेल्या असल्यामुळे, त्यांना दृष्टिहीनांच्या अडचणीची कल्पना नसल्यामुळे असे घडत होते. अंध ही अक्षरे स्पर्शने जाणून घेत. त्यांची बोटे अक्षरांवरून फिरताना त्यांना दृष्टीची मदत मिळत नसे. त्यामुळे फक्त उठाव असलेल्या अक्षरांच्या बाजू गुळगुळीत असत आणि त्यांचा स्पर्श त्यामुळे स्पष्टपणे कळणे अवघड होत असे.

ब्रेलने त्या काळातील सर्व अक्षरपद्धतींचा अभ्यास केला होता. त्यातल्या त्यात गॉलची खडबडीत अक्षरांची पद्धत त्याला बरी वाटत होती. त्या पद्धतीत अक्षरांवर उंच–सखलपणा असे. त्यामुळे त्या उठावाच्या अक्षरांवरून बोटे फिरवताना त्या अक्षरांना लवकर अर्थ प्राप्त होत असे. गॉलने पुढे या अक्षरांत सुधारणा करून

त्यावर छोटे–छोटे बिंदू निर्माण केले होते. मात्र, या बिंदूंचा उपयोग करून रोमन लिपीतले अक्षर ठिपक्यांच्या रांगोळीने तयार करावे, तशा पद्धतीने तयार करण्यात येत असे. असे असले, तरी तोपर्यंतच्या कोणत्याही पद्धतीने अंध व्यक्ती लिहू शकत नव्हती, ब्रेलने अंधांना लिहिता येऊ शकेल, अशी लिपी तयार करायचा निश्चय केला. वयाच्या विसाव्या वर्षी त्याने त्याची पहिली लिपी तयार केली. त्यानंतर पाच वर्षे त्याने ही लिपी सुधारण्यात घालवली. ब्रेलच्या मृत्यूनंतर दोन वर्षांनी ही लिपी तो ज्या शाळेत शिकला, तिथे प्रथम वापरली गेली.

ब्रेलच्या अक्षरपद्धतीत कोणत्याही डोळस माणसांसाठी तयार केलेल्या लिपीतील अक्षरे वापरली जात नाहीत. प्रत्येक अक्षर सहा ठिपक्यांचे असते. हे ठिपके दोन समांतर ओळींत असतात. हे ठिपके मोठे असतात. त्यांच्यामुळे अक्षर कळते. यांच्याजवळ सहा छोटे ठिपके असतात. मोठ्या ठिपक्यांची स्थान निश्चिती हे या छोट्या ठिपक्यांचे काम असते, असे थोडक्यात सांगता येईल. या ठिपक्यांच्या स्थानबदलाने अनेक अक्षर आणि खुणा साध्य होतात. या पद्धतीने दृष्टिहीन जलद गतीने वाचू, लिहू शकतात. एवढेच नव्हे, तर या पद्धतीत छपाईसुद्धा शक्य होते. तसेच, सांगितिक खुणाही निर्माण करता येतात.

ब्रेल पद्धत अस्तित्वात आल्यावर दृष्टिहीन व्यक्तींच्या शिक्षणास गती प्राप्त झाली. ब्रेलने हे कार्य अतिशय लहान वयात पार पाडले. ही पद्धत सर्वांना मान्य व्हायला थोडासा वेळ लागला, तरी ब्रेलच्या मृत्यूपर्यंत बहुतेक अंध विद्यालयांना ही पद्धत माहिती झाली होती. मात्र, ही लिपी जगन्मान्य झालेली बघायला ब्रेल जगला नाही. वयाच्या केवळ ४२ व्या वर्षी पॅरिस येथे १८५२ मध्ये त्याचे निधन झाले.

◆

जेम्स हटन

जेम्स हटनचा जन्म एडिंबरो इथे एका श्रीमंत घराण्यात झाला. त्याचे वडील व्यापारी होते. जेम्स एडिंबरोत शालेय शिक्षण पूर्ण करून विद्यापीठात मानव्य शाखेत गेला. तिथे त्याला तत्त्वज्ञानाचा अभ्यास करायचा होता. दरम्यान, एक दिवस एका मित्राबरोबर तो विद्यापीठाच्या रसायनशास्त्र विभागात गेला, तेव्हा तत्त्वज्ञानाची पोपटपंची करण्यापेक्षा स्वत:च्या हाताने प्रयोग करण्यात जास्त आनंद असावा, असे त्याला वाटले. मग त्याने औषधे बनवून मानवजातीची सेवा करायचे ठरवले. १७४४–४७ या काळात तो विद्यापीठाच्या वैद्यकीय विभागात होता. तिथून शिक्षण पूर्ण करण्यासाठी तो पॅरिसला गेला तिथून पदव्युत्तर शिक्षणासाठी तो लंडनला गेला. एम.डी. ही पदवी घेऊन वैद्यकीय व्यावसायिक बनण्यासाठी तो एडिंबरोला परतला. त्याच वेळी एडिंबरोपासून ६५ किलोमीटरवर असलेल्या बर्विकशायर इथली वडिलोपार्जित शेती त्याच्या नावावर झाली, तेव्हा जमीनदार बनून तो शेती करू लागला.

१७५२ ते ५४ या काळात ते दक्षिण इंग्लंडची पायी भ्रमंती करून तो बर्विकला परतला. त्याने नॉर्फोकहून काही कुशल शेतमजूरही त्याच्याबरोबर इथे आणले. शेती करताना आणि दक्षिण इंग्लंडच्या दौऱ्यावर माती सर्वत्र सारखी असत नाही, हे त्याच्या लक्षात आले होते. त्याचे शेजारी सर जॉन हॉल यांना लिहिलेल्या एका पत्रात हटन म्हणतो– 'भूपृष्ठाच्या स्वरूपाबद्दल माझे कुतूहल जागृत होत चालले आहे. त्यामुळे आता प्रत्येक खड्डा, प्रत्येक चर, खणलेल्या विहिरीच्या बाजू आणि बाहेर आलेले डबर यांचे मी अगदी काळजीपूर्वक निरीक्षण करतो. नदीच्या पात्रातही किती विविध प्रकार बघायला मिळतात.' या निरीक्षणांचा हटनने पुढे त्याच्या लेखनात चांगलाच उपयोग करून घेतल्याचे दिसून येते.

रसायनशास्त्र, वैद्यक आणि शेती या तीन शाखांच्या युरोपातील सर्वोत्कृष्ट शिक्षण केंद्रात केलेला अभ्यास हटनला भूशास्त्रज्ञ बनविण्यास कारणीभूत ठरला. कुठलेही निरीक्षण केले, की त्याबद्दलच्या वस्तुनिष्ठ नोंदी आणि तर्कशुद्ध विचार

यांमुळे हटनने भूशास्त्राचे मूलभूत सिद्धान्त तयार केले. घरंदाज श्रीमंत असलेल्या हटनने अमोनियम क्लोराइड बनविण्याची एक पद्धत शोधून काढली. त्यामुळे त्याच्याकडे पैशांचा ओघ सुरू झाला. आर्थिक चिंता नसल्यामुळे चैनीत जीवन जगणे त्याला सहज शक्य होते. त्याऐवजी त्याने भूशास्त्रीय क्षेत्र परीक्षण आणि त्यातून नवे सिद्धान्त निर्माण करणे, हेच स्वत:चे इतिकर्तव्य मानले.

'निसर्गातही एक सूत्र आहे, त्यानुसारच सर्व नैसर्गिक घटना घडत असतात. हे सूत्र जाणून घ्यायचे, तर निसर्गाचा अभ्यास आवश्यक असतो.' असे हटनचे म्हणणे होते. निसर्गनियम हे सर्वत्र सारखेच असतात आणि ते सर्वकाळ अबाधित असतात. त्यामुळे आजच्या खडकांचा अभ्यास करून कालचे खडक कसे तयार झाले, हे सांगणे शक्य आहे; त्याप्रमाणेच लाटांमुळे होणारी झीज, नदीच्या प्रवाहाने होणारी धूप ही आज जशी झाली; तशीच प्राचीन काळीही झाली असणार. तेव्हा भूपृष्ठाची जडणघडण अभ्यासून पृथ्वीचा इतिहास शोधणे अवघड नाही. या हटनच्या सिद्धान्ताच्या पायावर भूरूपकी (जिओमॉर्फालॉजी) आणि भूशास्त्र (जिऑलॉजी) उभारली गेली. या सर्व प्रक्रियांना खूप वेळ लागतो, त्यामुळे पृथ्वीचे वयही प्रदीर्घ असावे, हे म्हणताना चर्चचे अधिकार दुखावले जातील याची हटनला कल्पना होती. म्हणूनच बायबलमधले दिवस म्हणजे आजचे मानवी दिवस नव्हते. ईश्वराची कालगणना वेगळी असावी, असेही तो म्हणत असे. भूशास्त्राचा पाया घालणारा हा शास्त्रज्ञ १७९७ मध्ये वारला, तेव्हा त्याच्या लेखनावर पुढे दोन शास्त्रशाखा उभ्या राहतील, याची त्याला कल्पनाही नव्हती.

◆

गिओव्हानी बेल्झोनी

रोममधल्या एका मठात धर्मगुरू बनण्याचे प्रशिक्षण बेल्झोनी घेत होता. १७९८ मध्ये नेपोलियनच्या सैन्याने रोमवर ताबा मिळवला. तेव्हा साहसी वृत्तीच्या बेल्झोनीने मठाला रामराम ठोकला आणि काहीतरी वेगळे करून दाखविण्याच्या इराद्याने प्रवास सुरू केला. बेल्झोनीच्या वडिलांचे पादुआ येथे केशकर्तनालय होते. तिथे १७७८ मध्ये गिओव्हानीचा जन्म झाला. त्याला लहानपणी खूप खाणे लागायचे. त्याच्या वडिलांचे अत्यल्प उत्पन्न गिओव्हानीसह सगळ्याच कुटुंबाची उपासमार जेमतेम टाळत होते, म्हणून तर वडिलांनी या खादाड बाळाला त्या मठात दाखल केले होते. मठातून पळाल्यावर परत घरी घेतले जाणार नाही याची गिओव्हानीला खात्रीच होती.

६ फूट ७ इंच, म्हणजे २ मीटरहून थोडा अधिकच उंच असलेल्या गिओव्हानीचे शरीरही बलदंड होते. त्याच्या अंगात रेड्याची ताकद होती. तेव्हा तो गावोगावच्या जत्रांमधून कुस्ती खेळत हिंडू लागला; शिवाय लोखंडी गज वाकवणे; पाठीवर २–३ माणसांना घेऊन फिरणे असे खेळ तो करीत असे. या भटकंतीतच त्याने काही यंत्रेही तयार केली. ही कला त्याने स्वत:च्या खटपटीतून आत्मसात केली होती. ती यंत्रे जलोद्धारण तत्त्वावर कार्य करीत. हॉलंडमध्ये या यंत्रांना मागणी आहेच; पण तिथल्या जत्रांमधून उदार हस्ताने देणग्या दिल्या जातात, हे ऐकून तो हॉलंडला पोहोचला. हॉलंडमधून इंग्लंड आणि तिथून तो पोर्तुगाल मार्गे स्पेनला पोहोचला. तेथे त्याला शब्दहीन नाटकामध्ये सॅम्सनची भूमिका मिळाली. मूकनाट्यामध्ये सॅम्सनच्या भूमिकेत त्याने भरपूर पैसा मिळवला. मग तो माल्टामार्गे इजिप्तला पोहोचला.

गिओव्हानी इजिप्तला पोहोचेपर्यंत त्याचा आणि विज्ञानाचा तसा संबंध नव्हता. त्याची जलोद्धारण तत्त्वावर चालणारी यंत्रे पाहून तेव्हाचा इजिप्तचा सर्वेसर्वा महंमद अलीने नाईलचे पाणी उपसून नाईलकाठच्या शहरांना पुरवायची योजना आखायला बेल्झोनीस सांगितले. ते कार्य बेल्झोनीने पूर्ण केले. महंमद अली हा लहरी सुलतान

होता. या योजनेचा खर्च निरर्थक आहे, असे ठरवून ती योजनाच त्याने रद्दबातल केली. गिओव्हानी बेल्झोनीला त्याची यंत्रे उभारताना पायात काही प्राचीन वस्तू सापडल्या होत्या. त्या त्याने ब्रिटिश संग्रहालयात पाठवल्या. तेव्हा अशाच पुरातनकालीन वस्तू पुरवण्याचे काम गिओव्हानीवर सोपविण्यात आले. त्या काळात पुरातत्त्वशास्त्र अस्तित्वात नव्हते. गिओव्हानीने जी उत्खनने केली आणि इजिप्तच्या प्राचीन संस्कृतीचे जे पुरावे शोधले, तेव्हा युरोपबाहेर इतरत्रही प्राचीन, काही वेगवेगळ्या संस्कृती नांदत असत; हे युरोपीय शास्त्रज्ञांच्या लक्षात आले. 'तरुण मेम्नॉन'चा भव्य पुतळा, गिझेजवळच्या पिरॅमिडजवळचा दुसरा पिरॅमिड, पहिल्या सेतीची कबर, असंख्य ममी शोधून काढल्यामुळे एक आघाडीचा निसर्गशास्त्रज्ञ म्हणून बेल्झोनीचे नाव युरोपभर गाजले. ज्या पादुआतून बेल्झोनी पळून गेला होता, तेथील नागरिकांनी त्याचा भव्य सत्कार करून त्याच्या नावाची मुद्रा पाडली. बेल्झोनीने 'इजिप्तॉलॉजी' म्हणजे, प्राचीन इजिप्तचा शास्त्रीय अभ्यास, या ज्ञानशाखेचा पाया घातला, असे म्हटले जाते. त्याने लंडनमध्ये प्राचीन इजिप्तचे दर्शन घडविणारे प्रदर्शन भरवले होते. ऑक्टोबर १८२३ मध्ये बेनिन नदीतून टिंबक्टूचा मार्ग शोधायच्या मोहिमेवर असताना गिओव्हानी आजारी पडला. त्यामुळे तो मोहीम अर्धवट सोडून परतला. ३ डिसेंबर १८२३ रोजी गाटो येथे त्याचे निधन झाले.

◆

एडवर्ड जेन्नर

एडवर्ड जेन्नरचा जन्म १७ मे १७४९ या दिवशी ग्लुस्टरशायरमधील बर्कले या गावी झाला. त्याचे वडील धर्मगुरू होते. एडवर्ड पाच वर्षांचा असताना त्याच्या वडिलांचे निधन झाले. आठव्या वर्षी तो शाळेत जाऊ लागला. एडवर्ड १३ वर्षांचा असताना एका स्थानिक शल्यशास्त्र विशारदाकडे मदतनीस शिक्षणार्थी (अॅप्रेंटिस असिस्टंट) म्हणून काम करू लागला. काही काळ अशा तऱ्हेने वैद्यकीय शिक्षण घेतल्यानंतर लंडनमध्ये सेंट जॉर्ज हंटर यांच्या सहवासाचा या काळात जेन्नरला लाभ झाला. हंटर यांचा शवविच्छेदन आणि सूक्ष्म निरीक्षण यांच्यावर फार भरवसा असे. जुन्या रुग्णाच्या नोंदी पाहून पुढे त्यांचे आयुष्य कसे गेले, हे पाहणे महत्त्वाचे असते, असेही ते विद्यार्थ्यांच्या मनावर बिंबवण्याचा प्रयत्न करीत असत. त्या काळात गुरूकडून ज्ञान घेणे आणि रुग्णांशी प्रत्यक्ष संपर्कात येऊन त्यांच्यावर उपचार करणे, या गोष्टींना फार महत्त्व होते. सेंट जॉर्ज हॉस्पिटलमध्ये घेतलेल्या परिश्रमांमुळे आणि हंटरच्या हाताखाली काम केल्यामुळे जेन्नरला १७९२ मध्ये एम.डी. ची पदवी देण्यात आली.

जेन्नरला लहानपणापासून निसर्गनिरीक्षणाची ओढ होती. जॉर्ज हंटरच्या सहवासात ती वाढीस लागली. तो ज्या बर्कले गावी जन्मला, तिथल्या दऱ्याखोऱ्यांमधून तो हिंडत असे. तिथला हिरवाकंच निसर्ग, झुळझुळणारे झरे, कुजबुज करणारे पक्षी यांच्या विविध छटांच्या तो नोंदीही ठेवत असे. त्याच्या निसर्ग अभ्यासाची कल्पना असल्यामुळे १७७७ मध्ये रॉयल सोसायटीने जेन्नरवर एक वेगळेच काम सोपवले. देवीची लस शोधणारा जेन्नर ठाऊक असतो; पण त्याच्या ज्ञानाला जे अनेक पैलू होते, ते जगापुढे क्वचितच येतात. कॅप्टन कुकने ज्या सागर सफरी केल्या, त्यांत त्याने गोळा केलेले विविध निसर्गनमुने संगतवार लावून त्यांचे पृथक्करण करण्याचे काम जेन्नरवर सोपविण्यात आले होते. १७८७ मध्ये जेन्नरने कोकिळ पक्ष्यांच्या खुनशी सवयीचे निरीक्षण करून त्यावर लिहिलेला शोधनिबंध 'फिलॉसॉफिकल ट्रॅन्झॅक्शन्स ऑफ रॉयल सोसायटी'मध्ये प्रसिद्ध झाला. तो सर्वमान्य झालाच; पण

त्यामुळेच जेन्नरला या संस्थेचे मानद सदस्यत्व देण्यात आले.

जेन्नरने देवीची लस कशी शोधली, हे सर्वज्ञात आहेच. १४ मे १७९६ या दिवशी जेम्स फिप्स या आठ वर्षांच्या मुलाच्या शरीरात त्याने सारा नेम्सच्या शरीरातील रक्तद्रव टोचला. त्यामुळे हा मुलगा वैद्यकशास्त्राच्या इतिहासात अमर झाला. १ जुलैला जेव्हा जेम्सला देवी व्हाव्यात म्हणून देवीच्या फोडातील द्रव टोचण्यात आला, तेव्हा जेन्नरवर खुनाचा आरोप ठेवण्याचीही तयारी करण्यात आली होती. मी काय करतोय, ते मला ठाऊक आहे; माझ्यावर विश्वास ठेवा, असे त्याने फिप्सच्या आई–वडिलांना सांगितले होते. जेम्सला देवीची बाधा झाली नाही, तेव्हाच त्याच्यावर इतरांनी विश्वास ठेवला. या प्रयोगाचे निष्कर्ष जेन्नरने प्रसिद्ध केले, तरीही त्याच्या विरोधकांनी जेन्नरवर टीकेचा भडिमार चालूच ठेवला होता. त्याचे प्रयोग फसावेत, असे प्रयत्न करण्यात आले. जेन्नरच्या प्रयोगाचे महत्त्व त्याच्या मृत्यूनंतर ५० वर्षांनी लक्षात आले. त्यानंतरच त्याला 'लसीकरणाचा जनक' असे संबोधण्यात येऊ लागले.

कोलरिज या कवीने २७ सप्टेंबर १८११ या दिवशी जेन्नरला पत्र लिहून या प्रक्रियेची सविस्तर माहिती विचारली होती. मला याविषयी एक कविता लिहायची असल्यामुळे आपण लवकरात लवकर उत्तर पाठवावे, अशी कोलरिजने विनंती केली होती. जेन्नरने या पत्राला उत्तर दिले नव्हते. नेपोलियनने त्याच्या सैनिकांना ही लस टोचून घ्यावी, म्हणून फर्मान काढून त्यासाठी दहा हजार फ्रँक खर्च मंजूर केला होता. त्याला ब्रिटिश शासनाने वीस हजार पौंडांची रक्कम बक्षीस दिली. त्यातले १००० पौंड खर्च करून त्याने देवीची लस भारतात एका जहाजातून पाठवली. २६ जानेवारी १८२३ या दिवशी तो मरण पावला. त्याचा पुतळा त्यानंतर बसविण्यात आला.

◆

थॉमस यंग

थॉमस यंगचा जन्म १३ जून १७७३ रोजी मिटचर्टन या इंग्लिश गावी झाला. त्याचे आई-वडील क्वेकरपंथी होते. यंग लहानपणापासूनच अतिशय हुशार होता. शिक्षण पूर्ण होताच त्याला अधिकाराची चांगली शासकीय नोकरी चालून आली होती; पण आपला क्वेकरपंथी पोषाख सोडायला नकार देऊन यंगने ती झिडकारली. यंगचे पालन-पोषण त्याच्या आजीने आणि आत्याने केले. त्यांनी स्वतःच थॉमसला शिकवले. पुढे तो ब्रिस्टल इथल्या निवासी शाळेत दाखल झाला. त्यात शिक्षण नावालाच दिले जायचे, तेव्हा थॉमस पुस्तके वाचून स्वतःच अनेक विषयांमध्ये प्रवीण झाला. त्याचा लहानपणापासूनच गणिताकडे आणि प्रकाशशास्त्राकडे ओढा होता. याशिवाय वयाच्या नवव्या वर्षींच त्याला ग्रीक आणि लॅटिनचे ज्ञान होते. चौदाव्या वर्षीं तो इटालियन आणि हिब्रू भाषा अस्खलित बोलू शकत होताच; पण व्याकरणशुद्ध लिहू शकत होता. तेव्हाच पैसे मिळविण्यासाठी तो या भाषांच्या शिकवण्या घेऊ लागला होता. त्याने बायबलचे चौदा युरोपीय भाषांत अनुवाद केले. तो ज्या अभ्यासाला सुरुवात करे, तो पूर्ण करूनच थांबत असे. त्याच्या प्रकाशकीय अभ्यासातून त्याने प्रकाशलहरींच्या बाजूचा पुरावा गोळा केला. वयाच्या एकविसाव्या वर्षीं तो लंडनमध्ये वैद्यकीय अभ्यासासाठी दाखल झाला. तेथे शिकत असतानाच त्याने डोळ्यांतील भिंगाचे कार्य कसे चालते, हे विशद करणारा शोधनिबंध लिहिला. त्या वेळी 'हा फार शहाणा दिसतो,' अशी त्याची संभावना झाली; पण पुढे त्याचेच म्हणणे खरे असल्याचे सिद्ध झाले. उच्च वैद्यकीय शिक्षणासाठी तो गॉटिंजेन इथे गेला. तिथे त्याने ध्वनिशास्त्राचा आणि कानाच्या अंतर्रचनेचा खोल अभ्यास केला, जर्मनीतून तो केंब्रिज विद्यापीठात दाखल झाला. आपल्या या पुतण्याच्या हुशारीमुळे प्रभावित झालेल्या त्याच्या काकांनी त्याच्या शिक्षणाचा आर्थिक भार उचललाच; पण त्याला संपत्तीचा वारस नेमला.

यंगने ध्वनिलहरींचा अभ्यास केला, तेव्हाच प्रकाशाच्याही लहरी असाव्यात,

असे त्याचे मत झाले. त्याने हे सिद्धही केले. त्या काळात प्रकाश कणांच्या रूपात असतो, हे न्यूटनचे मत सर्वमान्य होते. ह्यूजेन्सने प्रकाशाच्या लहरी असतात, असे म्हटले होते. यंगने ते पुराव्यानिशी शाबीत केले, तेव्हा लॉर्ड ब्रौहॅम यांनी यंग विरुद्ध अतिशय जोरदार लेख लिहिला. ब्रौहॅम हे विज्ञानाचे विद्यार्थी नव्हते; पण त्यांचे लेखनसामर्थ्य दांडगे होते. त्यामुळे त्यांनी यंगची खिल्ली उडवण्यात कसलीही कसूर ठेवली नव्हती. पुढे फ्रेस्नेलने प्रकाशलहरींचे अस्तित्व सिद्ध केले, तेव्हा मग यंगला असलेला ब्रिटिश विरोध मावळला; (आता काही वेळा प्रकाश कणरूपात तर काही वेळा लहरींनी प्रवास करतो, असे सिद्ध झालेय.) १८१४ नंतर यंगने इजिप्तमधल्या चित्रलिपीचा अभ्यास सुरू केला. त्याने त्यातील शंभर खुणांचा अर्थ १८१८ पर्यंत लावला होता; मग हा अभ्यास पुढे चालवून त्याने दोनशे खुणांचा अर्थ लावल्याचे १८१९ मध्ये एन्सायक्लोपिडिया ब्रिटानिकाने नमूद केलेय. १८२८ मध्ये शांपोलिआँ या फ्रेंच भाषाशास्त्रज्ञाने यंगचे संशोधन त्याच्या स्वत:च्या नावावर प्रसिद्ध केले. याच शांपोलिआँने यंगला अभ्यासासाठी पुरेशी कागदपत्रे मिळू नयेत, म्हणून प्रयत्न केल्याचे पुढे उघड झाले; तसेच १८२१ मध्ये त्याने चित्रलिपीचा अर्थ उलगडणे शक्य नाही, असेही म्हटले होते. मात्र, हे यंगच्या मृत्यूनंतर उघड झाले. जगाच्या किती तरी पुढे असलेल्या या शास्त्रज्ञाचे १० मे १८२९ या दिवशी निधन झाले.

◆

लिओपोल्ड फॉन बुख

लिओपोल्ड फॉन बुख हा एक आद्य जर्मन भूशास्त्रज्ञ श्रीमंत सरदार घराण्यात जन्मला. २६ एप्रिल १७७४ या दिवशी पोमेरॅनियातील 'स्टोल्पे' या गावी त्याचा जन्म झाला. लहानपणापासूनच त्याला निसर्गात भटकंती करण्याचे वेड होते. त्यामुळे प्राथमिक शिक्षण घरी पूर्ण झाल्यावर वयाच्या सोळाव्या वर्षी त्याने फ्रायबुर्गच्या खनिकर्म प्रबोधिनीत प्रवेश घेतला. इथे लिओपोल्ड ख्यातनाम खनिजशास्त्रज्ञ प्रा. वेर्नर यांच्याकडे राहत असे. इथेच लिओपोल्डची फॉन हंबोल्टशी मैत्री जुळून आली. फ्रायबुर्ग आणि त्यानंतर हाले आणि गॉटिंजेन इथे शिक्षण घेताना तिथल्या परिसराचा लिओपोल्डने भूशास्त्रीय अभ्यास केला. शिक्षण संपल्यावर काही काळ त्याने सरकारी नोकरी केली. मात्र, तिची जाचक बंधने सहन न झाल्यामुळे १७९७ मध्ये त्याने राजीनामा देऊन उरलेले आयुष्य भूशास्त्राच्या अभ्यासाला वाहून घेतले. त्यानंतर युरोपातल्या भ्रमंतीत त्याने वेगवेगळ्या भूप्रदेशातील खडकांचा अभ्यास केला. १७९६ मध्ये तो सायलेशियातले खडक तपासत हिंडला, तर १७९८ मध्ये लिओपोल्डने आल्प्स पर्वतराजी आणि इटलीतील रोम व नेपल्सच्या आसपासचा परिसर अभ्यासासाठी निवडला. १७९९ नंतर दोन वर्षे न्यू चाटेलचा परिसर, आल्प्स आणि ज्युरा पर्वतराजींचा त्याने अभ्यास केला.

ज्युरा पर्वराजींवरून ज्युरासिक कालखंडाचे नाव ठेवण्यात आले आहे. १८०५ मधल्या व्हेसुव्हियस ज्वालामुखीच्या उद्रेकाचा त्याने हंबोल्ट आणि लाप्लास यांच्यासमवेत अभ्यास केला. १८०८ मध्ये लिओपोल्ड उत्तर युरोपात नॉर्वे आणि लॅपलँडचा अभ्यास करीत होता. ४ मार्च १८५३ मध्ये त्याचे निधन झाले. त्याच्या आयुष्यातील अखेरची पाच–दहा वर्षे सोडली, तर लिओपोल्डने सगळा युरोपचा परिसर पायी भ्रमंती करून पिंजून काढला. ग्रेट ब्रिटनमध्ये तो वर्षभर फिरला. कॅनरी बेटांवर तो जाऊन आला. बर्लिनला त्याच्या घरभर त्याने या विविध प्रवासांत गोळा केलेले खडकांचे नमुने टिपणांसह क्रमवार लावलेले होते. तो क्षेत्र परिक्षणासाठी

बरेच खिसे असलेले खास कपडे घालून हिंडत असे. त्याच्या खिशातून टिपणवह्या, रंगीत पेन्सिली, नकाशे, छिन्नी, हातोडे, खडकांचे नमुने, बहिर्गोल भिंगे सुखाने नांदत असत. क्षेत्र परीक्षणाचे वेळी त्याच्याकडे कपड्यांचे दोन जोड असत. तो युरोपभर ब्रेड आणि चीज खात रानावनांतून हिंडला. दृढ निश्चय, हालअपेष्टा सहन करायची तयारी आणि कार्यावर निष्ठा यामुळे त्याच्याबद्दल इतर शास्त्रज्ञांना आदर वाटत असे. युरोपातील अनेक भाषा त्याला अवगत होत्या आणि राजदरबारात त्याला मान होता. त्यामुळे एखाद्या श्रीमंत माणसाने दगड गोळा करीत पायी हिंडावे, हे शिष्टसंमत नसूनही त्याला कुठेही अपमानास्पद वागणूक मिळाली नाही. त्या काळात श्रीमंत माणसे प्रवासाला जात, तेव्हा त्यांच्याबरोबर बरेच सेवेकरी असत; तर हा पायी भटकणारा वेडा स्वत:चे कपडे स्वत:च्या हाताने धूत असे.

त्या काळात सर्व खडक हे सागराच्या तळाशी निर्माण झालेत, असे म्हणणारी भूशास्त्राची शाखा प्रबळ होती. यांना नेपच्युनिस्ट असे म्हटले जात असे. लिओपोल्डचे गुरू वेर्नर हे आघाडीचे नेपच्युनिस्ट होते; पण फॉनहंबोल्टने दक्षिण अमेरिकेत केलेला अभ्यास आणि लिओपोल्डचा युरोपचा अभ्यास यामुळे या सिद्धान्ताला कायमची मूठमाती मिळाली. ज्वालामुखींमुळे खडक ओतले जातात, हे या दोघांच्या अभ्यासामुळे वेर्नेरियन शाखेस मान्य करणे भाग पडले. लिओपोल्डने जर्मनीचा भूशास्त्रीय नकाशा तयार केला. त्याने युरोपच्या हवामानाचाही अभ्यास केला होता. सागराची पातळी कमी होते, हे मान्य करूनही काही ठिकाणी किनारी उचलला जातो, हेही त्याने सिद्ध केले. त्यामुळेच त्याची गणना महान आद्य भूशास्त्रज्ञांमध्ये केली जाते.

◆

सर जेम्स यंग सिंप्सन

एकोणविसाव्या शतकातली शस्त्रक्रिया हा एक फार भयानक प्रकार होता; किंबहुना, अशी एक शस्त्रक्रिया पाहून चार्ल्स डार्विनने वैद्यकीय महाविद्यालयातून पळ काढला. त्या काळात भूल देण्याचे शास्त्र अस्तित्वात नव्हतेच. रुग्णाला भरपूर मद्य पाजायचे झटकन शस्त्रक्रिया करून जखम शिवून टाकायची किंवा रुग्णाचे हातपाय बांधून ठेवायचे आणि त्याच्यावर सुरी चालवायची, असे तंत्र होते. हातपाय तोडल्यावर त्यावर गरम डांबर ओतून जखम बंद करण्यात येत असे; अशा परिस्थितीत एका बेकरीवाल्याच्या सातव्या मुलाने रुग्णांची या हालातून सुटका करायचा मार्ग शोधून काढला. त्याचा जन्म ७ जून १८११ या दिवशी झाला. लिनलिथगो या स्कॉटलंडमधील खेड्यात तो वाढला. या जेम्स सिंप्सनने त्या काळातल्या अंधश्रद्धा खेड्यात बघितल्या होत्या. हा मुलगा लहानपणापासून अभ्यासू आणि हुशार होता. त्यामुळे घरच्या गरिबीची पर्वा न करता जेम्सला शिकवायचे, असा त्याच्या वडिलांनी निश्चय केला. शालेय शिक्षण संपताच त्याला एडिंबरो विद्यापीठात पाठविण्यात आले. तिथे त्याने वैद्यकीय शिक्षण घ्यायचे ठरवले. त्याच्या पदवीसाठी त्याने लिहिलेल्या प्रबंधाने त्याचे विभागप्रमुख खूप प्रभावित झाले. त्यामुळे जेम्सला शिक्षण संपताच वैद्यकीय सहायक म्हणून त्यांनी नोकरी दिली. इथल्या अनुभवाच्या जोरावर त्याने स्त्रीरोग विभागात प्राध्यापकपद मिळावे म्हणून अर्ज केला. त्याने लग्न केले, तर त्याला हे पद मिळेल, असे सांगण्यात आले. तेव्हा त्याने त्याची दूरची नातेवाईक आणि बालमैत्रीण जेसीशी विवाह केला. आता तो स्त्रीरोग आणि प्रसूतितज्ज्ञ विषयाचा प्राध्यापक म्हणून काम करू लागला.

डिसेंबर १८४६ मध्ये मॉर्टन नावाच्या अमेरिकन दंतवैद्याने इथर हुंगवून वेदनारहित दंतोत्पादन करण्याची पद्धत शोधली. इंग्लंडमधली अशा तऱ्हेची पहिली शस्त्रक्रिया बघायला सिंप्सन मुद्दाम आमंत्रणपूर्वक हजर राहिला. त्यानंतर त्याने बाळंतपणात इथर वापरून प्रसूती वेदना कमी करायला सुरुवात केली. तेव्हा

सिंप्सनला धर्मगुरूंनी विरोध केला. हे बायबलविरोधी आहे, असे या धर्ममार्तंडांचे म्हणणे होते. सिंप्सनचा बायबलचा अभ्यास असल्याने त्याने हे म्हणणे सहज खोडून काढले. इथरपेक्षाही वापरायला सुरक्षित आणि सोपे औषध शोधून काढण्याचे प्रयत्न सुरू केले. त्याला क्लोरोफॉर्म तयार करण्यात सुरुवातीलाच यश आले; पण त्याच्या उपयुक्ततेबद्दल सिंप्सनला खात्री नव्हती. त्याने ती क्लोरोफॉर्मची बाटली अडगळीत टाकली. ४ नोव्हेंबर १९४७ या दिवशी वेगवेगळ्या रसायनांचे परिणाम लिहून काढताना सिंप्सनला ती बाटली आठवली. सिंप्सन आणि त्याच्या डॉक्टर मित्रांनी यांनी क्लोरोफॉर्म हुंगला. दर आठवड्यात सिंप्सन आणि त्याचे तीन डॉक्टर मित्र अशा तऱ्हेने सिंप्सनच्या प्रयोगातून तयार झालेल्या रसायनांची चाचणी करीत. क्लोरोफॉर्म हुंगल्यावर ते हसू–खिदळू लागले आणि मग एकाएकी बेशुद्ध झाले. सिंप्सन सर्वांत आधी शुद्धीवर आला. मग त्याचे मित्र. हे औषध मग सिंप्सन त्याच्या रुग्णालयात वापरू लागला. त्याचेच उपयोग सर्व इंग्लंडभर होऊ लागले. व्हिक्टोरिया राणीने त्याला स्कॉटलंडमधल्या मुक्कामातील शाही वैद्य म्हणून नेमणूक दिली. पॅरिसमधल्या 'ॲकॅडेमी ऑफ मेडिसिन'ने सर्व नियम बाजूला सारून मानद सदस्यत्वाचा मान अर्पण केला. १८५६ मध्ये फ्रेंच 'ॲकॅडमी ऑफ सायन्सेस'ने सिंप्सनला मॉथियॉन पारितोषिक दिले. 'मानवजातीची बहुमूल्य सेवा केल्याबद्दल' असे या प्रशस्तिपत्रकावर लिहिण्यात आले होते. आज ना उद्या विद्युतशक्तीच्या साह्याने मानवी शरीर पारदर्शक करून मानवी शरीरात पाहता येईल, असे सिंप्सन म्हणे.

या महान वैद्यकशास्त्रज्ञाला पूतिरोधकाचे–अँटिसेप्टिक औषधांच्या वापराचे महत्त्व मात्र अखेरपर्यंत लक्षात आले नव्हते, हे मात्र आश्चर्यच मानावे लागेल. जोसेफ लिस्टरबरोबर या प्रश्नावर त्याने मरेपर्यंत वाद घातला. शास्त्रक्रियेनंतर रक्तवाहिन्या; बंद करण्याची एक नवी पद्धत सिंप्सनने शोधून काढली. १८६६ मध्ये व्हिक्टोरिया राणीने त्याला 'बॅरन' बनवले. हा सन्मान मिळविणारे ते पहिले स्कॉटिश वैद्यक शास्त्रज्ञ होते. हा सन्मान मिळाल्यानंतर महिन्याभरात त्यांचा मुलगा आणि त्यापाठोपाठ त्यांची मुलगी वारली. त्यामुळे सार्वजनिक आयुष्यातून निवृत्त झालेल्या सिंप्सन यांचे ६ मे १८७० रोजी निधन झाले.

लायनस पॉलिंग

विसाव्या शतकाच्या सुरुवातीस जन्म झालेला आणि विसाव्या शतकाच्या अखेरपर्यंत आपले विचार ठामपणे मांडणारा लायनस पॉलिंग हा 'क' जीवनसत्त्वाचा प्रवर्तक म्हणून ओळखला जातो. पॉलिंगचा जन्म १९०१ मध्ये झाला. ओरेगॉनमधील पोर्टलंड हे त्याचे जन्मगाव. त्यांच्या वडिलांचे औषधाचे दुकान होते. त्यांनी औपचारिक शिक्षण घेतलेले नसले, तरी स्व-अर्जित शिक्षण घेऊन शिक्षणाचे महत्त्व मुलाच्या मनावर ठसवले. लायनसची आई दिसायला सुंदर असली, तरी तिच्या वागण्यात सुसूत्रता नव्हती. ती मतिमंदत्वाकडे झुकलेली होती. लायनस नऊ वर्षांचा असताना त्याचे वडील वारले होते. त्यांच्या निधनानंतर आई, दोन बहिणींसह छोटा लायनस यांनी अतिशय गरिबीत दिवस घालवले. मात्र 'सतत शिकत राहा' ही वडिलांची शिकवण तो विसरला नव्हता. शालेय शिक्षण संपवून लायनसने कॉर्व्हालिस इथल्या 'ओरेगॉन ॲग्रिकल्चरल कॉलेज'मध्ये शिष्यवृत्तीच्या साह्याने शिक्षण चालू ठेवले. (आता या महाविद्यालयाचे रूपांतर 'ओरेगॉन स्टेट युनिव्हर्सिटी' मध्ये करण्यात आले आहे.) या महाविद्यालयात पहिल्याच वर्षी आपल्या हाताखाली एक प्रचंड हुशार विद्यार्थी शिकतोय, असे त्याचे रसायनशास्त्राचे शिक्षक आपापसात मान्य करू लागले. त्यामुळे त्यांनी लायनसवर इतर विषयांतील विद्यार्थ्यांना रसायनशास्त्र शिकविण्याचे पुढच्या वर्षी सोपवले. इथे लायनसची हेलन मिलर या विद्यार्थिनीशी ओळख झाली. पुढे लायनसने हेलनशी लग्न केले. लायनस त्याच्या यशाचे श्रेय हेलनच्या साथीला देत असे.

१९२२ मध्ये पॉलिंग 'काल्टेक' या संस्थेत गेले. ही संस्था नावारूपास येऊ लागली होती. इथे या संस्थेच्या रसायनशास्त्र विभागाचे निर्माते, संस्थापक आणि पहिले प्राध्यापक ए.ए.नॉयेस यांनी त्या काळात नव्याने प्रस्थापित झालेल्या क्ष-किरण स्फटिकशास्त्राच्या साह्याने रसायनांची रेणविकसंरचना अभ्यासावी, असे पॉलिंगला सुचवले. डॉक्टरेट मिळाल्यावर नॉयेसनी पॉलिंगला पुढील संशोधनास जर्मनीत पाठवले. पुंज यांत्रिकीच्या उगमस्थानी जाऊन या नव्या विषयाचा अभ्यास

करायची ही संधी पॉलिंगनी साधली. तिथून अमेरिकेत परतल्यावर नॉयेसनी पॉलिंगला त्यांच्या हाताखाली नोकरी दिली. इथे पॉलिंगनी स्फटिकांच्या संरचनेच्या अभ्यासात नव्या क्रांतिकारक विचारांच्या मदतीने काही आडाखे मांडले; तसेच रासायनिक बंधनांचा पुंज यांत्रिकीच्याद्वारे अभ्यास केला आणि कार्बनी रसायनशास्त्रांस सैद्धान्तिक पाया मिळवून दिला. त्याने हिमोग्लोबिनचे कार्य कसे चालते, याचाही अभ्यास केला. अमेरिकन रेण्विक जीवशास्त्रात त्याने महत्त्वपूर्ण योगदान दिले. मात्र डीएनए रेणूंची संरचना शोधून काढण्यात त्याला अपयश आले. त्यामुळे निराश होऊन त्याने आयुष्याला वेगळे वळण द्यायचे ठरवले. याच वेळी १९५४ मध्ये त्याला रसायनशास्त्रातील योगदानाबद्दल नोबेल पुरस्कार मिळाला.

यानंतरच्या आयुष्यात त्याला दोन ध्यास लागले. त्यातला एक म्हणजे 'क जीवनसत्त्वा'चा प्रचार आणि प्रसार आणि अण्वस्त्र चाचण्यांवर बंदी घालणे, हा दुसरा. या दुसऱ्या प्रयत्नामुळे त्याच्यावर तो कम्युनिस्ट असल्याचा संशय घेऊन अमेरिकी गुप्तचर यंत्रणांनी चौकशांचा ससेमिरा लावला. त्यातून निष्कलंक ठरलेल्या पॉलिंगच्या प्रयत्नांना यश येऊन उघड्यावर अण्वस्त्र चाचण्या करण्यावर बंदी घालणारा आंतरराष्ट्रीय करार केला गेला. १९६३ मध्ये त्याला शांततेचे नोबेल पारितोषिक मिळाले. 'अण्वस्त्रामुळे मानवाच्या पुढच्या पिढ्याचे भवितव्य धोक्यात आहे', 'विज्ञानावर सामाजिक जबाबदारी असते. त्यामुळे शास्त्रज्ञांनी समाजापासून दूर राहणे योग्य नाही,' असे ते म्हणत असत. त्यांच्या एककल्ली स्वभावामुळे आणि आग्रही प्रतिपादनामुळे ते फारसे लोकप्रिय नव्हते. 'काल्टेक' या मातृसंस्थेकडे आणि त्यांचे संशोधने सोडून रसायनशास्त्राच्या इतर शाखांकडे त्याने दुर्लक्ष केले, असा त्याच्यावर आरोप होत असे; पण आशी टीका त्याच्या खिजगणतीतही नसे.

१९९४ मध्ये लायनस पॉलिंग यांना वृद्धापकाळामुळे मरण आले. त्या वेळी विसाव्या शतकातील एक महान शास्त्रज्ञ काळाच्या पडद्याआड गेला, अशी श्रद्धांजली त्यांना वाहण्यात आली.

◆

रॉबर्ट फुल्टन

रॉबर्ट फुल्टनचा जन्म १७६५ मध्ये पेनसिल्व्हानिया राज्यातील लिटल् ब्रिटन नावाच्या वस्तीत झाला. आता या गावाचे नाव 'फुल्टन' असे आहे. आयर्लंडहून आलेल्या आई-वडिलांच्या दैन्यावस्थेमुळे रॉबर्टला फारसे शालेय शिक्षण मिळालेले नव्हते. फिलाडेल्फियातील एका जवाहिऱ्याच्या पदरी तो लहानपणीच नोकरीस लागला होता. फावल्या वेळात तो चित्रकलेचा छंद जोपासत असे. लोकांची पोट्रेंट रेखाटणे, काम नसेल तर निसर्गचित्रे काढणे आणि ती विकणे, त्यातून त्याला बऱ्यापैकी पैसा मिळत होता. १७८७ मध्ये बेंजामिन वेस्ट याच्याबरोबर तो चित्रकलेचे शिक्षण घेण्यासाठी युरोपला गेला. तिथे तो अभियांत्रिकी शिकला. त्या काळात बुल्टन आणि वॅट यांच्या वाफेच्या इंजिनांचा खूप बोलबाला झालेला होता. ड्यूक ऑफ ब्रिजवॉटर जेम्स ब्रिंडलीच्या मदतीने कालवे खोदत होते. या काळात फुल्टनची या सर्वांशी ओळख झाली. त्यांच्याकडूनच त्याला अभियांत्रिकीची करामत आत्मसात करता आली. त्यामुळे तो कालवे खणण्याच्या कामावर देखरेख करू लागला.

काही काळाने तो इंग्लंड सोडून फ्रान्समध्ये गेला. पॅरिसमध्ये त्याने पाणबुडी बांधायचे प्रयत्न सुरू केले. केवळ त्याचीच निर्मिती तो करीत होता, असेही नाही; तर त्याने पाणबुडीतून सोडता येतील, असे पाणतीर तयार करायचा प्रयत्नही चालू केला. त्याच वेळी त्याने बाष्पशक्तीवर चालणारी पहिली युद्धनौका बांधली.

ट्राफल्गारच्या लढाईच्या आधी दोन वर्षे फुल्टनने ही नौका नेपोलियनला देऊ केली; पण नेपोलियनने ही नौका घ्यायला नकार दिला. याचे कारण फुल्टनच्या या जहाजाच्या प्राथमिक चाचण्यांत एकदा हे जहाज फुटले आणि त्याची यंत्रे सुटून सीन नदीच्या तळाशी गेली. याचे कारण, त्या जहाजाच्या जोडांना बाष्पशक्तीवर चालणाऱ्या यंत्राचे हादरे सहन होत नव्हते. त्याच काळात अमेरिकेचे पॅरिसमधील राजदूत चान्सलर लिव्हिंग्स्टन यांच्याशी फुल्टनचा परिचय झाला. त्यांच्या आर्थिक पाठिंब्यामुळे फुल्टनने त्याचे जहाज यशस्वीपणे सीन नदीत फिरवून दाखवले. मग

बुल्टन आणि वॅटकडून आणखी एक इंजिन घेऊन फुल्टन अमेरिकेत गेला.

फुल्टनच्या आधीही अमेरिकेत बाष्पशक्तीवरच्या नौका चालवायचे प्रयत्न यशस्वी ठरले होते; पण फुल्टनला व्यावहारिकरित्या यशस्वी ठरता आले. आधीच्या नौकांपेक्षा त्याच्या नौका जास्त उतारू वाहून नेत, त्या अधिक भक्कम असत. फुल्टनचे प्रयत्न अयशस्वी ठरणार, असे जनमत होते. फुल्टनने १७ ऑगस्ट अठराशे सात या दिवशी क्लेरमॉंट हे बाष्पशक्तीवर चालणारे जहाज न्यूयॉर्कहून अल्बनीपर्यंत नेले आणि न्यूयॉर्कला परत आणले. या ३०० मैलांच्या (४८० किलोमीटर) प्रवासात त्याच्या जहाजाचा सरासरी वेग ताशी ५ मैल (८ किलोमीटर) एवढा होता. अमेरिकेत या प्रवासाने बाष्पशक्तीचे युग सुरू झाले, असे म्हटले जाते. फुल्टनने इतर अनेक शोध लावले; पण त्याचे नाव प्रामुख्याने बाष्पशक्तीवर चालणारी जहाजे, पाणबुडी आणि पाणतीर यांच्याशी निगडित आहे. त्याने बाष्पशक्तीवर चालणाऱ्या युद्धनौका बांधल्या. नेपोलियनने फुल्टनची पहिली युद्धनौका स्वीकारली असती, तर कदाचित आज जग फ्रेंच बोलत असते. ब्रिटिश पार्लमेंटमध्ये त्याच्या संशोधनाची चर्चा झाली, तेव्हा त्याचा उल्लेख 'टेरिबल् अमेरिकन' असा करण्यात आला होता. २४ फेब्रुवारी १८१५ या दिवशी न्यूयॉर्क येथे फुल्टन मरण पावला.

◆

हेनरी वॉल्टर बेट्स

हेनरी वॉल्टर बेट्सचा जन्म १८२५ मध्ये लीस्टर येथे झाला. शाळेत असतानाच त्याला निसर्गाचे वेड लागले. अमेझॉन नदी खोऱ्याबद्दलच्या अद्भुतकथा वाचून आपणही अशा दूरदूरच्या प्रदेशांमध्ये जावे, तिथल्या प्राण्यांचा आणि वनस्पतींचा अभ्यास करावा, असे त्याला वाटू लागले. विशेषत: अलेक्झांडर फॉन हंबोल्ट या जर्मन जहागिरदाराने ॲमेझॉनच्या खोऱ्यात पाच वर्षे वास्तव्य करून जो नैसर्गिक खजिना जगापुढे आणला, त्याने बेट्स फारच प्रभावित झाला होता. कोणत्याही परिस्थितीत दक्षिण अमेरिकेत जायचेच, हे त्याचे लहानपणीचे स्वप्न पुरे करण्यासाठीच तो जगला.

१८६१ मध्ये लिनिअन सोसायटीमध्ये बेट्सने 'ॲमेझॉनचे कीटक' या विषयावर एक व्याख्यान दिले. ते चार्ल्स डार्विनने ऐकले. त्यांनी बेट्सची भेट घेऊन त्याला ॲमेझॉन प्रवासावर पुस्तक लिहिण्यास सांगितले, तेव्हा बेट्सने ती आज्ञा मानून 'द नॅचरलिस्ट ऑन दि रिव्हर ॲमेझॉन' हा ग्रंथ लिहिला. अजूनही असे पुस्तक पुन्हा लिहिले गेले नाही, असे या ग्रंथाबद्दल म्हटले जाते.

मे १८४८ मध्ये बेट्स प्रथम दक्षिण अमेरिकन भूखंडात पोहोचला. तिथे तो अकरा वर्षे वास्तव्यास होता. तो पारा (बेलेम दो पारा) या ठिकाणी उतरला. हे पारा ॲमेझॉनच्या मुखापासून आत ११० किलोमीटरवर होते. या प्रवासात उत्क्रांतीचा सहउद्गाता अल्फ्रेड रसेल वॅलेस हा बेट्सचा भागीदार आणि सहप्रवासी होता. हे दोघे आसपासच्या जंगलात भटकून वेगवेगळे नमुने गोळा करू लागले. पारापासून जंगलात शिरल्यावर एका तासाच्या वास्तव्यात त्याना सातशे वेगवेगळ्या जातीचे पतंग आणि फुलपाखरे मिळाली. संपूर्ण युरोपात फक्त तीनशे एकवीस जातीचे पतंग आणि फुलपाखरे आहेत. बेट्स अत्यंत पद्धतीशीरपणे काम करीत असे. पहाटे उठून तो जंगलात जायला निघायचा. मध्यान्हीस तो परतायचा. मग सापडलेल्या नमुन्यांचे वर्गीकरण, रेखाटने आणि विच्छेदन करून त्याबद्दल नोंदी लिहिण्यात त्याचा उरलेला दिवस खर्च व्हायचा. ॲमेझॉनच्या उगमापर्यंत प्रवास करायचा बेट्स

आणि वॅलेस यांचा प्रयत्न होता. ते दोन महिन्यांचा शिधा, दारूगोळा, निसर्गशास्त्राची पुस्तके, स्वयंपाकाची भांडी असा जामानिमा घेऊन प्रवास करीत असत. या नदीच्या पात्रातून जवळजवळ साडेतीन हजार किलोमीटरचा प्रवास करून बेट्सने अमाप नमुने जमवले. त्याला पिवळ्या तापाने पछाडले. तो पारा नावाच्या मुक्कामावरून निघून गेल्यानंतर तिथे देवीची साथ आली होती. तो गाव या साथीत उद्ध्वस्त झाला; पण बेट्स तिथे नसल्याने बचावला. पाराहून बेट्सने त्याचा संग्रह इंग्लंडला पाठवला. मग तो पाराहून माघारी वळला. ॲमेझॉनच्या उपनद्यांच्या भूभागात त्याला फिरायचे होते. तापाजी नदी ॲमेझॉनला मिळते, त्या सांतारेम या ठिकाणी त्याने मुक्काम ठोकला. तेथे सहा महिने वास्तव्य करून स्वत:च्या पाडावातून तो पुन्हा नदीच्या उगमाकडे निघाला. मग ॲमेझॉनच्या कुपारी नावाच्या उपनदीत तो शिरला इथून परतीचा प्रवास फार त्रासदायक होता. त्याच्या पडावावर कासवे, ससुरी, तितर, प्राणी, पक्षी, वनस्पती, कीटक यांचे नमुने होते. नदीचा प्रवाह रोडावला होता. या अडचणींवर बेट्स मात करीत सांतारेमला परतला. बेट्सचा एक अद्भूत गुण म्हणजे, तो त्या घनदाट जंगलातील आदिवासींशी सहज मैत्री करून त्यांच्या वसाहतीतील एक बनून राहात असे. त्याने अनेक इंडियन जमातींची वर्णने करून ठेवली आहेत. ती पुढील काळातल्या मानवशास्त्रज्ञांना उपयोगी ठरली आहेत. इथल्या हवामानाने बेट्सच्या प्रकृतीवर आघात केले. अतिश्रम, अपरिचित अन्न, औषधे आणि विश्रांतीचा अभाव यामुळे अखेरीस १८५९ मध्ये तो इंग्लडला परतला, तेव्हा तो केव्हाही मरेल अशी परिस्थिती होती. त्याचे पैसेही संपले होते. पण, त्याने गोळा केलेल्या नमुन्यांमुळे त्याला रॉयल जिऑग्राफिकल सोसायटीच्या सहायक सचिवाची नोकरी त्याच्या मृत्यूपर्यंत करता आली. १८९२ मध्ये त्याचे निधन झाले.

◆

कार्ल लिनिअस

एखादा मोठा शास्त्रज्ञ म्हटला, की त्याचे बालपण सुखात गेलेले असणार, लहानपणापासून त्याला सर्व सुखसोई प्राप्त असणार, असे आपण गृहीत धरतो. त्या शास्त्रज्ञाचे आयुष्य अगदी लहानपणापासून प्रयोगशाळेत शास्त्रीय वातावरणातच व्यतीत झालेले असणार, असेही आपल्याला वाटते. फारच थोड्या शास्त्रज्ञांच्या बाबतीत हे खरे असते. कार्ल लिनिअसला लहानपणी जर कुणी शास्त्रीय जगतात तुझे नाव अमर होईल, असे सांगितले असते, तर त्याने तसे सांगणाऱ्याला वेड्यात काढले असते. आज विज्ञान जगतात सजीवांचे जे वर्गीकरण सर्वमान्य झालेय, ती पद्धत कॅरॉलस लिनिअसने निर्माण केली. कार्ल लिने हे त्याचे खरे नाव; पण त्या काळात लॅटिन भाषा ही युरोपातील विज्ञानाची राजभाषा होती. त्यामुळे शास्त्रज्ञांच्या नावाचे लॅटिनीकरण केले जात असे.

कार्लचा जन्म २३ मे १७०७ या दिवशी झाला. त्या वर्षी महाराष्ट्रात औरंगजेब वारला. लिनिअसच्या आयुष्याची सुरुवात चर्चमध्ये झाली. स्वीडनमधल्या राशुल्ट या गावी त्याचे वडील धर्मगुरू होते. त्यांना फारसे उत्पन्न नसले, तरी चर्चचे सेवक असल्याने गावकरी दोन वेळा जेवू घालत. कार्लनेही धर्मगुरू बनावे, म्हणजे दोन वेळच्या जेवणाची सोय होईल, असे त्यांना वाटत होते. कार्लला त्या शिक्षणात अजिबात रस नव्हता. तो चर्चच्या आवारातील वनस्पतींकडे टक लावून पाहत बसे. आपले पोरगे धर्मशिक्षणात लक्ष देत नाही, तेव्हा त्याला कामाला लावावे म्हणून कार्लच्या वडिलांनी त्याला गावातल्या चर्मकारांकडे बूट तयार करण्याचे शिक्षण घ्यायला पाठवले. कार्लच्या शालेय शिक्षकाने कार्लला माझ्याकडे ठेवा, बूट तयार करण्यासाठी तो जन्माला आलेला नाही, असे कार्लच्या वडिलांना सांगितले. त्या शिक्षकाने कार्लला वनस्पतिशास्त्राची पुस्तके दिलीच; पण त्याच्या शिक्षणाची अर्थिक सोयही केली. कार्ल झाडाच्या साली सोलून पायाला बांधून शिकायला जात होता. कार्लचे निसर्गप्रेम बघून कार्लच्या शिक्षकाने त्याची राहायची सोय स्वतःच्या घरी केली. एवढेच नव्हे, तर उप्साला विद्यापीठात माळ्याच्या

नोकरीसाठी त्याची शिफारस केली. त्याचे वनस्पतींचे ज्ञान बघून विद्यापीठाने त्याची वनस्पतिशास्त्राचा सहायक व्याख्याता म्हणून नेमणूक केली. तिथे त्याने लॅपलँडमधील वनस्पती गोळा करण्यासाठी साडेसात हजार कि.मी.ची पायपीट केली. आजच्या चलनात त्याला रु. १२५०/- एवढा खर्च त्या काळी आला. तेव्हा विद्यापीठाचे अधिकारी चकित झाले. कार्लने त्याची काटकसरीची कमालच केली होती. त्या दौऱ्यामधील संशोधनाबद्दल कार्लला डॉक्टरेटची पदवी मिळाली. पुढे त्याच्या संशोधनाची कीर्ती इतकी पसरली, की युरोपातले सर्व देशांचे प्रवासी दूरदूरहून त्याच्याकडे वनस्पतींचे आणि प्राण्यांचे नमुने पाठवू लागले, तर युरोपमधून दूरदूरहून अनेक विद्यार्थी त्याची व्याख्याने ऐकण्यासाठी स्वीडनमध्ये येऊ लागले. त्याला अनेक बहुमान मिळाले. त्याने साठवलेल्या पैशांतून थोडी जमीन विकत घेतली. तिथेच घर बांधून घराभोवती बाग केली. या बागेत अनेक दुर्मीळ वनस्पतींची लागवड त्याने केली होती. व्याख्यान देता-देता तो या वनस्पतींची देखभाल करीत असे. याच घरात वनस्पतींच्या सहवासात १० जानेवारी १७७८ रोजी त्याचे निधन झाले.

◆

युक्लीड

युक्लीडच्या 'एलिमेंट्स' च्या प्रभावाखाली मानवी, विशेषत: पाश्चात्य, वैज्ञानिक प्रगती झाली. युक्लीडच्या विचारांनी मानवी वैज्ञानिक प्रगतीला जवळजवळ २२ शतके मार्ग दाखवला. युक्लीडबद्दल फार थोडी माहिती उपलब्ध आहे. त्यामानाने इतर ग्रीक विचारवंतांबद्दल बरीच माहिती मिळते. युक्लीडच्या 'एलिमेंट्स' या ग्रंथावरची प्रोक्लसची टीका प्रसिद्ध आहे. या प्रोक्लसच्या काळ इ. स. ४१२ ते इ.स. ४८५ हा होय. या ग्रंथाच्या प्रस्तावनेत त्याने युक्लीडची जी माहिती दिली आहे, त्यावरून इ. स. तीनशेच्या सुमारास युक्लीड हा त्या काळातला सर्वश्रेष्ठ गणिती म्हणून गाजत होता, हे स्पष्ट होते.

युक्लीड पहिल्या टॉलेमीच्या काळातला प्रख्यात गणिती होताच; पण त्याने इजिप्तच्या या राजाला शिष्य म्हणून स्वीकारले होते. या शिष्याच्या राज्यातील विद्येच्या माहेरघरी अलेक्झांड्रिया इथे युक्लीडचे भूमितीसाठी प्रसिद्ध असलेले गुरुकुल होते. तिथे दूरदूरहून, मुख्य म्हणजे पूर्वेकडून, अनेक विद्यार्थी शिक्षणासाठी येत असत. युक्लीड हा थालेस आणि पायथागोरसचा वारसा चालवीत होता. थालेस हा ग्रीक भूमितीचा जन्मदाता मानण्यात येतो. युक्लीडच्या 'एलिमेंट्स' चे अनेक खंड आहेत. त्यातला एक त्याने पायथागोरसला अर्पण केला आहे. युक्लीडने त्याच्या पूर्वसुरींचे सर्व सिद्धान्त तपासून बघितले होते. त्याच्या या गणिती पूर्वजांच्या सिद्धान्तामधील आणि विचारांमधील त्रुटी दूर करण्याचे कार्य युक्लीडने हाती घेतलेच; पण त्यांच्या संशोधनाचे सार एकत्र करून त्या पायावर त्याचे नवे सिद्धान्त उभे केले.

युक्लीडच्या भूमितीच्या सिद्धान्ताचा प्रभाव एवढा होता आणि त्या सिद्धान्तात बदल करण्याची कोणतीही आवश्यकता नाही, अशी पुढच्या पिढ्यांची इतकी खात्री होती, की सतराव्या शतकापर्यंत त्याच्या सिद्धान्ताची कुणी तपासणी केली नाही, त्यात सुधारणा करायचा प्रयत्नही केला नाही किंवा त्यामध्ये भरही घातली नव्हती. युक्लीडच्या सिद्धान्ताचा प्रभाव निरनिराळ्या ज्ञानशाखांवर पडलेला दिसून येतो;

किंबहुना, त्याच्यामुळे मानवी आयुष्यालाच दिशा मिळाली, असे म्हटले तर ते वावगे ठरणार नाही. केवळ विज्ञानशाखांवरच युक्लीडच्या 'एलिमेंट्स'चा प्रभाव पडला असे नव्हते; तर कला, स्थापत्य, तंत्रज्ञान यांचे युक्लीडच्या सूत्रांशिवाय चालतच नव्हते, असे म्हटले जाते. कुठल्याही यांत्रिक आणि तांत्रिक करामतीमागे युक्लीडची प्रेरणा असते.

युक्लीडच्या 'एलिमेंट्स' शिवाय इतर ग्रंथांचाही आधुनिक जगावर खूप प्रभाव पडला. त्याच्या 'डाटा' (मूळ ग्रीक डेट्म) या ग्रंथाचे इंग्रजी भाषांतर प्रसिद्ध झाले आहे. या ग्रंथाने वैज्ञानिक घटना आणि तांत्रिक करामतींचे वर्गीकरण आणि पृथक्करण यांचा पाया घातला, असे म्हटले जाते. त्याच्या 'फिनोमेना' या ग्रंथात खगोलशास्त्रीय निरीक्षणे आणि गणिते आहेत. याशिवाय 'समतानता', 'प्रकाशशास्त्र', अशा इतर अनेक विषयांची चर्चा करणारे ग्रंथ युक्लीडने लिहिले. काही ग्रंथ त्याच्या नावावर खपवले जातात. मात्र ते युक्लीडनेच लिहिले यासंबंधी ठोस पुरावे नाहीत. युक्लीड केव्हा, कुठे वारला याचीही माहिती उपलब्ध नाही; पण भूमितीशी कायमस्वरूपी नाव जोडला गेलेला हा शास्त्रज्ञ त्याच्या अभूतपूर्व विद्वत्तेमुळे अमर झालाय, यात शंकाच नाही.

◆

चार्ल्स् बॅबेज

जग आज चार्ल्स बॅबेजला संगणकक्षेत्रातला आद्यपुरुष मानते. त्याचा जन्म २६ डिसेंबर १७९२ ला डेव्हन परगण्यातील 'टिनमाऊथ' येथे झाला. लहानपणी तो अतिशय अशक्त होता. त्यामुळे त्याचे प्राथमिक शिक्षण घरीच झाले. लहानपणी त्याला शिकवणीसाठी ठेवलेल्या शिक्षकांपेक्षा त्याचे गणित पुढे गेले होते; त्यामुळे त्याची शिकवणी मग फक्त इतर विषयांपुरतीच चालू ठेवण्यात आली. त्याने पुढे केंब्रिजच्या ट्रिनिटी कॉलेजमध्ये प्रवेश मिळवला तेव्हाही त्याची गणिती बुद्धी शिक्षकांच्या पुढे धावू लागली. त्या काळात हर्शेल आणि लीकॉक यांच्यासारख्या गणिती मित्रांबरोबरच तो वावरत असे. या तिघांनी मिळून त्या चार वर्षांत लाक्रुआच्या 'एलिमेंटरी ट्रीटाइज ऑन डिफरन्शियल अँड इंटिग्रल कॅल्क्युलस' या गणिती ग्रंथाचे भाषांतर केले. त्यामुळे इंग्लंडमधील गणिती अभ्यासास चालना मिळाली. १८१४ मध्ये केंब्रिज सोडून बॅबेज लंडनला गेला. दोन वर्षांतच रॉयल सोसायटीची फेलो म्हणून त्याची निवड झाली. पुढे बॅबेजने सोसायटीशी खूप वाद घातले या संस्थेच्या विरोधात 'ब्रिटिश असोसिएशन ऑफ अॅडव्हान्समेंट ऑफ सायन्स'ची स्थापना करण्यातही त्याचा पुढाकार होता. खगोलशास्त्रीय संस्थेची स्थापना करण्यातही त्याने महत्त्वाचा वाटा उचलला. त्याने चुंबकांवर केलेल्या प्रयोगांमुळेही त्याचे नाव गाजत होते; पण त्याला खरी कीर्ती त्याच्या यांत्रिक गुणकयंत्राने मिळवून दिली.

सतराव्या शतकापासून इंग्लंड आणि युरोपमध्ये गणिते करण्यासाठी मदत करतील, अशा यंत्रणा तयार करण्याचे प्रयोग चालू होते. १६४२ मध्ये ब्लेझ पास्कलने पास्कलाइन नावाचे एक बेरजावजाबाक्या करणारे यंत्र तयार केले होते. अनेक बेरजा म्हणजे गुणाकार आणि वजाबाक्या म्हणजे भागाकार, हे सूत्र वापरून पास्कलचे यंत्र गुणाकार-भागाकारही करीत असे. बॅबेजने याही पुढे जाऊन कार्य करणारे एक यंत्र तयार करायचे ठरवले. त्याच्या यंत्रामुळे खगोलशास्त्रीय गणित आणि दिशादर्शन करण्यासाठी आवश्यक असणारे बारकावे अचूकपणे करता

येतील, असा बॅबेजचा दावा होता. या यंत्राच्या निर्मितीसाठी तत्कालीन ब्रिटिश शासनाने मदत देण्याचे मान्य केले. हे यंत्र कधीच पूर्ण झाले नाही, कारण ते पूर्ण होण्याआधीच बॅबेजला यापेक्षा अधिक कार्यक्षम अशा आणखी एका यंत्राची कल्पना सुचली. त्याने शासनाकडे आणखी अर्थिक मदत मागितली. या मागणीबद्दल आठ वर्षे विचारविनिमय करून अखेरीस ब्रिटिश सरकारने नकार दिला. शासनाने तोपर्यंत तेवीस हजार पौंड एवढी रक्कम बॅबेजसाठी खर्च केली होती. त्या काळाच्या मानाने ही रक्कम अफाट होती. तरीही बॅबेजचे यंत्र पूर्ण झालेले नव्हते. त्यामुळेच शासनाने नकार दिला. त्या यंत्राची प्रतिरूपे आणि रेखाटने आज पाहावयास मिळतात.

बॅबेजच्या काळानंतर जी यंत्रे तयार केली गेली, त्यांना बॅबेजच्या कार्याला मदतच झाली. बॅबेजचे लेखन, त्याने तयार केलेली यंत्रे, यंत्र तयार करण्यासाठी निर्माण केलेली अवजारे यामुळे यंत्रनिर्मिती क्षेत्रात क्रांती घडून आली. रंगीत दिव्यांच्या साह्याने संदेशवहनाचे एक तंत्र बॅबेजने निर्माण केले. त्याचा रशियनांनी सेबॅस्टोपेलच्या वेढ्यात वापर केला होता.

इंग्लडमधल्या कारखान्यात वाया जाणारी श्रमशक्ती आणि यंत्रशक्ती यांच्यावर विचार करून त्यात बॅबेजने सुधारणा घडवून आणल्या. १८ ऑक्टोबर १८७१ या दिवशी लंडन इथल्या घरी बॅबेजचे निधन झाले. त्यानंतर त्याचे गुणक यंत्र साऊथ केन्सिंग्टन येथील वस्तुसंग्रहालयात नेण्यात आले. ब्रिटिश असोसिएशनच्या सदस्यांनी त्याची तपासणी केली. हे यंत्र पूर्ण झाले असते, तर युगप्रवर्तक ठरले असते, असे त्यांचे मत पडले. पुढे काय करावे, याबद्दल मात्र त्या सदस्यांचे एकमत झाले नव्हते. लॉर्ड बायरनची कन्या अॅडा बायरन, लेडी लव्हलेस हिने बॅबेजला बरीच आर्थिक मदत केली होती. तिच्या सन्मानार्थ संगणकी भाषेतील आद्य भाषेचे नाव 'अॅडा' असे ठेवण्यात आले.

◆

जॉन कोच ॲडम्स्

नेपच्यूनच्या शोधाचा मान लेव्हेरियाबरोबरच जॉन ॲडॅम्स या गणितीकडे जातो. जॉन ॲडॅम्सचा जन्म 'लॅनईस्ट' या खेड्यात ५ जून १८१९ या दिवशी झाला. कॉर्नवॉल परगण्यातील लॉन्स्टेल्टनजवळ हे खेडे आहे. जॉनचे वडील शेतकरी होते. खरेतर जॉनही शेतकरीच व्हायचा; पण त्याच्या आईकडे तिच्या वडिलांचा ग्रंथसंग्रह वारसाहक्काने आलेला होता. त्यात गणित, विज्ञान आणि खगोलशास्त्राची पुस्तके होती. ती वाचून लहानपणापासून जॉनला आकाशदर्शनाचा छंद जडला. आकाशातील ग्रह, तारे आणि नक्षत्रांच्या साह्याने दिशादर्शन करायला तो लहानपणीच शिकला. त्याने आकाशदर्शनाच्यावेळी आपली निरीक्षणे अचूक असावीत, यासाठी घरच्या घरीच काही यंत्रेही बनवली. ती ओबडधोबड असली, तरी उपयुक्त होती. शाळेत असतानाच त्याला गणितात गती असल्याचे लक्षात आले. गणित हा त्याचा आवडता विषय होता. १८३९ मध्ये त्याने केंब्रिज विद्यापीठात सेंट जॉन्स कॉलेजमध्ये प्रवेश मिळवला. १८४३ मध्ये तो रँगलर बनला. त्या आधीच, म्हणजे १८४१ मध्ये युरेनस या ग्रहाच्या भ्रमंतीतील अनियमिततेचा अभ्यास करायला त्याने सुरुवात केली होती. या अनियमिततेसाठी आणखी एखादा अज्ञात ग्रह कारणीभूत असावा, असे त्याला वाटत होते. त्यातूनच नेपच्यूनचा शोध लागला.

अर्थात, एवढेच त्याचे कार्य किंवा त्याच्या कार्याचे महत्त्व नाही. त्याने खगोलशास्त्रात इतरही कार्य केले. त्याच्या सर्वात महत्त्वाच्या संशोधनात पृथ्वीभोवतीच्या चंद्राच्या प्रदक्षिणेचा अभ्यास, हा अशा प्रकारचा भक्कम पथदर्शक मानला जातो. त्याचबरोबर सिंह राशीतील उल्कावर्षावाच्या आद्य अभ्यासकांपैकी तो एक ठरतो. चंद्राच्या पृथ्वी प्रदक्षिणेचा अभ्यास करताना लाप्लास आणि हॅले या पूर्वसुरींनी केलेल्या अभ्यासाचा पाया त्याने वापरला. त्यानंतर त्याने स्वतःची निरीक्षणे आणि गणिते यांच्या साह्याने चंद्राच्या पृथ्वी प्रदक्षिणेचा प्रदेश सतत वाढत आहे, असे अनुमान काढले. १८५३ मध्ये प्रसिद्ध झालेल्या या संशोधनात दर शतकात चंद्र

६ सेकंदांनी जोरात धावतो, असे ॲडॅम्सने जाहीर केले. सिंह राशीत होणाऱ्या उल्कावर्षावातील उल्कांची भ्रमणकक्षा शोधून काढून १८६७ मध्ये ॲडॅम्सने ती प्रसिद्ध केली होती.

ॲडॅम्सला शिव्या आणि ओव्या यांची फिकीर नसे. तो स्वतःचे संशोधन महत्त्वाचे मानत होता. स्वभावाने अतिशय विनम्र असलेल्या ॲडॅम्सला सर्वच शास्त्रीय शाखांमध्ये रुची होती. त्याला त्याच्या काळात खूप मान्यता आणि मानसन्मान मिळाले. केंब्रिज विद्यापीठातील मानाची प्राध्यापकपदाची लाउनडीन प्राध्यापकपदाची जागा त्याला १८५८ मध्ये देण्यात आली. खगोलशास्त्र आणि भूमिती या विषयांतला हा एक बहुमान समजला जातो. २१ जानेवारी १८९२ या दिवशी त्याचे निधन झाले. त्याचा मृतदेह सेंट गाईल्स स्मशानात पुरण्यात आला खरा; पण त्याच्या खगोलशास्त्रीय विद्वत्तेचा सन्मान व्हावा, म्हणून त्याचे रेखाचित्र असलेले एक पदक खास तयार करवून घेऊन वेस्टमिन्स्टर ॲबेमध्ये न्यूटनच्या समाधीजवळ ठेवण्यात आले.

◆

क्लॉड लुई बर्थेलेट

काउंट क्लॉड लुई बर्थेलेट हा फ्रेंच अग्रणी रसायनशास्त्रज्ञ एका अत्यंत दरिद्री कुटुंबात जन्माला आला होता. त्याचा जन्म ९ डिसेंबर १७४८ या दिवशी झाला. हे बर्थेलेट कुटुंब दरिद्री असले, तरी पिढ्यान्‌पिढ्या विचित्र कल्पनांचा पाठपुरावा करण्याबद्दल प्रसिद्ध होते. क्लॉड त्याला अपवाद नव्हता. गरिबीशी झुंज देत तो शिकला. त्याने वैद्यकशास्त्रात पदवी मिळविली; पण या १९ वर्षांच्या वैद्यराजाकडे रुग्ण येईनात, तेव्हा नशीब काढायला तो पॅरिसला पोहोचला. तिथे ट्रॉंचिन या रसायनवैद्याने या बुद्धिमान तरुणाला आश्रय दिला. या मुलाने रसायनशास्त्रात प्रयोग सुरू केले आणि ब्लीचिंग पावडरचा वापर करून कापड पांढरे स्वच्छ करता येते, हे दाखवून दिले त्यामुळे वस्त्रोद्योगाला रसायनशास्त्राचे महत्त्व कळाले आणि अशा कापडाला मग हवा तो रंग देता येतो; त्यामुळे या संशोधनातून क्लॉडला खूप पैसा सहज मिळविता आला असता; पण त्याने या संशोधनाचा जगाला उपयोग व्हावा म्हणून त्याचे एकाधिकार कधीच वापरले नव्हते. त्यामुळे त्याची कीर्ती आणि लोकप्रियता मात्र वाढली.

फ्रेंच राज्यक्रांतीत त्याला 'राष्ट्रीय ठेवा' म्हणून घोषित करण्यात आले. लष्कराच्या उपयोगासाठी स्फोटकांवर प्रयोग करताना त्याच्यावर अनेक प्राणघातक प्रसंग ओढवले. एका प्रयोगाच्या वेळी तर त्याच्यासह अनेक सरकारी अधिकारी त्याच्या नव्या स्फोटकाच्या स्फोटात एका इमारतीखाली गाडले गेले; पण नव्या लोकशाही राज्यव्यवस्थेला शत्रूंकडून धोका असल्याने क्लॉड नवनवी स्फोटके शोधत राहिला. त्याच स्फोटकांच्या संशोधनात काही रसायने चांगली खते म्हणून वापरता येतील, हे त्याच्या लक्षात आले होते. बर्थेलेट कलासक्त होता. पॅरिसमधल्या संग्रहालयासाठी कलात्मक वस्तू खरेदी करायला तो रोमला गेला. तेथे त्याची गाठ नेपोलियनशी पडली. पुतळे आणि कॅन्व्हास साफ करण्याची एक नवी पद्धत निर्माण करता-करता त्याचा नेपोलियनशी संवाद चालू असे. नेपोलियनशी बर्थेलेटची दाट मैत्री जमली. क्लॉडकडून विज्ञानाचे धडे नेपोलियन घेऊ लागला. या सुमारास

इजिप्तवर स्वारी करायची गुप्त योजना फ्रेंच राजधानीत शिजत होती. क्लॉडने एका शास्त्रज्ञांच्या पथकासह या मोहिमेत भाग घ्यावा, असे नेपोलियनने सुचविले. ब्रेड तयार करणे, मद्य तयार करणे, पोलादास पाणी देणे, दारूगोळा तयार करणे, लोह खनिजापासून शुद्ध लोखंड मिळविणे, रुग्णालयांची उभारणी आणि वनस्पती उद्यानाची निर्मिती करणे अशी अनेक कामे बर्थोलेटच्या नेतृत्वाखालील शास्त्रज्ञांनी या मोहिमेत पार पाडली. त्याचबरोबर इजिप्तमधील अनेक प्राचीन स्मारकांच्या चित्रांचे रेखाटन, मृगजळाचा अभ्यास, इजिप्ती वाळवंटातील क्षारांचा अभ्यास प्राणी आणि वनस्पतींची नोंद अशा गोष्टीही त्यांनी केल्या. बर्थोलेटला आता भरपूर पैसा मिळत होता. नेपोलियनने त्याला सरदार तर केलेच; पण टाकसाळीचे प्रमुखपदही दिले. बर्थोलेटने त्याला मिळणारे सर्व वेतन गरीब, पण धडपड्या मुलांच्या शिक्षणासाठी खर्च करायला सुरुवात केली. इकडे बर्थोलेटच्या मुलाचा व्यवसाय तोट्यात आला. त्याच्या वडिलांकडे त्याचे कर्ज फेडायला पैसा नव्हता, तेव्हा त्या मुलाने आत्महत्या केली. नेपोलियन स्वत: बर्थोलेटला भेटला. त्याने आपल्या मित्राला एक लाख क्राऊन दिले आणि वेळीच मदत का मागितली नाही, असे विचारले. यानंतरचे बर्थोलेटचे आयुष्य प्रयोगशाळेतच गेले. त्याने आपला सर्व पैसा तरुण संशोधकांना मदतीसाठी दिला. ६ नोव्हेंबर १८२२ रोजी त्याचे निधन झाले.

◆

गालेन उर्फ क्लॉडिअस गॅलेनस

गालेनचे लॅटिनमध्ये क्लॉडिअस गॅलेनस असे रूपांतर होते. त्याच्या ग्रंथावर हे नाव असले, तरी वैद्यकीय जगाला तो 'गालेन' नावानेच परिचित आहे. गालेनचा जन्म मायसिआतील 'परगॅमस' या गावी झाला. त्याचे आईवडील ग्रीसमधून इथे आले होते. इ.स. १३० च्या आसपास त्याचा जन्म झाला असावा. गालेनचे वडील हे त्या काळातही त्यांच्या वेगळ्या, पण काळापुढच्या विचारांमुळे प्रसिद्ध होते. त्यांनी मुलाला वैद्यकीय शिक्षण द्यायचे ठरवले. प्राथमिक शिक्षण झाल्यानंतर वयाच्या १६व्या वर्षी गालेनने त्याच्या वैद्यकीय शिक्षणास सुरुवात केली. शिक्षणासाठी तो स्मर्ना, कोरिंथ आणि त्या काळी विद्येचे माहेरघर म्हणून प्रसिद्ध असलेल्या अलेक्झांड्रिया या शहरी गेला. इ.स. १६४ मध्ये तो शिकत-शिकत रोमला पोहोचला. त्याच्या उत्तरायुष्याचा बहुतेक काळ त्याने रोममध्येच व्यतीत केला. प्रख्यात रोमन सम्राट मार्क्स् ऑरेलिअसचा तो राजवैद्य होता. त्याच्या मृत्यूनंतर 'मूर्ख' म्हणून ओळखल्या जाणाऱ्या मार्क्स ऑरेलिअसच्या मुलाच्या पदरी- त्याचे नाव कमोडस- गालेनने नोकरी केली.

राजवैद्य म्हणून गालेन जगू शकला असता; पण त्याच्या अंतरीची ज्ञानर्जनाची आच त्याला स्वस्थ बसू देत नसे. त्याने त्याच्या निरीक्षणांच्या नोंदी ठेवल्या, त्यावरून रोगनिदानासंबंधीचे निष्कर्ष नोंदवले. रुग्णांना कुठले औषध दिल्यानंतर कोणते परिणाम दिसतात, हे बघितलेच; पण त्या काळात इतर देशात कुठल्या प्रकारचे वैद्यकीय उपचार केले जातात, त्यांचीही माहिती मिळवली. हिप्पोक्रॅटिस या पाश्चात्त्य वैद्यकाच्या जनकापासून वैद्यकांबद्दल जी काही माहिती उपलब्ध होती, ती सर्व त्याने एकत्रित केलीच; पण तिचे पृथ:क्करण आणि वर्गीकरण करून त्या माहितीमध्ये गालेनने सुसूत्रता आणली. गालेन सतत लिहित असे. गालेनने त्याच्या आयुष्यभर जे लिहून ठेवलेय, त्या लेखनाचा आवाका आणि संख्या बघून छाती

दडपून जाते. त्या काळातल्या सर्वच ज्ञान शाखांसंबंधी त्याने लेखन केलेय.

त्या काळात शरीरशास्त्र अस्तित्वात नव्हते. गालेनने हत्तीपासून उंदरापर्यंत जे सपृष्ठवंशी प्राणी सापडतील त्या सर्वांचे शवविच्छेदन केले त्या सर्व प्राण्यांचे मणके आकाराने लहानमोठे असले, तरी त्यांची मूलभूत रचना एकसारखी असते, हे त्याच्या लक्षात आले होते. आर्टरी या शब्दाचा मूळ अर्थ 'हवावाहक' असा आहे. गालेनने आर्टरीतून हवा वाहत नाही, तर रक्त वाहते, हे दाखवून दिले. तो एके ठिकाणी म्हणतो, 'बैलाला बळी देऊन आणि सुगंधी पदार्थ जाळून देव प्रसन्न होत नाही; तर शरीराचं ज्ञान मिळवून, ते इतरांना देऊनच आपल्याला देवाच्या शक्तीची आणि चांगुलपणाची खात्री पटते. ज्ञानर्जन हाच देव जाणण्याचा खरा मार्ग आहे.' हृदयात आत्मा असतो आणि तिथूनच ध्वनी निर्माण होतो. अशी त्या काळात समजूत होती. गालेनने दुभाजक पडदा, छाती आणि स्वरयंत्र यांचा ध्वनिनिर्मितीमध्ये कसा वापर केला जातो. हे दाखवून दिले. 'मेंदूतून चेतातंतूमार्फत जे संदेश येतात, त्यामुळे स्नायूंच्या हालचाली होतात, असे मी म्हणतो; तेव्हा ते मला थापाडे म्हणतात, श्वासनलिका हृदयाजवळ आहे. म्हणून हृदयाचा आणि बोलण्याचा संबंध जोडणाऱ्यांना मी काय सांगणार?' त्याने वनस्पतींचे काढे आणि खनिजांचा औषधे म्हणून वापर केला. गॅलेनचा मृत्यू वृद्धापकाळाने सिसिलीत झाला.

◆

सर डेव्हिड फेरिअर

डेव्हिड फेरिअरचा जन्म 'ॲबर्डीन' येथे १८४३ मध्ये झाला. त्याने ॲबर्डीन विद्यापीठात वैद्यकशास्त्रीय शिक्षण पूर्ण केले. नंतर एडिंबरो विद्यापीठातून वैद्यकशास्त्रात डॉक्टरेट मिळवली. पीएच.डी.साठी त्यांनी 'मेंदूची तौलनिक रचना' असा विषय घेतला होता. त्यास त्यापूर्वींच्या सर्वोत्कृष्ट प्रबंधाचे सुवर्णपदकही मिळाले होते. त्यानंतर लगेचच डेव्हिडची नेमणूक किंग्ज कॉलेज-लंडन इथे चेताशास्त्र विभागात चेताविकृतिशास्त्राचा प्राध्यापक म्हणून करण्यात आली. १८७६ मध्ये त्यांना रॉयल सोसायटीचे सदस्यत्व मिळाले, तर १९११ मध्ये मानद सरदारकीने ब्रिटिश शासनाने त्यांचा गौरव केला. 'ब्रेन' या शास्त्रीय नियतकालिकाचे ते संस्थापक-संपादक होते. १८७६ मध्ये 'फंक्शन ऑफ द ब्रेन' आणि १८७८ मध्ये 'लोकलायझेशन ऑफ सेरेब्रल डिसीझ' असे त्याचे दोन ग्रंथ प्रसिद्ध झाले होते.

सर डेव्हिड हे मेंदूच्या आद्य शास्त्रीय संशोधकांपैकी एक असून त्याचे मेंदूविषयक कार्य हे त्या क्षेत्रातील पायाभूत संशोधन मानण्यात येते. मेंदूच्या वेगवेगळ्या भागांमध्ये वेगवेगळी कार्ये नियंत्रित करणारी केंद्रे असतात, असे सर डेव्हिड यांनी जगाला दाखवून दिले. पॉल ब्रोका शास्त्रज्ञाने मेंदूचे असे एक नियंत्रक केंद्र शोधून काढले होते. त्याचे पुढचे संशोधन काहीशा चुकीच्या मार्गाने गेले; पण ब्रोकामुळे मेंदूच्या संशोधनाकडे शास्त्रज्ञांचे लक्ष वेधले गेले होते. त्याच वेळी मेंदूचे संशोधन फेरिअर करू लागले होते. त्यांच्या संशोधनाचा परिणाम मानसशास्त्रावरही झालाच; पण अस्तित्ववाद आणि तत्त्वज्ञानावरही झाला.

सस्तन प्राण्यांच्या मेंदूचा अभ्यास केला, तर त्यातून मानवी मेंदूच्या कार्यावर प्रकाश पडेल, असे सर डेव्हिड यांनी सांगितले. मानवी मेंदूचा अभ्यास माणूस मेल्यावर केला जातो; पण मेंदूतील हालचाल नियंत्रण आणि भावना नियंत्रक केंद्राचा शोध लावायचा असेल, तर माकडांच्या आणि कुत्र्यांच्या मेंदूच्या अभ्यासातून ते साध्य होऊ शकेल, हे त्यांनी सिद्ध केले. पुढे मानवी मेंदूवरील शस्त्रक्रियेचे तंत्र

प्रगल्भ झाल्यानंतर फेरिअरनी केलेला अभ्यास आणि त्याचे निष्कर्ष पडताळून पाहण्यात आले. एकोणिसाव्या शतकाच्या आठव्या दशकात, म्हणजे १८७० नंतरच्या एका तपाच्या कालावधीत त्यांनी मेंदूच्या अभ्यासाचा पाया घातला. ब्रोकांनी मेंदूतील वाचाकेंद्र शोधून काढले, तर ह्यूलिंग्ज जॅक्सननी एका अपस्माराचे मूळ (जॅक्सोनियन एपिलेप्सी) शोधून काढले. त्यावरून फेरिअरने स्फूर्ती घेऊन कपींच्या मेंदूचा अभ्यास सुरू केला. कपीची (एप) कवटी उघडून मेंदूच्या विविध भागांना उत्तेजन देऊन त्याचा दृश्य शारीरिक परिणाम बघायला त्यांनी सुरुवात केली. यासाठी त्यांनी विद्युत्रस्थ वापरले. या तंत्राने फेरिअर यांनी मेंदूचा नकाशाच तयार केला. त्याचा मानवी मेंदूवर उपचार करताना पुढे खूप फायदा झाला.

विसाव्या शतकात मेंदूच्या अभ्यासाचे तंत्र खूप प्रगत झाले. त्याने फेरिअर यांच्या अभ्यासातल्या उणिवा दूर व्हायला मदत झाली, हे खरे असले, तरी या अभ्यासाचा शास्त्रोक्त पाया फेरिअर यांनी घातला, हे विसरून चालणार नाही.

◆

थॉमस अल्वा एडिसन

थॉमस अल्वा हे सॅम एडिसन आणि नॅन्सी एडिसनचे सातवे अपत्य होते. हे शेंडेफळ जगले, हेही आश्चर्यच म्हणायला हवे. सॅम एडिसन कॅनडातून पळून अमेरिकेत आला होता. त्याची पत्नी आणि सहा मुले कॅनडात मागेच राहिली होती. त्यातली तीन मुले अतिथंडी आणि बालवयातील व्याधींना बळी पडली. पुढे नॅन्सी अमेरिकेत आल्यावर (थॉमस हे त्याच्या वडिलांचे एकेकाळचे नाव आणि अल्वा हे कॅप्टन अल्वा ब्रॅडली या वडिलांच्या मित्राचे नाव) थॉमस अल्वा एका अतिबर्फवृष्टीच्या म्हणजे ११ फेब्रुवारी १८४७ या दिवशी जन्माला आला.

मिलान हे न्यू इंग्लंडमधले अमेरिकेच्या पूर्व किनाऱ्यावरचे गाव रूढीप्रिय होते. बापाने सहा वर्षांच्या मुलाला घरात मारणे, हेही तिथे निषिद्ध समजले जायचे. त्यामुळे सॅम जेव्हा भर रस्त्यात थॉमसला गुरासारखा बडवू लागला, तेव्हा सारे गाव चकित झाले. काही पदार्थ जळतात, हे कळाल्यावर थॉमसने ते कसे जळतात, हे बघायचा प्रयोग केला होता. त्यात वडिलांची धान्य साठविण्याची कोठी जळून भस्मसात झाली होती. प्रयोग करून पाहणे आणि ते हाताबाहेर गेले की मार खाणे, हेच थॉमसच्या बालपणाचं वर्णन. त्याबद्दल त्याने वडिलांना कधी दोष दिला नाही; मात्र आईबद्दल तो जितक्या प्रेमाने बोलायचा तसा तो वडिलांबद्दल कधीही भरभरून बोलला नाही. ते त्याला कायम 'मूर्ख' म्हणत. भरपूर मारत. 'हा पोरगा म्हणजे उच्छाद आहे', असे म्हणत. त्यांचे चूक नव्हते. ज्या दिवशी थॉमस आगीशी खेळला, त्या दिवशी वारे नव्हते. जर वारे असते. तर सगळे गाव आगीच्या भक्ष्यस्थानी पडले असते.

लहानपणापासून थॉमस एकलकोंडा होता. स्वत:ची खेळणी घेऊन त्यांच्याभोवती काल्पनिक प्रसंग रचून तो खेळायचा. ज्या दिवशी बोलायला लागला, त्या

दिवसापासून त्याने प्रश्न विचारायला सुरुवात केली होती. प्रत्येक गोष्टीच्या मुळाशी जाण्याचा त्याचा हा स्वभाव इतरांना त्रासदायक ठरत होता. त्याची आई तेवढी थॉमसच्या प्रश्नांना न कंटाळता उत्तरे द्यायची. 'बदक अंड्यावर का बसते गं आई?'

'ते अंडी उबवतं!'

'त्यानं काय होतं?'

'त्यातून पिलं बाहेर येतात!'

दुपारी थॉमस गायब. शेजाऱ्याच्या कोंबड्यांची अंडी जवळ घेऊन गवतात झोपलेला थॉमस काही तासांनी वडिलांना सापडला. खरे तर ही अगदी तर्कशुद्ध वागणूक वडिलांना आचरटपणाची का वाटावी, हे थॉमसला तेव्हा तरी कळाले नव्हते. तो एकदा वाहत्या कालव्यात पडला. एकदा गव्हाच्या राशीत गाडला जात होता, तेव्हा मरता-मरता वाचला होता. हे सर्व प्रत्येक बाबतीत 'मी प्रयोग करून पाहणार', या वृत्तीतून घडले होते.

या काळात एडिसन कुटुंबाला बरे दिवस आले होते; पण ज्या तंत्रज्ञानयुगाचा थॉमसला फायदा झाला, त्या तंत्रज्ञानयुगामुळेच एडिसन कुटुंबावर हलाखीचे दिवस ओढवले. मिलान हे अमेरिका आणि कॅनडाच्या सरहद्दीवरच्या 'द ग्रेट लेक्स' म्हणून ओळखल्या जाणाऱ्या सरोवर मालेवरचे भरभराटीचे बंदर आणि प्रमुख व्यापारी ठाणे होते. आगगाडीच्या आगमनामुळे या सरोवरमालेचे व्यापारी महत्त्व कमी-कमी होऊ लागले. त्यामुळे एडिसन कुटुंबाला स्थलांतर करणे भाग पडले. वयाच्या आठव्या वर्षी थॉमसला शाळेत घालण्यात आले; पण शालेय शिक्षणात त्याचे मन रमत नव्हते. त्याच्या शिक्षकांना या प्रगल्भ बुद्धीच्या मुलाचे प्रश्न अडचणीचे वाटत असत. त्याच्या बुद्धीबद्दल त्याच्या शिक्षकांनी शंकाही व्यक्त केल्या होत्या. (याबाबतीत दोन वेगळ्या वाटेने जाणाऱ्या एडिसन आणि आईन्स्टाईन या प्रज्ञावंतांच्या शैक्षणिक आयुष्यात साम्य दिसते.) शिक्षकांच्या या मतामुळे एडिसनच्या आईने त्याला शाळेतून काढून घरीच शिकवायला सुरुवात केली. ''मला ते ज्ञान सक्तीने भरवत, त्या पद्धतीचा तिटकारा होता. तिथे निरीक्षणाला वाव नव्हता, स्वत:चे डोकं चालवायला बंदी होती,'' असे एडिसन या शिक्षणाबद्दल म्हणतो.

वडिलांचा उद्योग चालेनासा झाला, तेव्हा नव्याने सुरू झालेल्या आगगाडीत थॉमस वृत्तपत्रे, गोळ्या, सफरचंद आणि खारे दाणे विकू लागला. पहाटेच उठून त्याच्या उंचीची टोपली घेऊन थॉमस घरातून निघत असे. त्यात गाडीत विकण्यासाठी माल भरून तो स्टेशनवर यायचा. डेट्रॉइटला जाणाऱ्या गाडीत बसायचा. डेट्रॉइटला गेल्यावर नवीन माल खरेदी करायचा; मग परत फिरायचा. त्याचे दिवसाचे बारा तास या गाडीत जात असत. रात्री अकराच्या सुमारास तो घरी परतत असे. त्याला खरेतर अंधाराची भीती वाटत असे; पण त्या भीतीवर निश्चयाने मात करून तो पहाटे उठून

कामाला जात असे. लहानपणापासून मरेपर्यंत एडिसनने कधी फारशी विश्रांती घेतलीच नव्हती.

एडिसनच्या बाबतीत एक गोष्ट नेहमी सांगितली जाते. ती म्हणजे, त्याच्या प्रयोगांमुळे आगगाडीच्या डब्यात आग लागली, इथपर्यंत ही गोष्ट खरीही आहे; पण गार्डने त्याच्या कानाखाली वाजवली आणि तो बहिरा झाला, हे खोटे आहे. एडिसनने स्वत: 'तसे काही घडले नाही; त्यांनी मला वाचविण्यासाठी मानगूट धरून खेचले, पण त्याचा माझ्या बहिरेपणाशी संबंध नाही,' असे लिहून ठेवलेले आहे.

डेट्रॉइटमध्ये निरोप्याचे काम थॉमसला पंधराव्या वर्षी मिळाले. फावल्या वेळात तो सार्वजनिक वाचनालयात जाऊन विज्ञान तंत्रज्ञानाची, विशेषत: विद्युत यंत्रणांसंबंधी, माहिती देणारी पुस्तके वाचू लागला. त्याचबरोबर गरिबीशी आणि कठीण परिस्थितीशी झुंज देऊन मात करणाऱ्या व्यक्तींची चरित्रंही तो मनापासून वाचत असे. वयाच्या पंधराव्या वर्षी त्याने न्यूटनचा 'प्रिन्सिपिया' हा गणिती ग्रंथ वाचायला घेतला. पुढे हा आपला प्रांत नव्हे, म्हणून या ग्रंथाबरोबर त्याने गणिताला रामराम ठोकला. त्यामुळे एखादे यंत्र तयार करताना एडिसनने त्यामागचे गणित कधीही बघितले नाही, तर 'अथक परिश्रमास पर्याय नाही,' हे तत्व डोळ्यासमोर ठेवून तो प्रयोग करीत राहिला. तो स्वत:ला कधीही शास्त्रज्ञ (सायंटिस्ट) म्हणवून घेत नसे, तर तो 'मी संशोधक (इन्व्हेंटर) आहे,' असे म्हणत असे. एखादे यंत्र तयार करायला घ्यायचे चुका सुधारत ते पूर्णत्वास न्यायचे, अशी त्याची काम करायची पद्धत होती. 'आय नेव्हर क्विट अनटिल आय गेट व्हॉट आय वाँट' म्हणजे 'मला जे मिळवायचंय, ते मिळेपर्यंत मी प्रयत्न सोडून देत नाही', असे तो म्हणत असे. लेखाच्या सुरुवातीला दिलेले त्याचे वचन हेच सांगते, 'प्रज्ञा म्हणजे एक टक्का अंत:स्फूर्ती आणि ९९ टक्के परिश्रम.' अशा तऱ्हेचे आयुष्यच तो अखेरपर्यंत जगला. विजेचा दिवा, ग्रामोफोन असे असंख्य शोध त्याच्या नावावर जमा झाले. 'जिनिअस ऑफ मेन्लो पार्क' या नावाने ओळखला जाणारा हा शास्त्रज्ञ १७ ऑक्टोबर १९३१ या दिवशी विझला. त्या दिवशी त्याच्या चाहत्यांनी विजेचे दिवे मिनिटभर बंद करून त्याला उत्स्फूर्त श्रद्धांजली अर्पण केली. जगातील जवळजवळ सर्वच भाषांमध्ये एडिसनचे एक तरी चरित्र प्रसिद्ध झाले आहे. मराठीत एडिसनचे पहिले चरित्र १९२७ साली प्रसिद्ध झाले.

◆

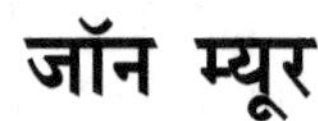

जॉन म्यूर

अमेरिका हा देश असंख्य चित्रविचित्र माणसांनी भरलेला आहे. तिथं काही चांगली माणसंही होऊन गेली. जॉन म्यूर हा त्यांच्यापैकी एक होता. जॉन म्यूर हा तसा अशिक्षित होता. पण त्यानं स्वत:चं शिक्षण स्वत:च पूर्ण केलेलं होतं. जवळ जवळ अर्धशतकभर तो अमेरिकेच्या पश्चिम भागातल्या पर्वतराजीत हिंडला. त्यानं केलेल्या हिमनद्यांच्या अभ्यासातून, त्यानंच काढलेल्या निष्कर्षांमुळे जगाला हिमनद्यांची शास्त्रीय माहिती तर मिळालीच; पण हिमनद्यांचं महत्त्वही कळलं. ह्याच भटकंतीमध्ये त्यानं वनस्पती, प्राणी आणि अमेरिकेतल्या रानावनांच्या बारकाव्यांसहित ज्या नोंदी केल्या, त्यामुळं अमेरिकेत खऱ्या अर्थानं पर्यावरणाच्या अभ्यासास सुरुवात झाली, असं मानण्यात येतं. ह्यामुळंच आज माउंट म्यूर वुड्स नॅशनल मॉन्युमेंट आणि म्यूर ग्लेशियर ह्यांच्या रूपात जॉन म्यूरची स्मृती अमेरिका जपत आहे.

म्यूर हा अपघातानं शास्त्रज्ञ बनला. तो खरोखरच एका औद्योगिक अपघातात सापडला होता. तिथंच त्याच्या आयुष्यात ही एक वेगळीच कलाटणी मिळाली. म्यूरचा जन्म स्कॉटलंडमध्ये झाला. त्याला लहानपणापासून यांत्रिक करामतींची आवड होती. इ. स. १८४९ मध्ये, वयाच्या अकराव्या वर्षी त्याला अमेरिकेत पाठविण्यात आलं. तिथं त्याच्या यांत्रिक कलाकुसरीस वाव मिळाला. एकदा तो ज्या कारखान्यात काम करीत होता, तिथं रात्री त्याला निवांतपणे काही प्रयोग करायचे होते, त्यामुळं तो एकटाच थांबला. तो काम करीत असताना चुकून एक करवतीचं छोटं पातं उडालं आणि त्याच्या उजव्या डोळ्यात घुसलं. त्याची दृष्टी जाणारच, अशी त्याच्यावर उपचार करणाऱ्या डॉक्टरांची खात्री पटलेली होती. डोळ्यावर पट्टी बांधलेल्या अवस्थेत म्यूर रुग्णालयात पडून होता. त्या वेळी त्याला स्कॉटलंडमधल्या टेकड्या आणि नंतर विस्कॉन्सिनमध्ये प्रशिक्षणार्थी म्हणून काम करीत असताना 'ग्रेट लेक्स' परिसरात केलेली भटकंती आठवली. आपण कारखान्यात काम करताना केवढ्या मोठ्या आनंदास मुकतो, असे विचार त्याच्या मनात पिंगा

घालू लागले. जर आपली दृष्टी परत मिळाली, तर आपण निसर्गशास्त्रज्ञ बनायचं; असा निश्चय ह्या वेळी त्यानं केला. खरोखरच आश्चर्याची गोष्ट म्हणजे काही दिवसांनी त्याची जखम बरी झाली. डोळा सुधारला आणि त्याला दिसू लागलं. डावा डोळा पूर्ववत झाला. उजवा डोळा मात्र थोडासा अधूच राहिला होता.

बरा झाल्यानंतर जॉन म्यूर इंडियानापोलीसहून सिएरानेवाडा पर्वतराजीच्या परिसरात राहावयास गेला. योसेमाइटच्या खोऱ्यात त्यानं एक लाकडी घर बांधलं. १८७५ मध्ये त्यानं कॅलिफोर्नियात छोट्या छोट्या नोकऱ्या करायला सुरुवात केली. मग सिएरा पर्वतराजीतच राहायला मिळावं, म्हणून तो मेंढपाळ बनला. मग त्यानं योसेमाइट खोऱ्यात नैसर्गिकरीत्या पडलेल्या झाडांचे ओंडके कापून विकायचा व्यवसाय सुरू केला. त्यासाठी त्यानं लाकूड कापायचा कारखानाही सुरू केला. त्या पर्वतांच्या उंच कड्यांचं त्याला खूप आकर्षण वाटत असे. एखाद्या धबधब्याजवळ पडणाऱ्या पाण्याचा अनाहत नाद ऐकत तो बरेचदा तासन्तास बसून राहत असे. त्याला जेव्हा वेळ मिळेल, तेव्हा तो ह्या पर्वतराजीत भटकत राहायचा. ह्यापूर्वी त्यानं कधी गिर्यारोहण असं केलेलं नव्हतं, पण आता तो शेळीच्या कौशल्यानं पर्वतशिखरं चढू लागला. बरेचदा तो ह्यासाठी धोकेही पत्करत असे. मात्र त्याला संकटांची चाहूल लागत असावी. कारण त्याच्या सहाव्या इंद्रियाच्या जोरावर अनेकदा तो संकटं टाळण्यात यशस्वी झालेला होता. त्याच्या ह्या अतिंद्रिय संवेदनेचा एक किस्सा त्यानंच लिहून ठेवलेला आढळतो.

त्या वेळी सिएरानेवाडा पर्वतराजीतील माउंट रिटर ह्या शिखराच्या दिशेनं जॉन निघाला होता. एक उभा कडा चढायला त्याचं सुरुवात केली होती. साधारणपणे त्या कड्याच्या मध्याशी तो पोहोचला, तेव्हा एक धक्कादायक वस्तुस्थिती त्याच्या लक्षात आली. तिथून पुढचा पृष्ठभाग कातीव असावा तसा होता. नैसर्गिकरीत्या तासून तो गुळगुळीत झालेला होता. एकही खडकाचा भाग त्यातून बाहेर डोकावत नव्हता; त्या दगडाला कुठं मुंगी शिरायला वाव मिळेल अशी फटही त्याला दिसत नव्हती; पुढं जाणं अशक्य होतं. मागं उतरणंही शक्य नाही, हे त्याला ठाऊक होतंच. जॉन तिथं अडकला होता. त्याच्यावर कोसळलेली कठीण परिस्थिती त्याच्या लक्षात आली आणि तो हादरला, त्याचं अंग थंडगार घामानं डबडबलं होतं. थोडा वेळ तसाच गेला. जॉन म्यूरला काही मिनिटं काही दिवसांसारखी वाटली होती आणि त्याच्यात एक बदल घडला. तो लिहितो–

"काय घडलं ते मी सांगू शकत नाही; पण आपल्याला एक अद्भुत सामर्थ्य प्राप्त होतंय, असं मला वाटू लागलं. माझा घाम ओसरला, भीतीचा लवलेशही उरला नाही. माझ्यावर दुसऱ्याच कुणाचा ताबा आहे, असं मला वाटू लागलं. त्याला अतिंद्रिय शक्ती म्हणा किंवा एखाद्या देवदूतानं मला हात दिला असं म्हणा,

पण माझ्यात नक्कीच बदल झाला होता. माझी नजर एकदम स्वच्छ बनली. हातापायाची थरथर थांबली. मला त्या कड्याच्या ताशीव कातीव पृष्ठावरची बारीकसारीक रेषा, फट, उंचवटा सर्व काही स्पष्टपणे दिसू लागलं. एखाद्या सूक्ष्मदर्शीतून मी तो कडा न्याहाळतोय, असं मला वाटू लागलं. मी नव्या उत्साहानं तो कडा चढलो आणि मगच विश्रांतीसाठी थांबलो.'' सिएरानेवाडाचे अवघड कडे पार करता करता जॉन म्यूरनं एक अफलातून वैज्ञानिक निष्कर्ष काढला. त्यामुळं शास्त्रीय जगतात एक जबरदस्त खळबळ माजली.

जॉन म्यूरनं योसेमाइट खोरं पालथं घालेपर्यंत, तत्कालीन भूशास्त्रीय क्षेत्रात एखाद्या प्रचंड मोठ्या भूभौतिक हालचालीमुळं योसेमाइट खोरं, त्यातले उंच कडे आणि धबधबा वाहणारे जलप्रवाहांचे मार्ग तयार झाले असावेत; असं मानलं जात होतं. म्यूरला त्या खडकांच्या परिचयातून त्या भूरूपाची जन्मकथाच कळली होती. ते खडक त्याच्याजवळ त्यांचं मनोगतच जणू व्यक्त करत होते. हे योसेमाइटचं खोरं भूकंपामुळं तयार झालेलं नसून तिथं एके काळी मोठमोठ्या हिमनद्या होत्या. त्यांनी हे खोरं कोरून काढलं होतं. त्यांच्या एके काळच्या प्रवाहांच्या पात्रात पाणी साठून आता तिथली सरोवरं तयार झाली होती. त्या हिमनद्यांच्या मार्गांचा त्यानं एक नकाशाही तयार केला होता.

त्याचे हे निष्कर्ष प्रस्थापित शास्त्रज्ञांना आचरटपणाचे वाटले. त्या अडाणी मेंढपाळाची मूर्खपणाची मुक्ताफळं लक्ष देण्याच्याही लायकीची नाहीत, असं हे दुद्धाचार्य म्हणू लागले. पण सगळेच शास्त्रज्ञ असे नसतात. जोसेफ ल कोंते हा एक विचारी शास्त्रज्ञ होता. हा म्यूर जे काही म्हणतोय ते बघितल्याशिवाय त्याला केराची टोपली दाखवणं योग्य ठरणार नाही, असं त्याचं म्हणणं पडलं. त्यानं म्यूरलाच त्याचा वाटाड्या केला. म्यूरबरोबर तो योसेमाइट खोऱ्यात हिंडला. म्यूरला काय म्हणायचंय ते त्यानं ऐकून घेतलं. म्यूरने पुरावा म्हणून दाखवलेली भूरूपं बघितली. म्यूरच्या शास्त्रीय ज्ञानानं थक्क होऊन ल कोंते परतला. ह्याचं कारण म्यूरचं सगळं शिक्षण निसर्गदत्त होतं. त्यानं औपचारिक भूशास्त्राचा ओनामादेखील गिरवलेला नव्हता. परतल्याबरोबर ल कोंतेनं म्यूरचं म्हणणंच बरोबर असल्याचं जाहीर केलं. त्यानंतरही बरीच वर्षं हा वाद चालूच होता, पण हळूहळू सर्वच भूशास्त्रज्ञांनी म्यूरचं म्हणणं स्वीकारलं. मग मात्र भूशास्त्रीय जगानं त्याचा गौरव केला.

म्यूरच्या नवनव्या शोधांनी मान्यवर पंडितांना तोंडात बोटं घालायला लावली. पृथ्वीचा पृष्ठभाग आणि त्यावरची विविध भूरूपे कशी घडली, त्या बाबतीतले त्याचे विचार आता सर्व शास्त्रज्ञ निमूटपणे ऐकून घेऊ लागले होते. म्यूरनं केवळ प्राचीन हिमनद्यांनी कोरलेली भूरूपंच शोधून काढली असं नाही, तर त्यानं अमेरिकेतील

काही वाहत्या हिमनद्या स्वत: बघितल्या आणि मोठमोठ्या शास्त्रज्ञांना त्या बघण्यासाठी आमंत्रणं दिली. एकट्या माउंट शास्त पर्वतावर तीन वाहत्या हिमनद्या आहेत, हे त्यानं जगापुढं आणलं. ह्याच पर्वतराजीत त्याच्या साहसी आयुष्यातील सर्वाधिक भयावह घटना घडली. एक दिवस म्यूर आणि त्याचा सहकारी जेरोमी फे हे माउंट शास्ताच्या १४ हजार १६२ फूट उंच (सुमारे साडेचार हजार मीटर) शिखरावर चढण्यासाठी निघाले. दर तीन तासांनी तिथ हवाभारमापकाच्या साहाय्यानं ते तपासणी करत वर वर निघाले होते. त्या दिवशी दुपारच्या प्रचंड विध्वंसक अशा गारपिटीत ते सापडले. तापमान झपाट्यानं खाली उतरू लागलं. काही कळायच्या आत ते ७ सेल्सियसनं कमी झालं होतं. ढगांमुळं रात्र पडावी, तसा अंधार पसरला. त्यामुळं त्या अंधारातच त्यांनी परत फिरायचं ठरवलं होतं.

अंधारात ते ठेचकाळत परत निघाले. आपण झाडीतल्या आपल्या तळापर्यंत सुखरूप पोहोचू शकणार नाही, ह्याबद्दल फेची खात्री पटली होती. ते लाव्हानं तयार झालेल्या एका उंचवट्याच्या आडोशाला गेले. तिथं त्यांना जोरजोरात ओरडून विचार विनिमय करावा लागला होता. आपण सुखरूप परत जाऊ, अशी म्यूरला खात्री वाटत होती. फे मात्र पार हताश झाला होता. शेवटी म्यूरनं त्याच्या जोडीदाराच्या सोबतीस थांबायचं ठरवलं. तिथं जवळच असलेल्या थोड्याशा विचित्र प्रकारच्या उन्हाळी झऱ्यांच्या परिसरात आश्रय घ्यायचं त्यांनी ठरवलं. तिथं ते पोहोचले, तेव्हा हिमपातास सुरुवात झालेली होती. त्या बर्फाचे ढीग त्यांच्याभोवती जमा होऊ लागले होते. प्रचंड जोरदार वारं घोंघावत होतं. आजूबाजूनं गरम वाफेचा मारा होत होता. नरकात एका बाजूनं जाळतात आणि दुसऱ्या बाजूनं गोठवतात, असं म्हटलं जातं; त्याचा ते प्रत्यक्ष अनुभव घेत होते. मधनंच लाव्हा उफाळून उंच उडायचा. त्यामुळं जळून भाजून मरण्याचे विचार डोक्यात यावेत, तर दुसऱ्या बाजूनं बर्फाच्या तटबंदीची उंची वाढतच चालली होती. सुमारे तेरा तास ते असे एकमेकांना शाब्दिक आधार देत बसलेले होते. मग ते घोंघावणारं वादळ शमलं. ते अडखळत धडपडत पर्वत उतरून त्यांच्या तळावर आले. म्यूरचे तळपाय पूर्णपणे थिजले होते. पुढं कित्येक आठवडे तो चालू शकत नव्हता. त्यानं त्याबद्दल चकार शब्द काढला नव्हता. पण पुढे आयुष्यभर त्याला चालताना त्रास होत होता.

लग्न झाल्यानंतर काही काळ जॉन म्यूरनं गिर्यारोहण थांबवलं होतं. त्याऐवजी पोटापाण्याचा व्यवसाय म्हणून काँट्रा कोरस काँटीत फळबाग कसायला सुरुवात केली. त्याची ही फळबाग शेकडो एकरांची होती. त्याच्यातून त्याला भरपूर पैसा मिळू लागला, पण काही काळातच त्याचं निसर्गप्रेम उफाळून आलं. तेव्हा त्यानं त्याच्या मळ्याचा काही भाग विकून बायकोपोरांना आर्थिक तोशिस लागणार नाही, अशी व्यवस्था केली. मग निसर्गात रममाण होण्यासाठी पाठीवर धोकटी टाकून तो

निघाला. त्याचं निसर्गविषयक लेखन खूप गाजलं. विख्यात निसर्ग शास्त्रज्ञ जॉन बरोज आणि थिओडोर रुझवेल्टसारखे मित्र त्याला लेखणीनं मिळवून दिले.

अमेरिकेची निसर्गसंपत्ती हा त्याच्या अभिमानाचा विषय होता. दर वेळेस तो सिएरामध्ये येई, तेव्हा चाललेली जंगलतोड आणि मेंढ्यांनी उजाड केलेली माळरानं पाहून तो व्यथित होत असे. त्या वेळी त्याच्या मनात एक आगळीवेगळी कल्पना आली. राष्ट्रीय उद्यानं आणि संरक्षित अभयारण्यांची निर्मिती करून तिथं कुठल्याही आर्थिक व्यवहाराशी संबंधित उद्योगांना बंदी घालणं, ही कल्पना त्याला एक दिवस स्फुरली. ती कल्पना मनात येताच तो स्वत: कामाला लागला. त्यानं वृत्तपत्रातून पत्रं आणि लेख लिहून ही कल्पना जनतेसमोर मांडायला सुरुवात केली. तेव्हा जाहीर व्याख्यानं देऊन त्यानं जनमत जागृत करावं, असा आग्रह त्याच्या मित्रांनी धरला.

म्यूरचा स्वभाव तसा बुजरा होता. माणसांच्या गर्दीमध्ये तोंड उघडणं त्याला जमत नसे. अखेरीस मित्रांच्या आग्रहाला बळी पडून तो सार्वजनिक भाषणं करायला तयार झाला. भाषणापूर्वी भिंतीवर एक पर्वतांचा देखावा लावण्यात आला. तू त्या चित्राकडं बघून बोल, तुला श्रोत्यांची भीती वाटणार नाही, असा एका मित्रानं सल्ला दिला. म्यूरला वाटत होतं, तसंच झालं. समोरची गर्दी बघून त्याला घाम फुटला. त्याच्या तोंडून शब्द फुटेना. तेवढ्यात त्याचं लक्ष समोरच्या पेंटिंगकडं गेलं. मनानं तो त्या पर्वतात गेला. समोरची गर्दी विसरला. त्याच्या तोंडून ओघवते शब्द बाहेर पडू लागले.

ह्यानंतर म्यूरनं भाषणं देत अमेरिका पिंजून काढली. 'निसर्गसंरक्षण' एवढाच संदेश तो त्याच्या भाषणांतून द्यायचा. 'उद्या तुमच्या नातवानं दाट झाडी म्हणजे काय असं विचारलं, तर त्याला तुम्ही वैराण वाळवंट दाखवणार का?' असं अमेरिकन जनतेस विचारत, तो गावोगाव फिरू लागला. त्याच्या अथक प्रयत्नांना मग इतरांचीही साथ लाभली आणि योसेमाइट नॅशनल पार्क अस्तित्वात आलं. १८९२ मधे योसेमाइटबरोबरच जनरल ग्रँट नॅशनल पार्क (पुढं ते किंग कॅन्यन नॅशनल पार्कचा भाग बनलं) आणि सेकोइसा नॅशनल पार्कची निर्मिती झाल्यानं सिएरानेवाडा पर्वतराजीचा फार मोठा भाग सुरक्षित बनला. ह्यामुळं म्यूरला खूप आनंद झाला. अरायझोनच्या भटकंतीत रेल्वेच्या वाघिणींवरून अश्मीभूत जहाजांचे ओंडके विक्रीसाठी चाललेले म्यूरनं बघितले. राष्ट्राध्यक्ष थिओडोर रुझव्हेल्टच्या मैत्रीचा फायदा घेऊन पेट्रीफाइड फॉरेस्ट नॅशनल मॉन्युमेंटची निर्मिती करण्यात म्यूरनं पुढाकार घेतला.

निसर्गवर म्यूरचं प्रेम होतंच, पण हिमनद्या हा त्याचा आवडता आणि कौतुकाचा विषय होता. त्यामुळं इ. स. १८७९ मधे म्यूरनं अलास्काला भेट दिली. तिथं वाहत्या हिमनद्या पाहायला मिळतील, ह्याची त्याला खात्री वाटत होती. तो

ज्या भागात गेला, त्या भागात फारशी गोरी माणसं ह्यापूर्वी गेलेली नव्हती. व्हँकुव्हर ह्या फ्रेंच भूसंशोधकानं ह्या भागाचा एक कच्चा नकाशा तयार केला होता. म्यूरला जिथं जायचं होतं, तिथं एस्किमोही यायला तयार होत नव्हते. पण म्यूरनं त्यांची समजूत काढली. ''मी रानावनात हिंडणारा निसर्गप्रेमी आहे. देव माझं रक्षण करतो. धोक्याची जाणीव मला आधीच मिळते. माझ्याबरोबर असताना तुम्हाला कसलाही धोका नाही,'' त्याचं हे बोलणं ऐकून टोयाटे हा वृद्ध टोळीप्रमुख लगेच उभा राहिला. ह्यानं म्यूरला साथ द्यायची तयारी दाखवली. मग लाजेकाजेस्तव त्या टोळीतले इतर तरुणही म्यूरबरोबर जायला तयार झाले. त्यांना घेऊन म्यूर उत्तरेकडच्या फ्योर्डच्या भागात हिंडला. इथं तर कधी एस्किमोही जात नव्हते. तिथं म्यूरनं अलास्कातील सर्वांत मोठी हिमनदी शोधून काढली. आज तिला 'म्यूर ग्लेशियर' असं म्हटलं जातं.

आयुष्याच्या अखेरीपर्यंत म्यूर हिंडत होता. वयाच्या ७४ व्या वर्षी तो ॲमेझोन नदीच्याकाठच्या जंगलात जाऊन परतला. त्यानंतर बाओबाबचं झाड बघायला तो मध्य आफ्रिकेत गेलाच, पण मग नाईलच्या काठच्या वनस्पतींचा अभ्यास करत हिंडला. 'मी जिवंत असेपर्यंत मला धबधब्यांचं, पक्ष्यांचं आणि वाऱ्याचं संगीत ऐकू येईल. मी खडकांच्या भाषेचा अर्थ लावेन आणि पूर, हिमपात आणि वादळांची सोबत मला आठवत राहील,' असं म्हणणाऱ्या जॉन म्यूरचं निधन लॉस एंजल्स मध्ये इ.स. १९१४ साली झालं. 'अशा व्यक्ती क्वचितच जन्माला येतात,'– रुझवेल्टनी त्याच्या मृत्यूची बातमी ऐकून म्हटलं, ते खरंच नव्हतं का?

◆

सर विल्फ्रेड थेसिजर

सर विल्फ्रेड थेसिजर यांचा जन्म २ जून १९१०
सालचा, तर २४ ऑगस्ट २००३ ह्या दिवशी त्यांचं वृद्धापकाळाने निधन झालं.
थेसिजर ह्यांचं नाव अनेक गाजलेल्या ब्रिटिश भटक्यांमध्ये समाविष्ट व्हायला
काहीच हरकत नाही. सर रिचर्ड बर्टन, जॉन हॅनिंग स्पेके, हेन्री मॉर्टन स्टॅनली,
डेव्हिड लिव्हिंगस्टन यांच्या परंपरेतील थेसिजर यांच्या आयुष्याचा फार मोठा भाग
त्यांनी आफ्रिकेचा ईशान्य भाग आणि मध्यपूर्वेतील वाळवंटं भटकण्यात घालविला.
ज्याला 'एम्प्टी क्वार्टर' असं म्हटलं जातं, तो सौदी अरेबिया, कतार आणि
युनायटेड अरब एमिरेट्च्या वाळवंटाचा फ्रान्स एवढा मोठा वाळवंटी भूभाग त्यांनी
दोनदा ओलांडला. बेदूंच्या जीवनाशी ते एकरूप झाले. असं असलं तरी त्या
काळातील ॲबिसिनिया, म्हणजे आताच्या इथिओपियाशीही त्यांचं जवळचं नातं होतं.

विल्फ्रेडचा जन्मच मुळी अदिस अबाबात झाला. अदिस अबाबा ही ॲबिसिनियाची
राजधानी होती. तिथल्या ब्रिटिश राजप्रतिनिधीचा हा मुलगा. त्याचे वडील अदिस
अबाबाला आपली कर्मभूमी मानत असत. विल्फ्रेड सहा वर्षांचा असताना त्याला
रास तफारी (पुढं सम्राट हेलेसिलासी)चं पहिलं दर्शन झालं. इ.स. १९१६ मध्ये
रास तफारीच्या नेतृत्वाखाली शोआन सैन्यानं नेगुसमिका एलच्या बंडखोर सैन्याचा
पराभव केला आणि मोठ्या दिमाखात अदिस अबाबात प्रवेश केला. ती लष्करी
संचलनं विल्फ्रेड आणि त्याच्या भावंडांनी बघितली होती. ही लढाई सगाटेच्या
पठारावर अदिस अबाबाच्या उत्तरेस सुमारे १०० कि.मी. वर लढली गेली होती.
ती इथिओपियाच्या इतिहासातली महत्त्वाची घटना मानली जाते.

'द लाइफ ऑफ माय चॉइस' ह्या आत्मचरित्रात विल्फ्रेडनी ह्या संचलनाचं
आणि त्यांच्या कोवळ्या मनावर ह्या संचलनाचा जो परिणाम झाला, त्याचं सुरेख
वर्णन केलं आहे. हे आत्मचरित्र त्यांनी सम्राट हेले सिलासींना आणि इथिओपियाला
अर्पण केलं आहे. इथिओपियन सैन्य सम्राज्ञी झॉदितुसमोरून कसं चाललं होतं
आणि सहा वर्षांच्या विल्फ्रेडला ती सैनिकांची रांग कधीच न संपणारी आहे, असं

वाटत होतं, हे वाचताना आपल्या पुढंही ते दृश्य उभं राहतं. थेसिजर लिहितात, 'युद्धनौबती झडत होत्या. ढोल वाजत होते, ५ फूट लांबीच्या तुताऱ्या अखंड निनादत होत्या. सैनिकांच्या रांगांच्या वरती त्या त्या तुकड्यांचे ध्वज फडफडत होते. ह्या पूर्वी त्या दोन छोट्या इंग्रज मुलांनी लष्करी संचलन कधी बघितलेलंच नव्हतं. आजसुद्धा सुमारे ७० वर्षांनी मला त्या संचलनाचे सर्व बारकावे लक्षात आहेत. त्या ढोल वाजविणाऱ्यांच्या टोप्यांवरील भरतकामात ओवलेल्या कवड्या माझ्या स्मरणात अजून चमकतात. दौडत जाणारा एक घोडेस्वार मध्येच पडला, ते आठवून आजही माझ्या काळजाचा ठोका चुकतो. नुकतंच मिसरूड फुटलेला, वयानं आमच्यापेक्षा थोडा मोठा असा एक पोरगा अभिमानानं छाती ताठ ठेवून चालला होता. त्यानं शत्रूच्या दोन जवानांना ठार मारलं होतं. हे सगळं दृश्य ते दोघं थेसिजर बंधू एकमेकांचा हात पकडून अनिमिष नेत्रांनी स्मरणात साठवत होते.'

विल्फ्रेडच्या मते त्या सैनिकांच्या वेगवेगळ्या टोळ्या बघून इथिओपियात वेगवेगळ्या जमाती आहेत, याची त्यांना प्रथम जाणीव झाली. मग अशा टोळ्या, अशा जमातीत जाऊन राहावं, त्यांची संस्कृती जाणून घ्यावी, ही इच्छा त्या वेळी त्यांच्या मनी जागली.

'मी इलियड वाचत होतो. माझ्या बालमनाला त्या योद्ध्यांमध्ये एचीलीस, अॅजॅक्स, युलिसिससारखे योद्धे दिसू लागले.'

त्याच दिवशी थेसिजर कुटुंबीयांची रास तफारीशी कायमची मैत्री जुळली. ह्या लढाईपूर्वी जेव्हा राजनिष्ठ सैन्य हरणार असं सर्वांना खात्रीशीर वाटत होतं, त्या वेळी थेसिजरच्या आईवडिलांनी रास तफारीच्या सर्वांत मोठ्या मुलाला त्यांच्या घरी ठेवून घेतलं होतं. ह्या मुलाचं नाव होतं अस्फा वोसेन. त्याची दाई गळ्यात बांधलेल्या झोळीत झोपवून, अस्फा वोसेनला घेऊन ब्रिटिश राजप्रतिनिधीच्या निवासस्थानी दाखल झाली होती. सैनिक त्यांच्या आवारात पांगले. श्रीमती थेसिजरनी ह्या वेळी एकच अट घातली होती. त्या राजकुमाराला सांभाळण्यासाठी दोनच व्यक्तींना घरात प्रवेश मिळेल.

जर नेगम मिकाईल जिंकला तर आश्रय घ्यायला ब्रिटिशांकडे लोक धाव घेणार हे ओळखून थेसिजरनी त्यांच्या परिसरात ब्रिटिश सैन्याच्या तुकड्यांबरोबर ३०० जणांची सोय करता येईल, अशी व्यवस्था केली होती. अदिस अबाबात अरब आणि भारतीय होते. ते लढाईच्या काळात इथंच राहत होतेच, पण आणखी इथिओपियन व्यक्ती— विशेषत: राजघराण्याशी संबंधित व्यक्ती तिथं येणार, हे गृहीत धरून ही व्यवस्था केलेली होती. शोआन सैन्याचा पराभव झाला, त्यामुळं हवालदिल झालेल्या अदिस अबाबींना ब्रिटिश लष्करीतळ हा एकच एक आसरा डोळ्यांसमोर दिसत होता.

इ.स. १९२४ मध्ये विल्फ्रेड थेसिजर इटनमध्ये शिकत असताना 'इथिओपियाचा नियोजित राजा' म्हणून घोषणा झालेल्या रास तफारीनं इंग्लंडला भेट दिली. त्यानं यावेळी विल्फ्रेड आणि त्याच्या आईला चहापानासाठी बोलावलं होतं. ह्या वेळी प्रथमच विल्फ्रेड रास तफारीशी बोलला. ह्या आधी त्यानं बरेचदा लहानपणी रास तफारीला बघितलं होतं. विल्फ्रेडचे वडील या वेळी हयात नव्हते. त्यांच्या निधनाबद्दल रास तफारीनं दु:ख व्यक्त केलं. 'त्यांनी त्या कठीण काळात मला जी मदत केली ती मी आयुष्यात कधीही विसरू शकणार नाही. १९१६ मधल्या त्या क्रांतिकारी दिवसांत त्यांचा सल्ला मला खूप उपयोगी पडला होता. असे मित्र अगदी क्वचित मिळतात;' असं रास तफारीनं ह्या मायलेकांना सांगितलं. निरोप घेताना विल्फ्रेड म्हणाला, 'मला तुमच्या देशात परत यायची इच्छा आहे.' तेव्हा, 'केव्हाही ये, तुझं स्वागतच असेल,' असं तो भावी सम्राट म्हणाला.

इटनमध्ये विल्फ्रेड अभ्यासात मागं असला तरी खेळात नावाजला गेला. तो शाळेच्या मुष्टियुद्धाच्या संघाचा प्रमुख आधार होताच, पण सर्व खेळाडूंचा नेता म्हणूनही निवडला गेला. ऑक्सफर्डमध्ये गेल्यानंतरही तो मुष्टियुद्ध संघाचा कर्णधार बनला. त्यानं शेवटच्या वर्षी केंब्रिजच्या मुष्टियोद्ध्यांना हरवून ऑक्सफर्डला विजेतेपद मिळवून दिलं. ह्या प्रयत्नात अंतिम सामन्यात त्याच्या नाकाचं हाड वाकडं झालं. दरम्यान त्यानं इतिहास ह्या विषयाचा अभ्यास करून त्या विषयात पदवीही मिळवली. ऑक्सफर्डच्या पहिल्या वर्षाच्या अखेरीस उन्हाळ्यात सुट्टीत काळ्या समुद्राला त्यानं कडेकडेनं प्रदक्षिणा घालून त्याची भटकायची हौस भागवली. इंग्लंडला तो परतला, तेव्हा रास तफारीच्या राज्यारोहणप्रसंगी त्यानं सम्राट हेलेसिलासी म्हणून इथिओपियात त्याचा अंमल सुरू केला. ह्या प्रसंगी उपस्थित राहण्यासाठी जाणाऱ्या ब्रिटिश राजप्रतिनिधी मंडळात विल्फ्रेडचा समावेश असल्याचं पत्रही त्याच टपालानं आलं होतं.

अदिस अबाबाच्या प्रवासात अदिस अबाबापासून काही अंतरावर असताना थेसिजरला दानाकिल (अफार) जमातीचे लोक दिसले. यानंतर काही काळानंतर हेलेसिलासींच्या सांगण्यावरून त्यानं महिनाभर दानाकिल परिसरात वास्तव्य करून तिथल्या परिस्थितीची पाहणी केली. तोपर्यंत त्या भागात कुठलाही परका माणूस एवढा काळ राहून जिवंत परतला नव्हता. इथिओपियाच्या औसा परगण्याची माहिती, थेसिजरमुळं युरोपीय जगाला मिळाली.

ऑक्सफर्डमधून शिक्षण संपवून बाहेर पडल्यावर थेसिजर 'सुदान पोलिटिकल सर्व्हिस'मध्ये अधिकारी म्हणून नोकरीला लागला. त्यांनी ही नोकरी स्वीकारायचं कारण सुदान हा ॲबिसिनियाचा शेजारी देश होता. त्यानंतर तोपर्यंत दानाकिलमधील अवॉश नदीच्या उगमाचा शोध लागलेला नव्हता. त्यासाठी ह्या मोहिमेत अवॉश

नदीच्या उगमापर्यंत पोहोचण्याचा थेसिजरचा प्रयत्न होता. मात्र ह्या वेळी थेसिजरला हा उगम काही सापडला नाही; पण १९३४ मधल्या दुसऱ्या मोहिमेत त्याला यश आलं. त्याचबरोबर अवॉश नदी अभेबाद क्षार सरोवरात जाते, हेही त्यानी दाखवून दिलं. यानंतर दुसऱ्या महायुद्धामुळे थेसिजर सुदान संरक्षक सैन्य तुकडीत 'बिंबाशी' म्हणून दाखल झाले. बिंबाशी म्हणजे सगळ्यात तळाचा कनिष्ठ दर्जाचा अधिकारी.

पूर्व सीमेवर इटालियन सैन्याशी झालेल्या गच्छाबात इथल्या लढाई त्यानी प्रथम हत्याराचा वापर केला. त्यानंतर तो कर्नल डॉन सँडफोर्डच्या डेझर्ट मिशनमध्ये दाखल झाला. ऑबिसिनियन फौजांना आधुनिक हत्यारं पुरवणं आणि ती वापरायला शिकवणं हे या तुकडीचं काम होतं. ह्या काळात त्यांना मेजर ऑर्डे विनगेट यांच्याबरोबर ऑबिसिनियन तरुणांना सैनिकी आणि गनिमी युद्धाचं प्रशिक्षण देण्यात ते सहभागी झाले. त्या वेळी ते खार्टूम इथं होतं. त्या वेळी इटालियनांनी सम्राट हेलेसिलासींना परागंदा व्हायला भाग पाडलं होतं. तेही खार्टूममध्येच होते. त्यांच्याबरोबर जेवताना थेसिजरनी हेलेसिलासी परत इथिओपियाचे सम्राट बनतील आणि त्यासाठी ब्रिटिश त्यांना कायम साहाय्य करतील, असं आश्वासन दिलं.

यानंतर जेव्हा विनगेटच्या सैन्यानं अदिस अबाबाच्या दिशेनं कूच केलं, तेव्हा थेसिजर ह्या मोहिमेत अग्रभागी होते. ५ मे १९४१ ह्या दिवशी सम्राट हेले सिलासींचं अदिस अबाबात पुनरागमन झालं. दक्षिणेतून इटलीच्या फौजा हटल्या, तरी उत्तरेत शोआ जमातीच्या प्रदेशात इटलीच्या सैन्यानं मजबूत पकड कायम ठेवली होती. थेसिजरना ह्या इटलीच्या फौजांविरुद्ध कारवाई करण्यासाठी पाठविण्यात आलं. त्याच्याबरोबर देशभक्त इथिओपियन सैनिकांच्या दोन तुकड्या होत्या. इटलीचं सैन्य ब्लू नाईल कडेनं उत्तरेकडे सरकत होतं. ह्या सैन्याविरुद्ध लढताना तोफेच्या गोळ्याचा तुकडा लागून थेसिजरच्या गुडघ्याला जखम झाली. तरीही न डगमगता त्यानं युद्ध चालू ठेवलं. अत्यंत कमी सैनिकांसह लढणाऱ्या थेसिजरपुढं इटलीचे २५०० सैनिक शरण आले. त्यांना नि:शस्त्र करून कैद करताना थेसिजरनी त्याच्याजवळच्या सैन्याचा अभाव यशस्वीरीत्या दडवून ठेवला होता. ह्या धाडसी उद्योगामुळं त्यांना डीएसओ (डिस्टिंग्विशड सर्व्हिस ऑर्डर) हा बहुमान मिळाला.

विल्फ्रेड थेसिजरनी 'स्पेशल एअर सर्व्हिस' ह्या अग्रणी कमांडो पथकात कर्नल डेव्हिड स्टर्लिंगच्या हाताखाली, जर्मन आफ्रिका कोअरला त्रास देणाऱ्या अनेक कामगिऱ्यांमध्ये भाग घेतला. १९४३ मध्ये आफ्रिका कोअरचा पराभव झाल्यानंतर सम्राट हेलेसिलासींच्या विनंतीनुसार थेसिजर अदिस अबाबात परतले. सम्राटांचा मुलगा वोलो प्रांतांचा कारभार पाहात होता, त्याला सल्लागाराची गरज होती. ती कामगिरी आता थेसिजरवर सोपविण्यात आली होती. ह्या सल्लागारपदावर काम करत असताना संयुक्त राष्ट्रसंघाच्या काही अधिकाऱ्यांशी थेसिजरची योगायोगानेच

गाठ पडली. टोळधाडी आणि टोळांची वसतिस्थानं यांचा अभ्यास करायची कामं थेसिजरवर या भेटीनंतर सोपविण्यात आली. पुढे अशी कामगिरी करणारी एक नवी संघटना अन्न आणि शेती संघटना (फूड अँड ॲग्रिकल्चरल ऑर्गनायझेशन) संयुक्त राष्ट्र संघटनेनं निर्माण केली, ती अशा वेगवेगळ्या भागातल्या लोकांच्या कामांच्या एकत्रीकरणातून अस्तित्वात आली.

ह्या कामगिरीमुळं थेसिजर १९४५ ते १९४९ पर्यंत सौदी अरेबियाच्या द्वीपकल्पातील 'एम्प्टी क्वार्टर' म्हणून प्रसिद्ध असलेल्या पृथ्वीवरच्या सर्वांत घातक वाळवंटात भटकले. ह्या संधीचं त्यानी सोनं केलं, असंच ह्याबाबत म्हणावं लागतं. ह्या निर्मनुष्य भूभागातून आरपार प्रवास करणाऱ्यांमध्ये रिचर्ड बर्टन, लॉरेन्स ऑफ अरेबिया यांसारख्या मोठमोठ्यांचा समावेश होत असला, तरी थेसिजरनी ह्या भूभागाचा कसून अभ्यास केला. त्यांनी ह्या भागातल्या 'जिवा' ह्या ओॲसिसचं नकाशावरचं स्थान निश्चित केलंच, पण 'उम्म अस साम' ह्या वाळूच्या भोवऱ्याचा किंवा रेवणाचा (क्विकसँड) विस्तृत नकाशा तयार केला आणि एम्प्टी क्वार्टरच्या नकाशातही ही स्थानं निश्चित केली. स्थानिक बेदूंमध्ये ते मिसळून गेले. त्यांच्या काफिल्यातून प्रवास करत हे वाळवंट त्यानी दोनदा ओलांडलं. दूधरामैत ते अबूधाबी ही त्याची मोहीम ह्या वाळवंटातील अखेरची मोठी आणि महत्त्वाकांक्षी मोहीम मानली जाते. एकोणीस आणि विसाव्या शतकातील ज्या भूभटक्यांनी ह्या वाळवंटात मोहिमा काढल्या, त्यातली थेसिजर मोहीम महत्त्वाची मानली जाते. ह्याचं कारण त्या वाळवंटात ते दीर्घ काळ राहिले हे नसून, ते बेदूंपैकी एक म्हणून राहिला आणि बेदूंच्या नजरेतून त्यानी हे वाळवंट बघितलं, हे आहे. ह्यामुळे त्या वाळवंटाचं स्वरूप समजण्यास त्याला मदत झालीच; पण त्या महावाळवंटाचे विविध बारकावे थेसिजर टिपू शकला. त्याच्या ग्रंथांमधून त्यानी वाळवंट अशा तऱ्हेने अक्षरबद्ध केल्यामुळं ते ग्रंथ गाजले.

'द मार्श अरब्ज' (१९६४) डेझर्ट, मार्श अँड माउंटेन (१९७९), व्हिजन्स ऑफ अ नोमॅड (१९८७) ही चित्रमय वाळवंट कहाणी आणि आत्मचरित्र 'द लाइफ ऑफ माय चॉइस (१९८७), पण त्यानंतरच्या पुस्तकांपेक्षाही त्याचा सर्वाधिक महत्त्वाचा मानवशास्त्रीय ग्रंथ म्हणजे १९५९ साली लिहिलेला 'लाइफ ऑफ अ बेदू' आणि 'द मार्श अरब्ज' हे दोन्ही ग्रंथ आता महत्त्वाचे ठरले आहेत; ह्याचं कारण पेट्रोडॉलरमुळं बेदू संपन्न बनले आणि पारंपरिक आयुष्य सोडून बरेच बेदू अमेरिकन आयुष्य जगू लागले; तर सद्दाम हुसेननी युफ्रेटीस आणि टायग्रिस नद्यांचे प्रवाह धरणांच्या साहाय्यानं रोखून, वळवून आणि नंतर कत्तल करून मार्श अरबांचा जवळ जवळ निर्वंश केला.

१९६० नंतर थेसिजर पुन्हा आफ्रिकेत गेले. १९६६ आणि ह्या दोन वर्षांचा

अपवाद वगळता त्यांनी केनिया, युगांडा आणि सुदान यांच्या सीमारेषा जिथं मिळतात; त्या भागाचा तेथील सरोवरांचा आणि खचदरीचा अभ्यास केला. लेक रुडॉल्फ (आता तुरकाना सरोवर) भागातील तुर्काना आणि सामूर अदिवासींमध्ये ते रमले. १९६६-६७ मध्ये त्यांनी येमेनच्या लढ्यात राजाच्या बाजूनं भाग घेतला. हे सोडलं तर ह्या दशकात त्याने आफ्रिकेच्या उपरोक्त भूभागात चार मोहिमा काढल्या. १९४८ मध्ये त्याला रॉयल जिऑग्रफिकल सोसायटीने एम्प्टी क्वार्टरमधील कामगिरीसाठी 'फाउंडर्स मेडल' बहाल केलं. १९५५ मध्ये रॉयल सेंट्रल एशिया सोसायटीनं त्याला 'लॉरेन्स ऑफ अरेबिया मेडल' दिलं तर रॉयल एशियाटिक सोसायटीनं १९६६ मध्ये त्याला 'द बर्टन मेमोरियल मेडल' दिलं. १९६४ मध्ये त्यांच्या ग्रंथरचनेबद्दल त्यांना हाईनमन पुरस्कार देण्यात आला. त्याचबरोबर रॉयल सोसायटी ऑफ लिटरेचर सदस्यत्व आणि लीस्टर विद्यापीठाची मानद डॉक्टरेटही त्याला मिळाली. 'कमांडर ऑफ ब्रिटिश एम्पायर' आणि 'नाइट ऑफ द ब्रिटिश एम्पायर' हे शाही बहुमान त्यांना १९६८ आणि १९९५ मध्ये मिळाले. असा हा भटक्या अखेरीस २४ ऑगस्ट २००३ रोजी स्थिरावला. त्यांनी बेंदूबद्दल लिहिलं होतं. तो अगदी साधा राहतो. आयुष्यातील अगदी आवश्यक अशा थोड्या सुविधा मिळाल्या की त्याचं समाधान होतं. 'इतरांना ज्या गोष्टी अत्यावश्यक वाटतात, त्या बघून ते भुवया उंचावतात;' हे बेंदूंचं वर्णन थेसिजरच्या जीवनालाही अचूक लागू पडतं.

◆

रूपर्ट शेल्ड्रेक

रूपर्ट शेल्ड्रेकचं 'न्यू सायन्स ऑफ लाइफ' नावाचं पुस्तक मी १९९५ च्या सुमारास वाचलं होतं. अशी बरीच पुस्तकं बाजारात येतात. त्यात एखादा नवा सिद्धान्त असतो. उदा. 'सीक्रेट लाईफ ऑफ प्लँट्स' नावाचं एक पुस्तक होतं. त्यानं फार खळबळ माजवली होती. वनस्पतींना भावना असतात, सज्जन माणसांच्या सान्निध्यात त्या तरारतात; तर खुनी माणसाच्या किंवा दुष्ट विचारांच्या माणसांच्या सान्निध्यात त्यांची पानं कोमेजतात, असं त्यात म्हटलं होतं. लेखकांनी केलेले प्रयोग ते सिद्ध करत होते. हे पुस्तक वाचून मी फार प्रभावित झालो. तरीही मनात शंकेची पाल चुकचुकत होती. दरम्यान स्केप्टिकल एनक्वायरर नावाच्या मासिकाचा अंक हाती पडला. त्यात लेखकाचा खोटेपणा सिद्ध करण्यात आला होताच, पण आम्ही फसवणूक केली, असा लेखकांचा खुलासाही छापला होता. तेव्हा मनात विचार आला, की विश्वास तरी कुणावर ठेवायचा? आजही 'सीक्रेट लाईफ ऑफ प्लँट' बाजारात उपलब्ध आहे. खपतंय. प्रकाशक त्याच्या आवृत्त्या काढून पैसे मिळवत आहेत. लेखकांना मानधन पोहोचवत आहेत. ते संशोधन खोटं आहे, याबद्दल ह्या पुस्तकावर, आत किंवा मलपृष्ठावर एकही ओळ छापलेली नाही.

रूपर्ट शेल्ड्रेकबद्दल आणि त्याच्या 'न्यू सायन्स ऑफ लाइफ' बद्दल हे असंच काहीतरी असणार, असं माझं मत झालं होतं. तसं बघायला गेलं तर रूपर्ट शेल्ड्रेक हे एक वादग्रस्त व्यक्तिमत्त्व आहे. सध्या शेल्ड्रेक टेलीपथी – दूरसंवेदन ह्या विषयावर संशोधन करीत आहेत. टेलिपथीला मराठीत 'विचार संक्रमण' असंही म्हटलं जातं. दूरसंवेदन हा शब्द रिमोट सेन्सिंग ह्या शास्त्रासाठी वापरला जातो म्हणून आणि तो आता रूढही झाला आहे. म्हणून आपणही टेलिपथीला विचार संक्रमण असंच म्हणूया. शेल्ड्रेकच्या सजीवांबद्दल संकल्पनेचा विचार संक्रमण हा एक उपविभाग आहे. त्याचा मुख्य सिद्धान्त म्हणजे कुठल्याही सजीवांची वर्तणूक आणि त्याचं ठराविक रूप हे त्या सजीवाच्या रूपक्षेत्रांवर आधारित असते. अणूपासून

झेब्र्रापर्यंत किंवा मराठीत सांगायचं तर अंगापासून ज्ञानापर्यंत (अ ते ज्ञ) सर्व बाबी हृया रूपक्षेत्रावर अवलंबून निर्माण होत असतात. हृयाला शेल्ड्रेक 'रूप समतानता' म्हणून संबोधतो.

पाच-दहा लाख अंध वाळवींचा समूह ३ ते ३।। मीटर उंचीचं वारूळ उभारतो. हृयात वातानुकूलनासाठी बोगदे असतात, हृयाचं कारण रूप समतानता. गाजर पेरलं तर पूर्वीच्या गाजराप्रमाणेच नवं गाजर तयार होणार, हृयाचं कारण रूप समतानता. हृयापुढं जाऊन शेल्ड्रेक म्हणतो की, 'एखादं कोडं सोडवायचं असेल तर ते संध्याकाळी सोडवलं तर लवकर सुटतं. हृयाचं कारण सकाळपासून अनेक जणांनी ते सोडवायचा प्रयत्न केलेला असतो. बऱ्याच जणांना ते सुटलेलं असतं. त्यामुळं त्यांच्याशी असलेल्या मानसिक समतानतेमुळं आपण हे कोडं झटपट सोडवू शकतो.' हृया शेल्ड्रेकच्या विधानास बऱ्याच शास्त्रज्ञांचा विरोध आहे.

शेल्ड्रेकच्या मते, एखादा माणूस घरी यायला निघाला की घरात कोंडलेल्या किंवा घरात मोकळ्या सोडलेल्या कुत्र्याला ती जाणीव होते. हृयाला शेल्ड्रेक सामाजिक रूप समतानता असं म्हणतो. त्याच्या मते, तिथं ही समतानता ताणलेली असते, पण ती तुटलेली नसते. अशाच समतानतेमुळे किंवा भावातीत समतानतेमुळं कबुतरं त्यांचं घर शोधून काढू शकतात. माणसानं मात्र ही शक्ती पूर्णपणे गमावली नसली, तरी तिचा उपयोग टाळल्यामुळे ही समतानता माणसांच्या बाबतीत सुप्तावस्थेत गेली आहे. विशेषत: वेगवेगळ्या प्रसारमाध्यमांमुळे, संदेशवहनांच्या साधनांमुळे हृया शक्तीचा लोप होऊ लागला आहे. जे शब्देविण संवादे पूर्वी शक्य होतं, ते आता शक्य सृष्टीत क्वचितच उतरताना दिसतं. हृयाचं कारण माणसाला जीवनसंघर्षात आता पर्यायी साधनं उपलब्ध झालेली आहेत. मात्र प्राण्यांना हृया प्रकारच्या शक्तीची, मानवाच्या दृष्टीनं अतिंद्रिय शक्तीची अजूनही गरज वाटते. त्यामुळे त्यांच्या हृया सामर्थ्याचा ऱ्हास झालेला नाही.

शेल्ड्रेकच्या हृया विचारांना शास्त्रीय विचारसरणीचं काटेकोर पालन करणाऱ्या मंडळींचा पाठिंबा नसला, तरी जनसामान्यांचा भरघोस पाठिंबा आहे. शेल्ड्रेकचं नवं पुस्तक हे इ.स. २००० मध्ये प्रसिद्ध झालं. ते प्रचंड खपलं असून त्याला सतत मागणी आहे. हृया पुस्तकाचं नाव मालगाडीसारखं लांबलचक आहे– 'डॉग्ज दॅट नो व्हेन देअर ओनर्स आर कमिंग होम अँड अदर अनएक्स्प्लेन्ड पॉवर्स ऑफ ॲनिमल्स.' त्या पुस्तकाच्या पुठ्ठा बांधणीची १ लक्ष प्रतींची पहिली आवृत्ती हातोहात खपली. एकट्या अमेरिकेतच हृया आवृत्तीच्या ७५ हजार प्रती खपल्या होत्या. त्यानंतर दर वर्षादीड वर्षाला हृया पुस्तकाची 'पेपरबॅक' आवृत्ती निघते आहेच.

शेल्ड्रेकवर लोक विश्वास का ठेवतात, तर त्याची शास्त्रज्ञ म्हणून कीर्ती आणि त्याची शैक्षणिक पार्श्वभूमी हृया कुणावरही प्रभाव पाडाव्या अशा आहेत. शेल्ड्रेकनं

त्याच्या संशोधन कार्याची सुरुवात रॉयल अॅकॅडमीचा फेलो म्हणून केली. मग केंब्रिज विद्यापीठातील क्लेअर महाविद्यालयाच्या जीवरसायन आणि पेशीविज्ञान विभागाचा तो संचालक बनला. त्यानंतर फ्रँक नॉक्स शिष्यवृत्ती मिळाल्यानं तो हार्वर्ड विद्यापीठात संशोधन करायला गेला. मात्र नंतर त्यानं त्याचा नवा सिद्धान्त मांडला आणि त्याबद्दल वाद सुरू झाले, तेव्हा त्यानं सर्व विद्यापीठांशी व शिक्षणसंस्थांशी असलेला संबंध तोडून टाकला. आता तर बरेच नामवंत शास्त्रज्ञ त्याच्याशी बोलणंच टाळतात आणि वैज्ञानिक समुदायातून त्याला वाळीत टाकण्यात आलेलं आहे.

लंडन विद्यापीठाचे जीवनशास्त्र आणि वैद्यकीय जीवनशास्त्राचे प्राध्यापक ल्युईस वॉलपोर्ट यांच्या मते 'रूप समतानता हा शुद्ध खुळेपणा आहे. बकवास करण्याची कमाल असं ह्या प्रकाराला म्हणावं लागेल. जीवनशास्त्रात– विशेषत: मेंदूविषयक संशोधन करणाऱ्यांचा मी हा अपमान समजतो.' जगद्विख्यात साप्ताहिक 'नेचर' च्या एका संपादकीयात तत्कालीन संपादक जॉन मॅडॉक्स यांनी 'न्यू सायन्स ऑफ लाईफ' ह्या पुस्तकाबद्दल, 'जाळायला हवं, असं ज्याबद्दल वाटतं, असं पुस्तक बऱ्याच वर्षांनी बघायला मिळालं,' असं लिहिलं होतं.

अशा तऱ्हेने मानहानीनंतरही शेल्ड्रेकनं त्याचे विचार बदललेले नाहीत. जनसामान्यांनी नव्याच्या हौसेखातर त्यांची पुस्तकं वाचली, तरी जीवशास्त्राच्या जाणकारांनी त्यांना अजिबात स्पर्श केला नाहीच; पण चुकून ज्यांनी ही पुस्तकं वाचली, त्यांनी ह्या पुस्तकांचं वर्णन 'केवळ कचरा' (शीअर जंक) असंच केलंय. 'शेल्ड्रेक अतिशय नम्र आणि स्वभावानं शांत असून, ते अगदी सावकाश कुठल्याही अभिनिवेशाविना त्यांचे मुद्दे मांडतात.' असं शेल्ड्रेकचे विरोधक म्हणतात. असा निरुपद्रवी वाटणारा हा माणूस त्याच्या सिद्धान्ताबद्दल ठाम असून १९८० पासून तो ह्या नव्या विचारानं पछाडला गेलेला आहे. ह्या विचारांच्या प्रसाराला त्यानं आयुष्य वाहून घेतलेलं असून अनेक चाहते शेल्ड्रेकपंथी बनले आहेत, ह्याचं कारण शेल्ड्रेकचे अथक परिश्रम!

'विज्ञानशाखांमध्ये ज्या प्रश्नांची अजून उत्तरं हाती आलेली नाहीत, अशा प्रश्नांवर काम करण्यात खरी मजा आहे; पण माझे बरेच वैज्ञानिक सहकारी ह्याचा बरोबर विरुद्ध भूमिका घेतात आणि चाकोरीबद्ध मार्गानं जाणं पसंत करतात. त्यांच्या मते जे प्रमुख न सुटलेले प्रश्न आहेत त्यांचं अस्तित्व नाकारलं की काम झालं. ह्या त्यांच्या मताचं कारण विज्ञानाला न सुटलेले प्रश्न अस्तित्वात आहेत असं मान्य करणं म्हणजे आधुनिक विज्ञान अपूर्ण आहे असं मान्य करणं.

ह्या रूप समतानता क्षेत्राची कल्पना शेल्ड्रेकची स्वनिर्मित कल्पना मात्र नाही. १९२० नंतरच्या दशकात हॅन्स स्पीमान, अलेक्झांडर गुरविश्च आणि पॉल वाईझ

ह्यांनी एक प्रकारचं क्षेत्र वाढणाऱ्या सजीवाच्या रूपाचं नियंत्रण करतं, असा विचार स्वतंत्रपणे मांडला होता. गुरविश्श हा अळंब्यांच्या वाढण्याच्या पद्धतीनं चक्रावला होता. ह्या बुरशीचे धागे मातीत वेगवेगळे पसरले असताना ते एकत्र येऊन एक भुईछत्र कसं तयार करत असतात, हे कोडं त्याला पडलं होतं. ह्यासंबंधी विचार करून त्यानं त्याच्या पद्धतीनं ह्या प्रश्नाला एक उत्तर मिळवलं. तो विचार असा– 'कुठल्याही गर्भाचं– त्याचा भावी आकार जिथं येतो ते क्षेत्र प्रत्यक्ष गर्भाच्या आकारापेक्षा विस्तारानं मोठं असतं.' शेल्ड्रेकनं ह्या विचारात रूप समतानतेची भर घातली. सुरुवातीच्या बऱ्याच जीवशास्त्रज्ञांना 'रूपदायी क्षेत्र' हेच गर्भाला आकार देतं, असं वाटत असे. अशा क्षेत्रामुळे प्रत्येक वनस्पतीला किंवा प्राण्याला त्याचं त्याचं बाह्यरूप प्राप्त होत असतं, असा त्यांचा ठाम विश्वास असे.

शेल्ड्रेकनं ह्या कल्पनांमध्ये अर्थातच स्वत:च्या विचारांची भर घातली. त्याच्या मते; भूतकाळ, वर्तमानकाळ व भविष्यकाळ व्यापून प्रत्येक क्षेत्र अवकाशातही पसरतं. ह्या रूप समतानतेमुळं कुठल्याही सजीवात असलेला दृश्य आणि स्वाभाविक गुणधर्म, हे वारसा हक्कानं पुढच्या पिढीत जातात. त्यांना 'लामर्किझम' किंवा 'लामार्कवाद' असं म्हणण्यात येतं.

जाँ बापीस्ते द मोनेत द लामार्क ह्यानं ही कल्पना इ.स. १८०९ मध्ये प्रथम मांडली. पुढं ही कल्पना विज्ञानानं फेटाळून लावली; आणि त्याऐवजी स्वैर जननिक उत्परिवर्तनं (रँडम जेनेटिक म्युटेशन) घडून उत्क्रांती पुढं पुढं जाते, ही कल्पना स्वीकारली. शेल्ड्रेकनं ह्या सर्वमान्य सिद्धान्ताला नाकारून, पारंपरिक उत्क्रांतीसंबंधीचे विचार दूर सारून कालबाह्य ठरलेल्या लामार्किझमचा स्वीकार केला. इ.स. १९८८ मध्ये शेल्ड्रेकनं लिहिलेल्या 'द प्रेझेन्स ऑफ द पास्ट' ह्या पुस्तकामध्ये ह्या जन्मात मात्यापित्यांनी मिळवलेले गुणधर्म लगेच पुढच्या पिढीत कसे दृग्गोचर होतात, ह्या संबंधींच्या पुराव्यांची माहिती दिली आहे. ही उदाहरणं शेल्ड्रेकनं प्रसिद्ध झालेल्या शोधनिबंधांमधून घेतलेली आहेत. त्याची काही उदाहरणं आपण पाहू या.

आयव्हान पाव्हलोव्ह हा रशियन शास्त्रज्ञ त्याच्या कुत्र्याच्या प्रयोगाबद्दल प्रसिद्ध आहे. प्रयोग सर्वांना ठाऊकच आहे. त्यानं एक कुत्र्याला जेवण घालताना दर वेळेस एक घंटा वाजवली. असं बरेच दिवस तो करित असे. जेवण आणि घंटा वाजणं याचं साहचर्य त्या कुत्र्याच्या स्मरणात पक्कं बसलं. पुढं पाव्हलोव्हनं घंटा वाजवली की समोर अन्न येणार ह्या कल्पनेनं कुत्र्याची लाळ गळू लागत असे.

ह्याच पाव्हलोव्हनं आणखी एक प्रयोग केला होता. तो शेल्ड्रेकनं त्याच्या पुस्तकामध्ये उद्धृत केला आहे.

पाव्हलोव्हनं तसे अनेक प्रयोग केले, पण शेल्ड्रेक म्हणतो तो प्रयोग पाव्हलोव्हनं इ.स. १९२३ मध्ये केला होता. त्यानं काही उंदरांना विजेची घंटा वाजली की

जेवायला पळत जायची सवय लावली. हा पळत जायचा मार्ग थोडा गुंतागुंतीचा होता. साधारपणे ३०० वेळा ह्या मार्गानं गेल्यानंतर ते उंदीर कुठंही न अडखळता जेवणापर्यंत पोहोचू लागले. ह्याच उंदरांची पुढची पिढी १०० प्रयत्नांनंतर हा मार्ग बिनअडखळता पार पाडू लागली. त्या पुढच्या पिढीला ३० प्रयत्नांमध्येच हा मार्ग पाठ झाला. त्या पुढच्या पिढीला १० प्रयत्नांनंतर हा मार्ग ओलांडता येऊ लागला. ह्या उंदरांशी कसलाही संबंध नसलेले उंदीर जेव्हा ह्या प्रयोगात वापरले गेले, तेव्हा त्यांना पुन्हा ३०० च्या जवळपास प्रयत्नांनी हा मार्ग अडथळ्यांना न अडता पार करता येऊ लागला. 'ह्याचा अर्थ काय लावायचा हे मला कळत नाही' असं पाव्हलोव्हनं लिहून ठेवलंय. शेल्ड्रेकला मात्र पाव्हलोव्हसारखा प्रश्न पडत नाही. तो म्हणतो, 'पुढच्या प्रत्येक पिढीला रूप संवेदन क्षेत्रांमुळं आधीच्या पिढीत काय घडलं ते कळत होतं. पाव्हलोव्हचा हा प्रयोग रूप समतानतेच्या दृष्टीनं महत्त्वाचा मानावा लागतो.'

पुढंही काही प्रयोगांमधून अशा तऱ्हेने निष्कर्ष शेल्ड्रेकनं काढले आहेत. सी.एच. वॅडिंग्टन ह्या शास्त्रज्ञानं १९७५ मध्ये काही प्रयोग केले. हे वॅडिंग्टन एडिंबरो विद्यापीठात प्राणीप्रजनन आणि आनुवंशिक ह्या विषयाचे प्राध्यापक व विभागप्रमुख होते. त्यांनी फळमाश्यांवर प्रयोग केले. ज्या फळमाश्यांमध्ये खूप उष्णता किंवा इथरच्या वाफांमुळे उत्परिवर्तनं घडून आली, त्या फळमाशांच्या आठव्या पिढीत तशीच उत्परिवर्तनं वॅडिंग्टनना पाहावयास मिळाली. हा शेल्ड्रेकना त्यांचा विचारांचा पुरावा वाटला, तरी त्यांचे टीकाकार हे पुरावे मानायला तयार नाहीत.

विज्ञानात जेव्हा एखादा सिद्धान्त मांडला जातो, त्या वेळी तो सिद्धान्त मांडण्यासाठी केलेले प्रयोग हे दुसऱ्या शास्त्रज्ञांना करून बघायला लावले जातात. दुसऱ्या शास्त्रज्ञांनी त्यांच्या प्रयोगशाळांमध्ये हे प्रयोग केले आणि त्यात त्यांना मिळालेली फलितं पहिल्या प्रयोगांप्रमाणेच असली, तरच त्या सिद्धान्तास शास्त्रीय जग मान्यता देत असतं. शेल्ड्रेक म्हणतो ते प्रयोग दुसऱ्या शास्त्रज्ञांना त्यांच्या प्रयोगशाळेत पुन्हा करताना पूर्वीप्रमाणे निष्कर्ष काढता आलेले नाहीत. ज्यूंमध्ये आणि मुस्लिमांमध्ये गेली काही हजार वर्षं, म्हणजे कित्येक पिढ्या मुलांची सुंता केली जाते. तरीही तितक्या पिढ्यांनंतर जन्मजात सुंता झालेलं एकही मूल जन्माला आलेलं नाही, अशा परिस्थितीत लामार्कवादाचं पुनरुत्थान करण्याचा शेल्ड्रेकचा प्रयत्न यशस्वी ठरणं शक्य नाही.

शेल्ड्रेक म्हणतो की तो लामार्कवादाचं पुनरुत्थान करीत नसून, एक नवा सिद्धान्त मांडायचा प्रयत्न करतो आहे. त्याच्या मते उत्परिवर्तनं ही लगेच पुढच्या पिढीत प्रकट होतीलच असं नाही. तर बरीच उत्परिवर्तनं ही सुप्त असतात. ती

उत्परिवर्तनं त्या सजीवावर लादलेली असतात. त्यामुळं त्यांचा रूप समतानतेत समावेश होऊ शकत नाही. जेव्हा एखाद्या सजीवाला रूपबदल किंवा रूपविकृती फायदेशीर वाटते, त्या वेळी मात्र त्याची रूप समतानता बदलते आणि त्याचं मूळ रूप बदलायला मदत करते.

जीवशास्त्राच्या मुख्य प्रवाहातल्या जीवशास्त्रज्ञांना ही मतं मान्य होणंच शक्य नाही. जिनोम प्रकल्पात अनेक सजीवांच्या जीवनाचं आरेखन स्पष्ट होण्याच्या दिशेनं वाटचाल चालू आहे. वॉल्पर्टच्या मते, कुठलाही प्राणी कसा घडतो, ह्याची जीवरासायनिक सूत्रं स्पष्ट होऊ लागली आहेत. अशा स्थितीत ह्या सिद्धान्ताला कोण विचारणार? एखाद्या सजीवाचा एखादा अवयव नक्की कशामुळं आकारास येतो, हे उघड होत असताना अशा फोल विचारांना विज्ञानात थारा मिळणं शक्य नाही, असं वॉल्पर्ट म्हणतात आणि शेल्ड्रेकच्या विचारांना निरर्थक ठरवतात.

इतर जीवशास्त्रज्ञही वॉल्पर्टच्या मताशी सहमत असून शेल्ड्रेकचे विचार त्यांना कालबाह्य वाटतात. डीएनए रेणूची संरचना लक्षात आली, त्याच क्षणी हे विचार कालबाह्य ठरले असं ह्या जीवशास्त्रज्ञांचं म्हणणं आहे. एखाद्या सजीवाचं रूप स्पष्ट करण्यासाठी जीवरासायनिक संदेशांपलीकडं जाऊन कुठलं तरी अघटित स्पष्टीकरण निर्माण करण्याची खरोखरच गरज नाही, असंच हे शेल्ड्रेकचे टीकाकार म्हणतात. मायकेल क्लिम्कोस्की हे कोलोराडो विद्यापीठामध्ये रेण्विक पेशीविज्ञानाचे प्राध्यापक आहेत. ते म्हणतात, निसर्गानं आनुवंशिकतेची प्रक्रिया सुरळीत चालत राहावी म्हणून काही नियम बनवले आहेत. हे नियम, ही प्रक्रिया सुनियंत्रित आणि सुविहितपणे पार पाडत असतात. अशा परिस्थितीत कुठला तरी अतिजैविक, रहस्यमय आणि ज्याचं सहज स्पष्टीकरण मिळू शकत नाही असा सिद्धान्त मिळेल, हे अशास्त्रीय ठरेल. कुठली तरी वेगळीच प्रेरणा जीवनाला मार्गदर्शन करते, असं म्हणणंही योग्य ठरणार नाही. जैविक संदेशवहनांच्या पलीकडे जाऊन कुठलीतरी अज्ञात शक्ती आनुवंशिकता नियंत्रित करते असं म्हणणाऱ्यांना ते काय बोलताहेत तेच कळत नाही. जर पेशी पातळीवर जाऊन विचार केला, तर एखादा सजीवाला त्याचं रूप कसं प्राप्त होतं हे कोडं उलगडण्यास वेळ लागत नाही.' अशा तऱ्हेनं जीवशास्त्रज्ञ शेल्ड्रेकच्या विचारांना मोडीत काढतात.

जरी शेल्ड्रेकच्या विचारांना निरर्थक आणि फोल म्हटलं गेलं, तरीही काही जीवशास्त्रज्ञांच्या मते अशा तऱ्हेचे वाद त्या-त्या विज्ञानशाखेच्या प्रगतीच्या दृष्टीनं आवश्यक असतात. त्यामुळे ह्या शास्त्रांमधील न सुटलेल्या कोड्यांकडे शास्त्रज्ञांचं लक्ष वेधलं जातंच, पण विज्ञानाला आलेली मरगळही झटकली जाते. शेल्ड्रेकचे वडील हे वेगवेगळ्या औषधी वनस्पती गोळा करून त्यांच्यापासून औषधी तयार करीत. त्यांच्याबरोबर शेल्ड्रेक रानावनात हिंडत असे. इंग्लंडच्या मिडलँड्स भागात

न्यूआर्क ऑन स्ट्रेंट नावाच्या बाजारपेठी नगरात तेव्हा शेल्ड्रेक कुटुंब राहात होतं. ह्या घरात रानावनात भटकताना रूपर्टनं गोळा केलेल्या ससे, बेडूक, कासव, कीटक आणि इतर प्राण्यांच्या संग्रहामुळं उरलेल्या जागेत माणसं राहत असत. त्याचे वडील नॉटिंगटॅम विद्यापीठात त्या परिसरातल्या औषधी वनस्पती व त्यांचे औषधी उपयोग ह्यावर व्याख्यान देत असत. त्यांनी रूपर्टला निसर्ग अनुभवायला शिकवलंच, पण 'तू गोळा केलेल्या प्राण्यांचं निरीक्षण कर आणि त्यातून त्या प्राण्यांची माहिती मिळव' असा बहुमोल सल्ला दिला. तेव्हाच त्यानं जीवशास्त्रज्ञ बनायचा निर्णय घेतला. रूपर्ट शेल्ड्रेक जीवरसायन शास्त्रज्ञ बनण्यासाठी प्रयोगशाळेत दाखल झाल्यावर त्याच्या लक्षात आलं, की ज्या प्राण्यांवर आपण प्रेम करीत होतो आणि त्यामुळे आपण ह्या विषयाचा अभ्यास करायला आलो, तिथं पहिली पायरी म्हणजे त्या प्राण्यांची हत्या. कुठलाही प्राणी किंवा वनस्पती हाती घ्यायची, ती मारायची, कापायची, तिचा भुगा करायचा. हे काहीतरी चुकतंय, अशा भावनेनं रूपर्टला ग्रासलं. एखाद्या प्राण्याचा साकल्यानं अभ्यास करण्याची सुरुवात त्याच्या सर्वांत बारीक कणापासून करायची हे चूक आहे. अशा तऱ्हेनं तो प्राणी कळू शकतो, असं अजिबात सिद्ध झालेलं नाही, तर केवळ पूर्वसुरींनी ह्या पद्धतीनं अभ्यास केला म्हणून पुढची पिढीही तशाच प्रकारे अभ्यास करते, ह्याला अर्थ नाही; असं रूपर्ट ह्या अभ्यासपद्धतीबद्दल म्हणतो.

असं असलं तरी एका विद्यार्थ्यासाठी एकदम अभ्यासक्रम बदलला जात नाही. प्रत्येक वर्षी बहुतेक सर्व विद्यार्थी अभ्यासक्रमाच्या नावानं खडे फोडत असतातच; तरी ही पदवी मिळवल्याशिवाय आपल्याला कुणी विचारणार नाही ह्याची खात्री असल्यामुळं तोच अभ्यासक्रम पूर्ण करून पदवी मिळवतात. रूपर्ट ह्याला अपवाद नव्हता. रूपर्टनं पदवी आणि संशोधन ह्यासाठी केंब्रिजमध्ये सात वर्षं वनस्पतींच्या रूपांचा अभ्यास केला. ऑक्झीन नावाचं एक संप्रेरक वनस्पतींच्या द्रववाहिकांच्या प्रणालीतील विविध वाहिन्यांमध्ये फरक घडवते. त्याचं कार्य रिचर्डनं अभ्यासासाठी निवडलं. ऑक्झीनचं कार्य काय हे लक्षात आलं, पण ऑक्झीनच्या निर्मितीवर आणि वाटपावर कोण नियंत्रण ठेवतं, ह्या विचारानं रूपर्टला पछाडलं, त्या प्रश्नाच्या सोडवणुकीचं उत्तर मिळताच शेल्ड्रेक चक्रावून गेला. ऑक्झीनचं नियंत्रण ही द्रववाहिका प्रणाली करते आणि द्रववाहिकांचं नियंत्रण ऑक्झीन करतं, असा हा वर्तुळाकृती घोळ होता. ह्यामुळं शेल्ड्रेकचं समाधान झालं नव्हतं. ह्यातून वनस्पतींमध्ये द्रववाहिकांच्या निर्मितीचं, त्यांच्या रूप नियंत्रणाचं किंवा ऑक्झीननिर्मितीचं कोडं सुटणं शक्य नव्हतं. ह्यामुळं वैतागून शेल्ड्रेकनं केंब्रिज विद्यापीठाला रामराम ठोकला. आता इक्रिसॅट ह्या आंतरराष्ट्रीय कृषिसंशोधन संस्थेत दाखल झाला. ह्या संस्थेचं संशोधन हैद्राबादजवळ चालतं, त्यामुळं शेल्ड्रेक भारतात आला. इथं

शेल्ड्रेक कडधान्यांच्या सुधारित जाती निर्माण करण्याचं संशोधन करू लागला. हैद्राबादमध्ये असताना शेल्ड्रेकची बेडे ग्रिफिथ्सशी भेट झाली. हा बेनेडिक्टाईन पंथाचा महंत इथल्या खिश्चन आश्रमात राहून धर्मप्रसाराचं काम करीत होता. 'द न्यू सायन्स ऑफ लाइफ' शेल्ड्रेकनं त्याला अर्पण केलं आहे.

सुमारे वीस वर्षं नास्तिक असलेल्या रूपर्टला, इथं खिश्चन धर्मानं आकृष्ट केलं. आता शेल्ड्रेक देवाच्या करणीवर विश्वास ठेवतो. भारतातच त्याला जिल पर्स नावाची कर्णबधिरांची शिक्षिका भेटली. पुढं त्यांनी लग्न केलं. त्यांना दोन मुलं आहेत. शेल्ड्रेकला पुस्तकांचं पुरेसं मानधन मिळतं. तो धार्मिक पुस्तकंही लिहितो. हे सगळं जरी असलं तरी, शेल्ड्रेक शास्त्रज्ञांना त्याचे विचार पटवून देण्यात अयशस्वी ठरलाय. ह्याचं कारण त्याच्या समतानता क्षेत्राचं अस्तित्व तो अजून सिद्ध करू शकलेला नाहीच, पण जनुक संशोधन आणि नव्या जननिक संशोधनामधून ज्या गोष्टी उघड झाल्या आहेत, त्याचा आणि शेल्ड्रेकच्या विचारांचा ताळमेळ घालणं शक्य नाही.

शेल्ड्रेकच्या मते पुंजभौतिकीच्या सिद्धान्ताच्या साहाय्यानं त्याचे विचार सिद्ध करणं शक्य आहे. पुंज भौतिकीतील काही सिद्धान्ताचे पुरावे ते सिद्धान्त मांडले गेल्यानंतर तीस-चाळीस वर्षांनी मिळाले. तसेच शेल्ड्रेकच्या समतानता क्षेत्राचे पुरावे आज ना उद्या मिळतीलच, असा त्याला विश्वास वाटतो; पण जोपर्यंत असे ठाम पुरावे मिळत नाहीत तो पर्यंत रूपर्ट शेल्ड्रेकचं संशोधन वादग्रस्तच असणार आहे.

◆

एतोर माजोराना

बन्याच रहस्यकथांमधून आणि चित्रपटांतून एखादा शास्त्रज्ञ अचानक गायब झाल्याचं आढळतं. त्यानंतर त्या शास्त्रज्ञाला शोधायचे प्रयत्न सुरू होतात. प्रत्यक्षात असं क्वचित घडतं. पण, जेव्हा घडतं तेव्हा ते रहस्य बहुधा रहस्यच राहतं. त्याचा उलगडा होत नाही आणि पटेलसे पुरावे देऊन त्या शास्त्रज्ञाचं काय झालं, याचे स्पष्टीकरणही मिळत नाही. एतोर माजोराना हा शास्त्रज्ञ हरविला. ते रहस्य अजूनही नीटसं उलगडलेलं नाही. सन १९३८ च्या मार्चमध्ये एतोर माजोराना नाहीसा झाला. लोक ती घटना चटकन विसरून गेले. याचं कारण नंतर काही काळानं दुसरं महायुद्ध सुरू झालं, हेही होतंच; पण माजोराना यांच्या संशोधनाचं महत्त्व त्या काळात जगापुढं आलं नव्हतं आणि त्यांच्या नावाचा त्यापूर्वी कधी गाजावाजाही झाला नव्हता.

सन १९७५ मध्ये इटालियन लेखक लिओनार्डो स्कियास्किया यानं माजोरानाच्या नाहीसं होण्यावर 'द माजोराना केस' नावाची एक कादंबरी लिहिली. तिचं वर्णन स्वत: लिओनार्डोनंच तत्त्वचिंतनात्मक, रहस्यमय कादंबरी असं केलं होतं. याआधीच्या लिओनार्डोच्या सर्व कादंबन्या त्याची मायभूमी सिसिलियन नैतिकतेवर आधारलेल्या होत्या. लिओनार्डोला माजोरानाच्या रहस्यमयरीत्या नाहीसे होण्याची हकिगत १९७२ मध्ये समजली. सन १९७२ इटलीच्या नॅशनल रिसर्च कौन्सिलनं इरास्मो रेकामी यांना माजोरानाचं सर्व संशोधन एकत्रित करून व्यवस्थित लावायला सांगितलं होतं. सन १९३३ मध्ये माजोरानाला या संस्थेनं जर्मनीत संशोधनातील नव्या पद्धती माहिती करून घेण्यासाठी पाठविलं होतं. इरास्मो रेकामी हे कॅटानिया विद्यापीठात सैद्धान्तिक वास्तवशास्त्राचे प्राध्यापक आणि नावाजलेले शास्त्रज्ञ होते. माजोरानाची सर्व कागदपत्रं तपासताना रेकामींना काही नवी माहिती उपलब्ध झाली. ती त्यांनी स्कियास्कियाला सांगितली. त्यावरून भूतकाळ उकरण्याचा प्रयत्न करणाऱ्या माजोरानाला इटली सोडून पळून जावंसं का वाटलं आणि तो रहस्यमयरीत्या का नाहीसा झाला, यावर प्रकाश टाकता येईल, असं वाटू लागलं. माजोरानाला

अणुशक्तीचं महत्त्व लक्षात आलं होतं. आपल्या संशोधनातून अण्वस्त्र निर्माण झालं, तर मुसोलिनीचं फॅसिस्ट सरकार एक जागतिक शक्ती बनेल, हे त्याला दिसत असावं. त्याला ते नको होतं. म्हणून माजोरानाने पळ काढला, असं सूत्र धरून लिओनार्डोने 'द माजोराना केस' ही कादंबरी लिहिली.

या कादंबरीने इटलीमध्ये जबरदस्त खळबळ माजली. 'तीत दम नाही,' असं म्हणणाराही एक पक्ष होता. त्याचे नेतृत्व एदुआर्दो अमाल्दींकडे होते. या अमाल्दींनी माजोरानानंतर एक वर्षाने फर्मींच्या मार्गदर्शनाखाली प्रबंध पूर्ण करून पीएच.डी. मिळविली होती. अमाल्दींच्या मते १९४० पर्यंत कोणत्याही शास्त्रज्ञाला आण्विक संशोधनातून काय उत्पन्न होईल, याची कल्पना नव्हती. रेकामींच्या मते, माजोराना हा प्रज्ञावंत शास्त्रज्ञ होता. त्यामुळे त्याला आण्विक संशोधनातून काय निर्माण होईल, हे लक्षात आल्याची शक्यता नाकारता येत नाही. प्रत्यक्षात माजोराना कसा नाहीसा झाला, कोठे गेला, याची कोणालाच कल्पना नसली, तरी जे उपलब्ध पुरावे आहेत, ते थोडक्यात पुढे दिले आहेत.

नेपल्सहून पालेर्मोला जाणाऱ्या जहाजात २५ मार्च १९३८ या दिवशी ३१ वर्षांचा इटालियन वास्तवशास्त्रज्ञ एतोर माजोराना पालेर्मोला जाण्यासाठी चढला. हे टपालवाहतूक करणारं जहाज नेपल्सहून रात्री निघून पहाटे पालेर्मोला पोहोचत असे. या जहाजात पाऊल ठेवण्यापूर्वी एतोर माजोरानानं दोन पत्रं लिहिली होती. यातलं एक हॉटेल बोलोन्यामधील त्याच्या खोलीत ठेवलेलं होतं. ते त्याच्या कुटुंबीयांसाठी होतं. त्यात एक विचित्र वाटावी अशी विनंती होती– 'माझ्या शोकप्रदर्शनार्थ तुम्ही काळे कपडे घालू नका. तुम्हाला इतर सामाजिक प्रथा पाळायच्या असतील तर पाळा. तीन दिवस पाळा; पण काळे कपडे वापरू नका. तीन दिवसच दुखवटा पाळल्यानंतर तुमच्या मनात माझे स्थान असू देत; पण त्याचं लोकांसाठी प्रदर्शन करू नका. शक्य असेल तर मला क्षमा करा.' हे पत्र माजोरानाची आत्महत्या करण्यापूर्वीची निरोपाची चिठ्ठी समजण्यात येते.

दुसरं त्यानं पोस्टाने पाठविलं होतं. या पत्रामुळे माजोरानाने आत्महत्या करायचा निर्णय घेतला असावा, हा निष्कर्ष पक्का व्हायला मदत होते. हे पत्र नेपल्स विद्यापीठाच्या वास्तवशास्त्र विभागाच्या तत्कालीन अंतोनिओ कॉरेली यांना उद्देशून लिहिलेलं होतं. जानेवारी १९३८ पासून या विभागात माजोराना व्याख्याता म्हणून काम करीत होता. 'मी एक निर्णय घेतलाय. तो टाळता येण्यासारखा नाही. त्यात स्वार्थाचा अंशसुद्धा नाही. मला माझा मोठेपणा सांगायचा नाही; पण माझ्या नाहीसे होण्यामुळे तुमची आणि विद्यार्थ्यांची गैरसोय होणार आहे, याची मला कल्पना आहे. त्यामुळे तुम्ही आणि विद्यार्थी मला माफ कराल, अशी मला आशा वाटते. तुम्ही माझ्यावर विश्वास ठेवलात, मला मित्राप्रमाणे वागविले आणि माझ्या कार्यक्षमतेचा

आदर केलात त्याबद्दल कसे आभार मानावे, ते कळत नाही.'

कॉरेलींना हे पत्र मिळण्यापूर्वी त्यांना एक संदेश तारेने मिळाला. ती तारही माजोरानानेच पाठविली होती. ती पालेर्मोहून करण्यात आली होती. तीत नेपल्सहून पाठविलेल्या पत्राकडे दुर्लक्ष करा, असं लिहिलं होतं. त्यानंतर पालेर्मोहून पाठविलेलेच आणखी एक पत्र कॉरेलींना मिळाले. त्याच्यावर २६ तारीख होती. त्यात लिहिलं होतं, 'सागरानं माझा स्वीकार करायला नकार दिला. मी उद्याच हॉटेल बोलोन्यामध्ये परतत आहे. असं असलं तरी आता शिक्षक म्हणून काम करायचं नाही, असं मी ठरविलं आहे. मी भेटल्यावर बाकी सर्व गोष्टी स्पष्ट करीन.'

याचा अर्थ, माजोरानाचा आत्महत्येचा प्रयत्न फसला, असा दिसला, तरी यानंतर माजोरानाचं काय झालं, हे कळायला मात्र काहीच मार्ग नाही. त्याच्या कुटुंबीयांशी किंवा सहकाऱ्यांशी यानंतर त्यानं परत कधीच संपर्क साधला नाही.

ज्यांनी माजोरानाबरोबर काम केलं होतं, त्या सहकाऱ्यांच्या मते एतोर हा असामान्य प्रतिभावान शास्त्रज्ञ होता. एन्रिको फर्मी हे माजोरानाचे संशोधन मार्गदर्शक व प्रयोगशाळेतील सहकारी माजोरानाची तुलना गॅलिलिओ गॅलिली व आयझॅक न्यूटनशी करीत असत. पाच ऑगस्ट १९०६ रोजी एतोरचा जन्म झाला. वयाच्या चौथ्या वर्षींच तो कागद, लेखणी न वापरता केवळ डोक्याने गणिती कूटप्रश्न सोडवीत होता. त्यांच्या या जन्मजात देणगीनं मोठमोठ्या गणितींना चक्रावून सोडलं होतं. सुरुवातीचं त्याचं शिक्षण घरीच झालं. सतराव्या वर्षी त्यानं रोम विद्यापीठाच्या अभियांत्रिकी विभागात प्रवेश मिळविला. इथे त्याच्याबरोबर त्याच्या मोठ्या भावानेही प्रवेश मिळविला होता. याच वेळी इमिलिओ सेग्रेनेही या विभागात प्रवेश मिळविला. त्याच्यामुळे एतोरने अभियांत्रिकी शाखा सोडून पुढे वास्तवशास्त्र विभागात प्रवेश मिळविला. सन १९२८ मध्ये तो सैद्धान्तिक वास्तवशास्त्र विभागात एन्रिको फर्मींच्या हाताखाली काम करू लागला. सन १९२९ मध्ये त्याला डॉक्टरेट मिळाली. त्यानंतरही तो फर्मींबरोबर आण्विक वास्तवशास्त्रात काम करीत होता.

सन १९२८ ते ३७ च्या दरम्यान त्याचे नऊ शोधनिबंध प्रसिद्ध झाले. याचं कारण तो अतिशय काळजीपूर्वक लिहायचा. खूप वेळा ते दुरुस्त करीत राहायचा. त्याचे हे नऊ शोधनिबंध आजही महत्त्वाचे मानले जातात. त्यातून माजोरानाच्या बुद्धिमत्तेबरोबरच बारकाव्यांकडे लक्ष देण्याची वृत्ती, काटेकोरपणा आणि प्रत्येक बाब तपासून बिनचूक मांडण्याची काळजी घेण्याचा कठोरपणा, सोप्या भाषेत अलंकारिक भाषा टाळून विषय स्पष्ट करणं हे गुण स्पष्ट होतात. त्याच्या काटेकोरपणामुळं आणि क्षुल्लक चुकासुद्धा खपवून घ्यायच्या नाहीत, या स्वभावामुळं माजोरानाला त्याचे सहकारी व सहाध्यायी 'द ग्रँड इन्क्विझिटर' असे म्हणत. पण, इथे एक गोष्ट लक्षात ठेवायला हवी, ती म्हणजे तो स्वतःच्या चुकाही कधी माफ करीत नसे.

यामुळेच त्याच्या नावावर फक्त नऊच शोधनिबंध आहेत. फर्मींच्या आग्रहाखातर माजोराना १९३३ मध्ये जर्मनीमध्ये लीपझीगला गेला. इथे तो वेर्नर हायसेनबर्गना भेटला. या नोबेल पारितोषिकविजेत्याशीही त्याची मैत्री जमली. हायसेनबर्ग मात्र माजोरानाच्या स्वभावास मानवण्यासारखे नव्हते.

सन १९३३ च्या हिवाळ्यात माजोराना रोमला परतला. जर्मनीत त्याचं पोट बिघडलं होतंच; पण मानसिक ताणामुळं त्याची प्रकृती बरीच खालावली होती. रोममध्ये परतल्यावर त्याच्या खाण्यावर बरेच निर्बंध घालण्यात आले होते. यामुळे असेल किंवा मानसिक तणावामुळे असेल, तो पूर्णपणे माणूसघाणा बनलाच; पण घरातही इतरांशी नीट वागेनासा झाला. पूर्वी त्याचं आईशिवाय चालत नसे; पण आता तो आईलाही टाळू लागला. हळूहळू त्याने फर्मींच्या विभागात जाणंही कमी केलं. तो स्वतःला घरातच कोंडून घेऊ लागला. त्याने शोधनिबंध लिहिणंही बंद केलं.

सन १९३७ मध्ये तो परत माणसात आला. या वर्षी त्यानं अखेरचा शोधनिबंध प्रसिद्धीसाठी पाठविला. त्याच सुमारास त्यानं प्राध्यापकपदासाठीही अर्ज केला. नोव्हेंबरमध्ये त्याला नेपल्स विद्यापीठात प्राध्यापकपद देण्यात आले. आता माजोराना सैद्धान्तिक वास्तवशास्त्रात नवनवे शोध लावण्याची शक्यता बोलून दाखविली जाऊ लागली. पण, माजोरानासारख्या अतिहुशार व्यक्तींना सामान्य विद्यार्थ्यांना – भले ते पदव्युत्तर शिक्षण घेत असोत – शिकविणं जमतंच असं नाही. तेच माजोरानाच्या बाबतीत घडलं. त्याच्या व्याख्यानांना अत्यंत अत्यल्प प्रतिसाद मिळू लागला. बहुतेक विद्यार्थ्यांना हा महान प्राध्यापक काय शिकवतोय हे कळत नसे. आपला प्राध्यापक भावी नोबेल पुरस्कार विजेता असण्याची शक्यता जरी त्यांच्या कानावर गेलेली होती, तरी तास-दोन तास त्याचं अनाकलनीय बोलणं ऐकत वर्गात बसणं त्यांना झेपत नव्हतं. बावीस जानेवारी १९३८ रोजी त्यानं त्याच्या भावाला पत्र लिहून रोममधील त्याच्या बँक खात्यातील सर्व पैसे नेपल्सच्या खात्यात पाठवायला सांगितले. नोकरीला लागल्यापासून त्यानं पगारच घेतला नव्हता. त्याने विद्यापीठाला तो सर्व पगार देण्याची विनंती केली. हे पैसे व पासपोर्ट घेऊन माजोराना २५ मार्च रोजी जहाजात बसला आणि त्यानंतर कोणालाच दिसला नव्हता.

माजोराना नाहीसा झाल्यावर पोलीस चौकशी सुरू झाली. ते अपरिहार्यच होतं. त्यात काही धागेदोरेही हाती लागले होते. मात्र, त्यांचा मागोवा घ्यायचा प्रयत्न केल्यानंतर त्यातून काहीच निष्पन्न झालेलं नव्हतं. सव्वीस मार्च रोजी माजोरानाने तार व दुसरे पत्र पाठविलं होतं. त्याच दिवशी माजोराना पालेर्मोहून नेपल्सला जाणाऱ्या परतीच्या जहाजात बसला होता. जहाज कंपनीच्या सूत्रांनुसार त्याच्या नावावर काढलेलं तिकीट त्यानं द्वाररक्षकाकडे दिलेलं होतं. त्याअर्थी तो नेपल्समध्ये परतला होता. पण, त्या तिकिटाचा तो पुरावा सादर करायला सांगितलं, तेव्हा मात्र

ते तिकीट सापडत नाही, असं उत्तर जहाज कंपनीने दिलं होतं. माजोरानाच्या केबिनमध्ये जो प्रवासी होता त्याने, 'माझ्याबरोबरचा प्रवासी माजोरानाच होता, हे मी खात्रीलायकरीत्या सांगू शकत नाही,' असा जबाब दिला. माजोरानाला चांगलं ओळखणाऱ्या एका नर्सने २६ तारखेनंतर त्याला नेपल्समध्ये बघितल्याचं सांगितलं. पण, तिला नक्की तारीख आठवत नव्हती. तेव्हा माजोरानाच्या कुटुंबीयांनी एतोरच्या फोटोसहित हरविल्याच्या शोधामध्ये जाहिरातही छापली होती. ती वाचल्यावर गेसुन्युओव्हो या मठाच्या अधिपतीने माजोरानाच्या कुटुंबीयांशी संपर्क साधला. मार्चच्या अखेरीस किंवा एप्रिलच्या सुरुवातीस या छायाचित्रातील व्यक्ती मठात आश्रय मागायला, निदान काही दिवसांसाठी तरी राहू द्या, अशी विनंती करण्यासाठी भेटून गेल्याचं त्यानं सांगितलं. या मठाधिपतीने त्या माणसाला विचार करून सांगतो, असं उत्तर दिल्यावर तो निघून गेला व पुन्हा त्या मठाकडे परतला नव्हता.

बारा एप्रिल रोजी माजोरानासारखा दिसणारा एक तरुण साल पास्काल डी पोर्तीची या मठात गेला होता. तिथे त्यानं प्रवेशासाठी अर्ज केला होता; पण त्याची विनंती नाकारण्यात आल्यावर तो निघून गेला होता. या घटनांवरून स्कियास्कियाने त्याच्या कादंबरीत काही निष्कर्ष काढले होते. हे निष्कर्ष अर्थातच माजोरानाच्या अदृश्य होण्यानंतर ४० वर्षांनी काढलेले होते. आपल्या संशोधनाचा दुरुपयोग होण्याची शक्यता माजोरानाच्या लक्षात आली होती. त्याच्या स्वभावानं शोधनिबंध प्रसिद्ध करण्याच्या स्पर्धेत तो मागे पडला होता. त्याच्या विद्यार्थ्यांना तो शिक्षक या नात्यानं न्याय देऊ शकत नव्हता. त्यामुळे माजोरानाने कोणत्या तरी मठात धर्मचिंतनात आणि अध्यात्मात बुडून मानसिक शांतता मिळवावी, असे ठरविलं होतं. जेथे आपल्याला कोणी ओळखणार नाही, अशा ठिकाणी देवदेव करीत उरलेलं आयुष्य पार पाडावं, असा त्याचा बेत होता. त्याचं पुढं काय झालं?

दरम्यानच्या काळात युद्धानं जग ढवळून निघालं. त्यामुळे मधली १० वर्ष माजोरानाचा शोध घ्यायचा अर्थातच प्रयत्न झालेला नव्हता. सन १९५० मध्ये चिलीतील पदार्थवैज्ञानिक कार्लोस व्हॅलेरा काही काळ अर्जेंटिनाची राजधानी ब्यूनोस आयर्स येथे राहत होता. तात्पुरतं राहण्यासाठी त्याची सोय एका वृद्ध स्त्रीकडे भाडोत्री पाहुणा म्हणून करण्यात आली होती. एक दिवस व्हॅलेराचे काही कागद टेबलावर तसेच राहिले. तिने कुतूहलाने ते चाळले. त्यांत एका शोधनिबंधावर माजोरानाचं नाव होतं. 'माझा मुलगा माजोराना नावाच्या एका माणसाला ओळखतो,' तिने रिव्हेराला सांगितलं. वास्तवशास्त्राला रामराम ठोकून तो आता अभियंता म्हणून काम करीत होता; पण दरम्यान व्हॅलेराला तातडीने चिलीला परतायचं असल्यानं माजोरानाबाबत त्यानं काहीच तपास केलेला नव्हता. योगायोगाने कार्लोस व्हॅलेरा परत एकदा माजोरानाच्या मागावर पोहोचला. पुन्हा एका परिषदेत भाग

घेण्यासाठी तो ब्यूनोस आयर्सला आला होता. सन १९६० ची ही घटना आहे. तो हॉटेलमध्ये खाण्यासाठी रेस्टॉरंटमध्ये बसला होता. तिथल्या कागदी रुमालावर त्यानं काही गणितं सोडविली. त्या वेळी त्याच्यासाठी खाणं आणणारा वेटर म्हणाला, 'आमच्याकडे आणखी एक माणूस होता, तोही रुमालांवर अशीच गणिती सूत्रं लिहितो. त्याचं नाव एतोर माजोराना. तो युद्धापूर्वी इटलीत मोठा पदार्थवैज्ञानिक होता; पण युद्ध सुरू व्हायच्या आधी काही काळ तो पळून येथे आला.' वेटरला माजोराना कोठे राहतो आणि काय करतो, ते ठाऊक नव्हतं. दरम्यान, ती परिषद संपल्यामुळे रिव्हेराला ब्यूनोस आयर्स सोडणे भाग पडले.

माजोरानाच्या अस्तित्वाच्या हकिगती हळूहळू वास्तवशास्त्रज्ञांच्या गप्पांमधून इटलीपर्यंत पोहोचल्या. सन १९८० च्या आधी काही काळ एतोरची बहीण मारिया माजोराना आणि वास्तवशास्त्राचे प्राध्यापक इरास्को रेकामी यांनी माजोरानाचा मागोवा घ्यायचं ठरविलं. दरम्यान, माजोराना अर्जेंटिनाला पोहोचल्याचा आणखी एक धागा त्यांना मिळाला. ग्वाटेमालातील ख्यातनाम लेखक मिगुएल एंजल अस्तुरिआस याची विधवा पत्नी काही कामासाठी इटलीत आली होती. तिच्या कानावर एतोर माजोरानाच्या शोधासाठी चाललेल्या प्रयत्नांची कहाणी गेली. तिने माजोरानाच्या बहिणीशी संपर्क साधला. सन १९६० नंतरच्या दशकात माजोराना मिसेस अस्तुरिआसना भेटला होता. तो मिसेस अस्तुरिआसच्या बहिणी एलिओनोरा आणि लिनो मांझिनी यांच्याकडे बरेचदा येत असे. एलिओनोरा गणिती होती आणि माजोरानाची तिच्याशी खूप दाट मैत्री जुळलेली होती.

हे ऐकल्यावर माजोरानाच्या कुटुंबीयांच्या आशा पल्लवित झाल्या. आता हे कोडं सुटणार, असं वाटत असतानाच परत एकदा त्यांच्या आशेवर पाणी पडलं. माजोरानाबद्दल आणखी माहिती काढायचा प्रयत्न सुरू होताच मिसेस अस्तुरिआसनी उडवाउडवीची उत्तरं देण्याचा प्रयत्न सुरू केला. त्या माजोरानाबद्दलची त्यांची माहिती ऐकीव असल्याचे सांगू लागल्या. दरम्यान, एलिओनोराचं निधन झालं आणि माहितीचा तो स्रोतही आटला. एन्रिको फर्मीने माजोराना नाहीसा झाला तेव्हाच, 'हा माणूस अतिशय बुद्धिमान होता आणि त्याने नाहीसे व्हायचे ठरविले तर त्याला शोधणे अवघड जाईल,' असे जे उद्गार काढले होते, ते अशा तऱ्हेने खरे ठरले होते.

◆

आरोन आरोनसन

जून १९०६ मध्ये आरोन आरोनसनचं नाव जगप्रसिद्ध बनलं. आरोन हा तसा तगडा तरुण होता. झिक्रॉन या कोव्ह इथं तो शेती करत असे. त्यानं गॅलीलीजवळ रानगव्हाचा शोध लावला होता. गव्हाची रानटी जात शोधायचा कित्येक वर्ष शास्त्रज्ञ प्रयत्न करीत होते. आरोनला त्यात यश आलं होतं. हा काही योगायोग नक्कीच नव्हता.

त्या काळात पॅलेस्टीन हा ओटोमन साम्राज्याचा एक मागास कोपरा होता. तिथं हळूहळू जगभरातून ज्यू स्थायिक होण्यासाठी येत होते. आरोनसन कुटुंब रुमानियातून तिथं आलं होतं. झिक्रॉन याकोव्ह ही वसाहत स्थापना करायला जी मंडळी एकत्र आली, त्यात आरोनचे आई-वडील होते. आरोन या वसाहतीतच वाढला. चौथीपर्यंत शिकला. बॅरन एडमंड द रॉथशील्ड या फ्रेंच ज्यू उदार गृहस्थांनं दिलेल्या देणगीतून ज्यू मुलांसाठी अशा शाळा जागोजागी नव्या वस्त्यांमधून चालवल्या जात असत. तिथे मुलांना अक्षरओळख व प्राथमिक शिक्षण मिळत असे. पुढे आरोन ग्रिग्नॉन इथल्या शेतकी महाविद्यालयात शिकण्यासाठी फ्रान्समध्ये गेला. तिथं त्यानं दोन वर्ष, वाळवंटी शेतीविषयक प्रशिक्षण घेतलं होतं, त्याचं औपचारिक शिक्षण हे एवढंच होतं. पण तो प्रज्ञावंत असल्यामुळं वयाची तिशी गाठेपर्यंत वनस्पतिशास्त्र, भूशास्त्र आणि शेतीविज्ञान या तीन क्षेत्रांत स्वकर्तृत्वानं त्यानं शास्त्रज्ञ म्हणून नाव कमावलं होतं.

ज्या मागास प्रदेशात आरोन वाढला, ते त्याच्या बुद्धिमत्तेच्या दृष्टीनं एक वरदानच ठरलं होतं. तो कुठल्याही वैज्ञानिक प्रश्नाकडे स्वच्छ, पूर्वग्रहविरहित नजरेनं पाहू शकत असे. एखादी नवी कल्पना डोक्यात आली, की इतर जणं काय म्हणतील याचा विचार करत न बसता, तो त्या कल्पनेचा पाठपुरावा करीत असे. प्रस्थापित शास्त्रज्ञ करण्यास बिचकतील असे प्रयोगही करीत असे.

लहानपणापासून तो त्याच्या मातृभूमीतील वेगवेगळ्या भागात फिरून भूप्रदेशांचं अवलोकन करण्यासाठी भटकत असे. जिथं जायचा तिथले दगड गोळा करत असे,

मातीचे व वनस्पतींचे नमुने घेत असे, किती पाऊस त्या भागात पडतो याची नोंद करत असे. निसर्गाचं कोडं त्याला भूल पाडत होतं. शेतीच्या वेगवेगळ्या पद्धती पाहून त्यात काही सुधारणा करणं शक्य आहे का, त्याचाही तो विचार करीत असे. त्याच्या डोक्यात सतत एकच एक विचार घोळत असे. पॅलेस्टीनच्या मरुभूमीचं नंदनवन कसं करता येईल. यासाठी तो हिब्रू, ग्रीक व लॅटिन यांमधल्या नव्या-जुन्या ग्रंथांतील, या भागातल्या शेतीबद्दलआणि निसर्गाबद्दलचे सर्व उल्लेख गोळा करीत असे. मध्यपूर्वेतून नाहीशा झालेल्या प्राचीन जमातींचं ज्ञान आधुनिक काळात नक्कीच उपयुक्त ठरेल, याबद्दल त्याला खात्री वाटत होती. पॅलेस्टीनमधली भूमी सुपीक होती, पण तिच्याकडे दुर्लक्ष झाल्यामुळे ती उजाड बनली, याबद्दल आरोनला हळूहळू खात्री वाटू लागली.

या भूमीची मशागत कशी करावी, याचं तंत्र ठाऊक असलेले लोक इथून नाहीसे झाल्यामुळं ती भूमी दुर्लक्षित बनली होती, असंही आरोनचं हे लिखाण वाचून मत बनलं होतं.

इ. स. १९०२ मध्ये त्यानं बर्लिनमध्ये जाऊन प्रा. ओट्टो वॉरबुर्ग यांची भेट घेतली होती. तिथं वॉरबुर्ग यांच्या परिचितांशी त्याचा स्नेह जुळून आला. या मंडळीत बरेच वनस्पतिशास्त्रज्ञ आणि भूमिशास्त्रज्ञही होतेच. याच वेळी आफ्रिकन निसर्ग संपत्तीचा अभ्यास करणारे संशोधक नुकतेच इजिप्तहून बर्लिनला परतले होते. त्या अभ्यासकांचं नेतृत्व प्रा. श्वाईनफुर्थ यांच्याकडे होतं. बार्ली, ओट आणि राय या तृणधान्यांचं मूळ स्वरूप दर्शविणाऱ्या रानजाती विज्ञानास ठाऊक होत्या. पण गव्हाच्या रानजातीचा अजून पत्ता लागलेला नव्हता. बार्ली, ओट आणि राय ही तृणधान्यं आणि त्यांच्या मूळ जाती यांच्यामध्ये फारसा फरक नव्हता, त्यामुळं रानजाती शोधणं हे काम तसं सोपं ठरलं होतं. मात्र गव्हाच्या शेतीची परंपरा दीर्घ होती. माणसानं गव्हाच्या अनेक जाती निर्माण केल्या होत्या. त्यामुळं गव्हाची मूळ रानजाती सापडणं अवघड होऊन बसलं होतं. मुख्य म्हणजे मानवानं नव्यानं निर्माण केलेल्या जातीत गहू रोगप्रतिकारक शक्ती हरवून बसला होताच, पण विशिष्ट परिस्थितीतच त्याचं पीक घेणं शक्य होत होतं.

गव्हाची जर मूळ रानजात सापडली असती, तर आदिमानवानं गहू वापरला होता का, प्रागैतिहासिक काळात कुठल्या काळी आणि कुठल्या ठिकाणी गव्हाच्या लागवडीची सुरुवात झाली होती, सुरुवातीला हे तृण कसं होतं, मानवी ढवळाढवळीमुळं त्यात किती फरक पडला होता, अशा अनेक प्रश्नांची उत्तरं गव्हाची रानजात सापडल्यामुळे मिळू शकणार होती. आरोननं जेव्हा प्रथम रानगव्हाच्या शोधाची हकिकत ऐकली, त्या वेळी जगभर लागवड होऊन कोट्यवधी लोकांचं प्रमुख अन्न असलेल्या या तृणधान्याच्या जन्मभूमीचाही शास्त्रज्ञांना पत्ता नव्हता. भारत, चीन

किंवा इजिप्त या प्राचीन संस्कृतीमध्ये गव्हाची पहिली लागवड झाली असेल; हा समज खोटा ठरत चाललला होता. गव्हासंबंधीचे एक तज्ज्ञ, प्रा. कॉर्निके यांच्या मते गहू मध्यपूर्वेत जन्मला होता, पण त्याबद्दल त्यांना हवा तसा खात्रीशीर पुरावा उपलब्ध नव्हता.

पॅलेस्टीनमध्ये अत्यल्प प्रमाणात शेती होत असे. सर्व भूभाग तसा पडीकच होता. रानझुडपं आणि रानगवतानं झाकलेल्या त्या भूभागात आरोननं रानगव्हाचा शोध घ्यावा, असं आरोनला सुचविण्यात आलं होतं. पॅलेस्टीनच्या भूमीत इतर तृणधान्यांच्या रानटी आदिजाती सापडल्या होत्याच. ओट, राय आणि बार्ली या तीन तृणधान्यांबरोबर जर त्या भागात रानगहूही सापडला, तर त्याच भागात पहिली मानवी शेतीही सुरू झाली आणि मानवी संस्कृतीची सुरुवातही तिथंच झाली, असं म्हणता येणं शक्य होतं. याचं कारण, आदिमानवाच्या खाण्यात ही धान्यं येऊ लागल्यानंतर त्यानं शेती सुरू केली. शेती सुरू केल्यामुळं त्याचं भटकं जीवन हळूहळू संपुष्टात आलं. अशा तऱ्हेनं तो स्थिरावला आणि मग हळूहळू मानवी संस्कृतीची सुरुवात झाली. आपले हातातले उद्योग सांभाळत तीन उन्हाळे आरोननं असा शोध चालवला होता. गवताला बी आलं की ते तपासायचं हा त्याचा उद्योग होता. बारीक दाणे असलेलं गवत आदिमानवानं नक्कीच वापरलं नसतं. जे दाणे कुटून त्यांचं पीठ करता येईल, मुख्य म्हणजे जे बी सहज गोळा करता येईल, असंच बी आदिमानवानं सुरुवातीच्या काळात वापरलं असणार. मग त्याची लागवड सुरू केली असणार. त्यातून आजच्या गव्हाची निर्मिती झाली असणार, हा सगळा कार्यक्रम हजारो वर्षं चालला होता यात शंका नाही. पण आदिमानवाजवळ भरपूर वेळ होता, त्याला घाई नव्हती.

आरोननं आणखीही एक शक्यता लक्षात घेतली. ती म्हणजे, आदिमानवाला जो गहू पहिल्यांदा दिसला, तो आजच्या गव्हासारखाच असू शकेल. अगदी हुबेहूब नसला तरी आजच्या गव्हाच्या जवळपास पोहोचणारा असा गहू कदाचित आदिमानवानं प्रथम बघितला असेल. १८ जून १९०६ या दिवशी अप्पर गॅलीलीच्या पर्वतराजीत आरोनला रानगहू सापडला. एका टेकडीच्या चढावर नैसर्गिक कपारींमध्ये हा गहू अगदी थोड्याशा मातीच्या आधारानं वाढत होता. या गव्हाची कणसं आणि त्यातले दाणे आधुनिक गव्हाच्या कणसांच्या आणि दाण्यांच्या एवढेच मोठे होते. यातले काही दाणे तर लांबीला अमेरिकन गव्हाच्या दुप्पट होते.

माणसानं पीक म्हणून घेतलेला गहू आणि रानगहू यात एक मोठा फरक असतो. रानगव्हाच्या कणसात दाणे सैल असतात आणि ते झटकन जमिनीवर पडतात. वाऱ्याच्या झुळकीनं हे काम साध्य होतं. कणसातल्या दाण्यांची पूर्ण वाढ झाली की त्याच दिवशी कणीस रिकामं होतं. दुसऱ्या दिवशी ते रोपही वाळून जातं.

एकदा असा रानगहू मिळाल्यानंतर आरोननं या भागात सातत्यानं अनेक मोहिमा काढल्या. रानगहू वाढत असलेले आणखी नवे भूभाग त्याला सापडू लागले. या भागात माणसांचा वावर तसा कमीच होता. असे भाग गॅलीलीचा उपसागर आणि जॉर्डन नदीच्या खोऱ्यापर्यंत पसरल्याचं त्याच्या हळूहळू लक्षात आलं. या गव्हाचं वैशिष्ट्य म्हणजे तो सुपीक जमिनीत वाढत नव्हता. इतर वनस्पती वाढणार नाहीत, अशा कठीण परिस्थितीतच तो कायम उगवत होता. शुष्क हवा आणि अत्यल्प माती असलेल्या ठिकाणीच तो वाढायचा. भूमध्य सागराच्यापेक्षाही कमी पातळीवर असलेल्या सागरसपाटीसाठी ५०० फूट (१४० मीटर) असलेल्या जॉर्डन नदीच्या खोऱ्यातही तो वाढत होता, तर माउंट हर्मोनच्या पर्वतराजीत ६३०० फूट (२००० मीटर) उंचीवरही तो उगवत होता. जर हा अतिशय कठीण परिस्थितीत वाढणारा, तरीही कुठल्याही रोगाला बळी न पडणारा, दुष्काळाला दाद न देता दर वर्षी उगवणारा गहू माणसाळवता आला, तर त्याच्या साहाय्यानं गव्हाची एखादी नवी जात निर्माण करता येईल आणि त्यामुळे गव्हाच्या शेतीत क्रांती घडून येईल, असं आरोनला वाटू लागलं. त्यानं या गव्हाचं बियाणं त्याच्या वडिलांच्या झिक्रॉन या कोव्ह इथल्या शेतीमध्ये लावलं. हा एक योगायोग म्हणायला हवा. याचं कारण झिक्रॉनपासून मैल दीड मैल (दीड–दोन कि.मी.) अंतरावर माउंट कार्मेलच्या पश्चिम उत्तरावर काही गुहा आहेत. या गुहांत दहा–बारा हजार वर्षांपूर्वी नातुफिअे नावाची जमात राहत असे. हे नातुफिअन लोक पॅलेस्टीनमधलेच नव्हे, तर जगातले पहिले शेतकरी असण्याची दाट शक्यता मानव शास्त्रज्ञांना वाटते. त्यांनी प्रथम हाच गहू माणसाळवला असण्याची शक्यताही नाकारता येण्यासारखी नव्हतीच.

इ. स. १९०९ मध्ये अमेरिकन शासनाच्या अन्न आणि पिकं विभागानं आरोनला अमेरिकेत यायचं आमंत्रण दिलं. रानगव्हाच्या आधारे सुधारित गव्हाच्या जाती निर्माण करण्याचे जे प्रयोग चालू होते, त्यात आरोननं भाग घ्यावा अशी अमेरिकन शास्त्रज्ञांचीही इच्छा होती. आरोन या मोहिमेत अमेरिकेत सर्वत्र गव्हाच्या लागवडीची पाहणी करत हिंडला, पण त्याला अमेरिकेच्या कमी पावसाच्या भागात खरा रस होता. या भागात जर रानगहू आणला, तर गव्हाच्या नव्या, या भागात उगवतील अशा जाती निर्माण करणं शक्य होईलच; पण त्याचबरोबर पॅलेस्टीनमधल्या इतर अनेक वनस्पतींची या शुष्क भागात लागवड होऊ शकेल, याबद्दल आरोनला खात्री वाटू लागली होती.

अमेरिकन शासनानं 'परदेशी बियाणं आणि वनस्पती' विभागाचा तांत्रिक सल्लागार हे पद आरोनसाठी निर्माण केलं. १९१० मध्ये तो पॅलेस्टीनमध्ये परतला, तेव्हा अमेरिकन शासनानं मध्यपूर्वेत एक प्रायोगिक शेतकी ठाणं उभारण्यासाठी भरपूर अर्थसाहाय्य पुरवलं होतं. या शेतकी प्रयोगशाळेत स्मिथसोनियन संस्थेच्या

देणगीत आलेली पुस्तकं धरून शेतीविषयक २० हजार ग्रंथ होते. आरोनचं हे ठाणं आथलीट इथं मूळ धरू लागलं होतं. पाश्चात्त्य जग या शेती प्रयोगशाळेकडे मोठ्या आशेनं पाहात होतं. इथं शेतीविषयक क्रांती घडते आहे, हे त्यांना मनोमन जाणवत होतं. दरम्यान १९१४ मध्ये पहिलं महायुद्ध सुरू झालं.

आरोननं त्याचे शेतकी प्रयोग बाजूला ठेवले आणि ज्यूंच्या मातृभूमीसाठी चालू असलेल्या झगड्यात तो अध्वर्यू बनला. पॅरिस इथल्या शांतता परिषदेसाठी जाताना १९१९ मध्ये याचं विमान नाहीसं झालं. त्या वेळी तो फक्त ४३ वर्षांचा होता. अलीकडे इ. स. पूर्व. ५००० मधल्या गावांच्या अवशेषात जे गव्हाचे दाणे मिळाले आहेत, त्याचं आरोनच्या गव्हाशी खूप साम्य आहे. त्यामुळं आरोनचं संशोधन योग्य मार्गानंच चाललं होतं, याचे पुरावे त्याच्या मृत्यूनंतर ६० वर्षांनी हाती आले आहेत.

◆

हेन्रिक श्लीमन

सहा जानेवारी १८२२ रोजी मॅक्लेनबर्ग येथे जन्मलेल्या श्लीमनची आई तो लहान असतानाच वारली. त्याचे वडील व्यसनी होते. त्यामुळे श्लीमनला शाळेत पाठवायला त्यांच्याकडे पैसे नसत. १४ व्या वर्षी शाळा सोडून श्लीमन वाण्याच्या दुकानात नोकरी करू लागला. इथे बरीच वर्षे नोकरी करून तो कंटाळला आणि एक दिवस चालत-चालत प्रवासाला निघाला. त्याला अमेरिकेत जायचं होतं. हॅम्बुर्गला पोहोचल्यावर त्याने अंगावरचा ओव्हरकोट विकला. साठवलेल्या पैशात या पैशांची भर घालून त्यानं व्हेनेझुएलाला जाणाऱ्या एका जहाजावर प्रवेश मिळविला; तेव्हा त्याच्याबरोबर स्पॅनिश भाषेच्या व्याकरणाचं पुस्तक होतं. हे जहाज हॉलंडच्या किनाऱ्याजवळ खोल सागरात बुडालं. तो कसाबसा किनाऱ्याला लागला. त्याच्याबरोबर त्याची पत्रांची पेटीही त्याच किनाऱ्यावर आली. ती घेऊन तो ॲम्स्टरडॅमला गेला. तेव्हा त्याने पादत्राणंही घातलेली नव्हती.

इथे त्यानं खूप कष्टाची कामं केली. बी.एच. शखोडर कंपनीचा प्रतिनिधी म्हणून ३ वर्षांनी तो मॉस्कोला पोहोचला, तेव्हा तो स्पॅनिश, डच आणि रशियन या भाषा जर्मन भाषेइतक्याच अस्खलित बोलत होता. त्याला भाषा शिकायचं वेड होतं. मृत्युसमयी तो १८ भाषा बोलू शकत असे. ॲम्स्टरडॅममध्येच तो इंग्रजीही शिकला होता. मग फ्रेंच, पोर्तुगीज आणि इटालियन भाषा त्याने आत्मसात केल्या. कोणतीही भाषा शिकायला त्याला सहा आठवडे पुरत असत. मॉस्कोत असताना अपार कष्ट करून त्यानं भरपूर पैसा मिळवला. तीळ, चहा आणि कापूस यांच्या दलालीत आणि कॅलिफोर्निया गोल्डरशमध्ये त्यानं पैसे मिळवले. १८६० नंतर, म्हणजे अजून चाळिशी लागण्यापूर्वीच तो धंद्यातून निवृत्त झाला. लहानपणापासून श्लीमनचं एक स्वप्न होतं, ते म्हणजे ट्रॉय नगरीचा शोध. १८६३ मध्ये आपले सर्व व्यवसाय–धंदे विकून श्लीमन जगभर हिंडला आणि मग त्यानं त्याचं लक्ष ग्रीसकडे वळविलं.

त्याचं पहिलं लग्न अयशस्वी ठरलं. मग त्यानं दुसरं लग्न करताना होमरच्या

इलियड या महाकाव्याची जाण असलेली पत्नी निवडली. ती श्लीमनच्या सर्व उत्खननात भाग घेऊ लागली. इ. स. १८७० मध्ये श्लीमनने तुर्कस्तानात हिस्सारिक येथे उत्खनन सुरू केलं. तेथे उत्खननात मिळालेल्या वस्तू घेऊन तो ग्रीसमध्ये पळून गेला. मगच त्याने त्याच्या शोधाची माहिती जाहीर केली. मग १८५४ मध्ये त्याने मायसिनी या ग्रीक जागी उत्खनन सुरू केलं. इथेही त्याला यश मिळालं; पण तुर्कस्तानातील त्याची लबाडी ठाऊक असलेल्या ग्रीकांनी त्याच्यावर बारकाईने लक्ष ठेवलं होतं. त्यामुळे या अवशेषातील एकही अवशेष त्याला मिळू शकला नव्हता. १८७८ मध्ये तो ग्लॅडस्टोनच्या वशिल्यामुळे तुर्कस्तानात परतू शकला. या वेळी त्याच्यावर तुर्की पोलिसांचा पहारा होता. यानंतरच्या त्याच्या उत्खननातूनही त्यानं काही सोन्याचे दागिने मिळविले; पण होमरच्या महाकाव्यातील अनेक स्थानांचा त्यानं शोधही लावला. श्लीमनला स्वतःला त्याच्या उत्खननाचे महत्त्व कधीच कळाले नाही. याचं कारण खरं तर तो इतिहासाचा अभ्यासक नव्हता. तो तसं बघायला गेलं, तर अशिक्षित होताच, पण असंस्कृतही होता. त्याच्या ट्रॉयच्या वेडामुळे जे अनेक इतर महत्त्वाचे पुरावे त्याला मिळाले, त्या पुराव्यांकडे त्याचं पूर्ण दुर्लक्ष झालं. त्या पुराव्यांचा अभ्यास करून इतर बऱ्याच विद्वानांना नंतरच्या काळात दिगंत कीर्ती मिळाली; पण श्लीमनमुळे पुरातत्त्वशास्त्राला प्रचंड प्रसिद्धी मिळाली. ट्रॉयच्या हेलनच्या प्रतिमेमुळे श्लीमनने ही प्रसिद्धी मिळवली खरी; पण त्यामुळे त्या काळातल्या युरोपला उत्खननामध्ये रस निर्माण झाला. प्राचीन महाकाव्यं ही नुसतीच कवनं नसून, त्यांत इतिहास दडलेला आहे, हे श्लीमनने जगाला दाखवून दिलं. २६ डिसेंबर १८९० या दिवशी नेपल्स येथे श्लीमनचा मृत्यू झाला. त्या वेळीही तो श्रीमंत होताच; पण तत्पूर्वीच्या ३० वर्षांत त्याने मिळवलेली बरीच संपत्ती त्यानं ट्रॉय हे शहर शोधण्यासाठी खर्च केली होती.

◆

फ्रान्सिस गाल्टन

'खूप दूरच्या अनोळखी आणि निर्जन भूप्रदेशात तुम्ही प्रवास करताय. घरच्या आठवणींनी तुम्हाला उदास झाल्यासारखं वाटतंय. अशा वेळी पाण्यात थोडासा साबणाचा फेस करा, त्यात थोडी बंदुकीची दारू मिसळा आणि एका घोटात हे मिश्रण पिऊन टाका' हा सल्ला फ्रान्सिस गाल्टननं त्याच्या 'द आर्ट ऑफ ट्रॅव्हल' नावाच्या नवे भूप्रदेश पादाक्रांत करताना येणाऱ्या अडचणींवर मात कशी करावी या विषयींच्या प्रकरणात दिला आहे. 'या द्रवानं घसा खवखवेल, पण पोट मात्र नक्की साफ होईल आणि चित्तवृत्ती प्रफुल्लित होतील,' असंही पुढं म्हटलं.

पायांना छाले आले, चपला, बूट चावले; त्यावरही उपाय आहे. पायमोज्यात साबणाचा फेस करा. बुटामध्ये कच्चं अंडं फोडून ओता. पायाला आराम मिळेल. बुटाचं कापड मऊ पडेल आणि प्रवास सुखाचा होईल. उवा, पिसवांवरही अक्सीर इलाज आहे. अर्धा औंस पारा (सुमारे १०० ग्रॅमला थोडा कमी) चहाची वापरलेली पत्ती आणि अंडी यांचं मिश्रण करून त्याच्या गोळ्यांची माळ गळ्यात घाला. गांधीलमाशी, मधमाशी असं काही चावलं तर पाईपमधला तंबाखूचा चुरा खरडून काढा आणि तो चावलेल्या जागी लावा. स्कर्व्हीचा त्रास झाला तर लिंबाचा रस, संत्र्यांची सालंही उपयोगी पडतात. हिरड्यांवर ही चोळली की दात पडत नाहीत.' हे व असे अनेक सल्ले असलेले गाल्टनचं पुस्तक हातोहात खपलं. त्याच्या वर्षभरात पाच आवृत्त्या निघाल्या. प्रवाशांना येणाऱ्या असंख्य संकटांवर त्यात उपाय सांगितलेले होते. शिवाय होडीपासून पडावापर्यंत पाण्यावर तरंगणारी वेगवेगळी प्रवासी जलयानं कशी बांधावी, झोपडी कशी उभारावी, तंबू कसा उभारावा, गळ न वापरता मासे कसे धरावे, स्थानिकांशी कसे वागावे, (हसतमुख राहून बोलणे) पावसात कपडे कोरडे कसे राखावे, (त्यांची घडी करून त्यांच्यावर बसावे), अशीही माहिती होती.

घोडा हा प्राणी प्रवासात फार उपयुक्त असतो. वाऱ्यापासून बचाव करण्यासाठी

त्याचा नेहमीच उपयोग होऊ शकतो. वाऱ्यात घोड्याच्या आडोशाचा फायदा घेऊन पाईपही पेटवता येतो. त्याला नदीत ढकलल्यास तो पोहतोसुद्धा, असा सल्ला जगप्रवाशांना देणाऱ्या गाल्टनला १८५५ मध्ये क्रिमियन युद्धाच्या वेळी ब्रिटिश वॉर ऑफिसने सल्लागार म्हणून नेमले. युद्धातील कठीण परिस्थितीत बारीक- सारीक गोष्टींचा कसा उपयोग होऊ शकतो, हे तो सैनिकांना त्याच्या व्याख्यानातून सांगत असे. मात्र त्याच्या व्याख्यानाला फारसे सैनिक उपस्थित राहत नसत. लष्करी अधिकारी गाल्टनचं वर्णन करताना स्क्रू ढिला असल्याची खूण करीत. असा हा फ्रान्सिस गाल्टन खरं तर विद्वान होता, पण अतिउत्साहामुळे लोकांना तो खुळा वाटत असे. मानवी बोटांच्या ठशात सारखेपणा नसतो. कुणाच्याही दोन व्यक्तींच्या बोटांचे ठसे एकसारखे असत नाहीत, हे त्यानं जगापुढे आणलं. या बोटाच्या ठशाचं वर्गीकरण करायची त्याची पद्धत आजही वापरात आहे. त्याच पद्धतीचा वापर करून गुन्हेगार शोधलेही जात आहेत. त्यानं काही मानसशास्त्रीय चाचण्या निर्माण केल्या. वर्ड असोसिएशन टेस्टबरोबरच आनुवंशिकतेबद्दल त्यात जे विचार मांडले, त्यामुळे त्या शास्त्रशाखेकडे बघण्याचा शास्त्रज्ञांचा दृष्टिकोनच बदलला.

त्याचा जन्म क्वेकर पंथीय घराण्यात झाला. त्यांच्या घराण्यात विज्ञानासंबंधी परंपरागत प्रेम होते. त्याच्या आजोबांनी– सॅम्युएल गाल्टननी बंदुका निर्मितीच्या व्यवसायात भरपूर पैसा कमावलेला होता. त्यामुळे शांतताप्रेमी समजल्या जाणाऱ्या क्वेकर पंथीयांचा त्यांनी रोष ओढवून घेतला होता. या पैशातून बर्मिंगहॅम इथे गाल्टन बँक सुरू करण्यात आली. गाल्टनच्या वडिलांची आई चार्ल्स डार्विनच्या घराण्यातली होती.

१६ फेब्रुवारी १८२२ ला फ्रान्सिस गाल्टनचा जन्म झाला. तो शेंडेफळ होता. त्याच्या आईवडिलांचं हे सातवं अपत्य. त्याच्या अवतीभोवती दूरदर्शी, सूक्ष्मदर्शी यंत्रं, अनेक प्रकारची भिंगं आणि शास्त्रीय उपकरणं असत. १६ व्या वर्षी फ्रान्सिसने डॉक्टर व्हायचं ठरवलं. वैद्यकाचा अभ्यास करताना त्या काळात अस्तित्वात असलेल्या औषधांची यादी त्याच्या हाती पडली. या फार्माको पोअियात ज्या औषधांची वर्णनं होती, त्या सर्व औषधांचे त्यानं स्वतःवर प्रयोग करून पाहायचं ठरवलं. 'ए' या वर्णमालेच्या पहिल्या अक्षरापासून सुरुवात करून तो 'सी' या अक्षरापर्यंत पोहोचला. तोपर्यंत त्या औषधांनी त्याला फारसा त्रास दिलेला नव्हता.

वैद्यकात पदवी मिळवायला आलेल्या गाल्टननं पदवी मिळवली ती गणितात. ट्रिनिटी कॉलेज केंब्रिजची ही पदवी मिळवताना गाल्टननं इतका कसून अभ्यास केला होता की, त्याच्या मते त्यामुळे त्याचा मेंदू मुरगळला गेला होता. आपल्या मेंदूला वारं लागावं, म्हणून त्यानं एक खास हॅट बनवली होती. या हॅटला झडपा बसवलेली छिद्रं होती. त्या झडपा उघडण्या-मिटण्यासाठी हॅटला एक रबरी नळी

जोडण्यात आली होती. या रबरी नळीच्या दुसऱ्या टोकाला एक रबरी चेंडू होता. तो गाल्टनच्या कोटाच्या खिशात असे. मेंदू गरम होतोय असं वाटलं, की गाल्टन तो चेंडू दाबून हॅटच्या झडपा उघडत असे आणि त्याच्या डोक्याला वारं लागेल, अशी व्यवस्था करीत असे.

वडिलांच्या मृत्यूनंतर गाल्टनच्या वाट्याला भरपूर संपत्ती आली. तेव्हा आयुष्य चांगल्या कामाकरिता खर्च करावं, असं त्याने ठरवलं. त्यामुळे कोंदट इंग्लंड सोडून तो सिरिया, इजिप्त आणि सुदानच्या प्रवासाला गेला. व्हिक्टोरिया राणीच्या काळातल्या इतर थोड्या प्रवाशांप्रमाणेच तोही एक महान भूगोल संशोधक होता. कष्टप्रद जीवन आणि हालअपेष्टा त्याच्या खिजगणतीतही नसत. संकटांचंही त्याला वावडं नव्हतं. त्याच्या वागण्यामुळे आफ्रिकन आदिवासींना त्याचा धाक वाटत असे. हॉटेंटॉट जमातीचे काही आदिवासी मिशनऱ्यांना ठार मारतात, असं त्याच्या कानावर आलं. तेव्हा एका धिप्पाड बैलावर बसून गाल्टन त्या आदिवासींच्या वस्तीत शिरला आणि त्या जमातीच्या प्रमुखाच्या गवती झोपडीमध्ये शिरला. त्या बैलाची शिंगं धरलेला हा राक्षस पाहताच तो प्रमुख खूप घाबरला आणि त्यानं कुठल्याही गोऱ्या माणसाला आणि धर्मप्रसारकाला इथून पुढे त्रास देणार नाही, असं कबूल केलं.

ओव्हांबो जमातीच्या एका प्रमुखानं एकदा गाल्टनला त्याच्या त्या गावातल्या मुक्कामापुरती एक तात्पुरती बायको नजर केली. गाल्टननं ही भेट नाकारली. त्याचं कारण त्या तरुणीला लोण्याच्या साहाय्यानं तांबड्या मातीत – रेड ओक – रंगविण्यात आलं होतं, तर गाल्टनचा एकुलता एक सूट स्वच्छ पांढऱ्या रंगाचा होता.

हॉटेंटॉट स्त्रियांचे नितंब फारच मोठे असतात. मानवशास्त्रीय भाषेत या प्रकारास स्टिऑटोपायगी असं म्हटलं जातं. या प्रकाराचा अभ्यास करायची गाल्टनची इच्छा होती, पण त्या स्त्रियांच्या शरीराची मापं जवळ जाऊन घेणं त्याला अडचणीचं वाटत होतं. मिशनरी याबाबत तरी दुभाषाचं काम करायला तयार नव्हता. एक दिवस त्यानं नदीकाठी एका झाडाखाली अशी स्त्री बघितली. तिची भाषा येत नव्हती, तेव्हा आता काय करायचं, हा प्रश्न त्याच्या फिरलेल्या मेंदूनं तात्काळ सोडवला. त्यानं सर्वेक्षणाची यंत्रं बाहेर काढली. सेक्स्टंटचा वापर करून त्या स्त्रीच्या शरीराचे विविध कोन मोजले. मग त्रिकोणमिती वापरून तिची शारीरिक मापं निश्चित केली आणि रॉयल सोसायटीसमोर 'हॉटेंटॉट स्त्रीचे शरीरसौष्ठव' या विषयावर शोधनिबंध सादर केला.

◆

जॉर्ज पर्किन्स मार्श

      जॉर्ज पर्किन्स मार्श हा एक अमेरिकन निसर्गशास्त्रज्ञ होता. त्याला परिस्थितीकीशास्त्राचा आद्य प्रणेता मानण्यात येते. छोट्याछोट्या गोष्टींचा निसर्गावर कसा परिणाम होतो, ह्याबद्दल तो विचार करीत असे. अमेरिकेत रेशमी टोप्यांची फॅशन येताच 'आता अमेरिकेत पाणथळ जागांमध्ये वाढ होईल' असं त्यानं जाहीर केलं, तेव्हा त्याला वेड्यात काढण्यात आलं. रेशमी वस्त्रांमुळे बीव्हरच्या कातड्याची मागणी कमी होऊन त्यांची शिकार कमी झाली. त्यामुळं त्यांची संख्या वाढली. हे प्राणी पाण्याच्या प्रवाहात धरणं बांधतात. त्यामागं पाणी साठतं. त्यानंतर खरोखरच काही वर्षांत जागोजाग 'बीव्हरडॅम' वाढले; पाणथळ जागाही वाढल्या. 'माणूस आणि बरेच प्राणी ह्यांच्या व्यवहाराचा निसर्गावर परिणाम होतो,' असं मार्श म्हणत असे. लिंकननं मार्शला राजदूत म्हणून इटलीत पाठवलं, तेव्हा त्यानं 'मॅन अँड नेचर' हा ग्रंथ लिहिला.

◆

जोसेफ हेन्री

इ. स. १८१३ मध्ये सोळा वर्षांचा एक अर्धशिक्षित मुलगा सशाचा पाठलाग करत चर्चच्या इमारतीखाली गेला. तिथून तो चर्चमध्ये शिरला. तिथं त्याला एक पुस्तक मिळालं. त्यात अनेक प्रयोग सचित्र लिहिले होते. ते वाचून हेन्री प्रभावित झाला. पाद्रीबुवांनी चर्चमध्ये चोरून शिरलेल्या त्या मुलाला ते पुस्तक बक्षीस दिलं. हे प्रयोग नीट कळावेत म्हणून तो उनाड मुलगा आता शाळेत जाऊ लागला. पुढं जोसेफ हेन्री एकोणिसाव्या शतकातील सर्वश्रेष्ठ अमेरिकन शास्त्रज्ञ बनला. हेन्रीनं अमेरिकन यादवी युद्धात प्रथम विद्युतचुंबकीय तारायंत्र वापरून दाखवलं. त्यानं अमेरिकेच्या हवामानखात्याची, तसंच हवामानविषयक अभ्यासाची सुरुवात केली. स्मिथ्सोनियन संस्थेचा तो पहिला संचालक होता. एखाद्या उनाड मुलालासुद्धा विज्ञानात प्रगती करता येते, मात्र त्याला विज्ञानाची गोडी लागायला हवी.

◆

ग्रेगॉर योहान मेंडेल

      ग्रेगॉर योहान मेंडेल हा ऑस्ट्रेलियन संन्यासी फार मोठा शास्त्रज्ञ म्हणून आज जगाला ठाऊक आहे. त्याच्या संशोधनातून आनुवंशशास्त्राची सुरुवात झाली. मात्र तो हयात असताना कायमच दुर्लक्षित राहिला. त्याला महाविद्यालयीन शिक्षक बनायचं होतं, पण त्यासाठी आवश्यक त्या परीक्षेत तो तीन वेळा नापास झाला. त्याला विषयाचा आत्मा समजलेला नाही आणि त्याचा वैचारिक गोंधळ दूर होणं आवश्यक आहे, असं त्याच्या परीक्षकाचं म्हणणं होतं. मेंडेलने वाटाण्यांवर केलेले प्रयोग आणि निष्कर्ष एक दिवस एका शास्त्रज्ञाकडे प्रसिद्धीसाठी पाठवले. तेव्हा त्यात दम नाही म्हणून तो शोधनिबंध परत करण्यात आला. शेवटी त्यानंच ह्या प्रयोगासंबंधीची माहिती आणि निष्कर्ष एका पुस्तिकेमार्फत प्रसिद्ध केले, तिकडे कुणी लक्षच दिलं नाही. तेव्हा मेंडेलनं विज्ञानाकडे पाठ फिरवली. त्याच्या मृत्यूनंतर सोळा वर्षांनी त्याच्या संशोधनाचं महत्त्व जगाला कळलं.

◆

जेम्स स्मिथसन

जेम्स स्मिथसन ह्या ब्रिटिश खनिजशास्त्रज्ञ आणि रसायनशास्त्रज्ञाच्या उदार देणगीतून अमेरिकेतील वॉशिंग्टन (डी.सी.) इथली स्मिथ्सोनियन संस्था उभारण्यात आली आहे. हा रसायनशास्त्रज्ञ प्रत्येक गोष्टीचं रायायनिक मूळ शोधायचा प्रयत्न करत असे. स्वत:च्या विषयावर त्याचं इतकं प्रेम होतं, की एकदा त्याच्या प्रेयसीच्या डोळ्यातून येणारा अश्रू त्यानं एका काचपात्रात झेलला. त्याचं रासायनिक पृथक्करण केलं. त्या काळात त्या तंत्रानं जेवढे घटक शोधता येतील, ते त्यानं शोधून काढले. त्यामुळे अश्रूत सहा वेगवेगळे क्षार असतात, हा निष्कर्ष तो जाहीर करू शकला. मानवी अश्रूंच्या संशोधनाची ही सुरुवात मानली जाते. विषयाचा ध्यास घेतलेली माणसं कसं संशोधन करू शकतात, ह्याचं हे उत्तम उदाहरण आहे.

◆

जॉन रोबलिंग

जॉन रोबलिंग आणि वॉशिंग्टन रोबलिंग

अमेरिकेत जे भव्य पूल बांधण्यात आले आहेत, त्यांची सुरुवात जॉन रोबलिंगनं केली. पूलबांधणीला त्यानं शास्त्रीय स्वरूप दिलं, असं म्हटलं जातं. ब्रुकलिन ब्रिज हा त्यानं १९ व्या शतकातल्या अभियांत्रिकीची कमाल ठरलेली पूलउभारणी मानण्यात येते. हा पूल बांधून होण्याआधीच जॉनचा मृत्यू ओढवला. इ.स. १८६९ मध्ये पुलाच्या उभारणीची सुरुवात होण्याआधी, पाया कुठं खणायचा हे बघण्यासाठी गेलेला जॉन अपघातानं जखमी झाला. त्यातच त्याला धनुर्वात होऊन त्याचा मृत्यू ओढवला. हा पूल बांधून पूर्ण करणं शक्य नाही, असं अनेक जण म्हणत. जॉनचा मुलगा वॉशिंग्टन हाही अभियंता होता. त्यानं वडिलांचं काम पूर्ण करायचं ठरवलं. त्या पुलाच्या उभारणीसाठी पायाचं काम करताना बराच काळ पाण्याखाली राहावं लागल्यानं त्याच्या रक्तात नायट्रोजनचे बुडबुडे तयार झाले. त्यामुळं 'बेंड्स' ह्या दुर्धर व्याधीची त्याला बाधा झाली. १८७३ नंतर घराच्या खिडकीतून त्यानं ह्या पुलाच्या बांधकामावर लक्ष ठेवलं. त्याच्या सूचना पुलावर काम करणाऱ्या अभियंत्याकडे त्याची पत्नी पोहोचवत असे. 'असाध्य ते साध्य । करीता सायास ।' म्हणतात ते ह्यालाच!

◆

ब्लेझ पास्कल

सतराव्या शतकातल्या शास्त्रज्ञांत ब्लेझ पास्कल हे नाव महत्त्वाचं मानलं जातं. काही वेळा त्यानं संगणक युगास सुरुवात केली, असंही म्हटलं जातं. ह्या शास्त्रज्ञाचं आयुष्य विचित्र योगायोगांनी भरलेलं आहे. लहानपणी तो खूप आजारी होता, त्याला कुबड होतं. तो विचित्र दिसायचा. तेव्हा तो बरा व्हावा म्हणून एका मांत्रिक स्त्रीला बोलावलं गेलं होतं. त्या स्त्रीनं केलेल्या उपायांचा फारसा परिणाम झाला नसावा. अगदी लहानपणापासून बुद्धिमान असलेल्या पास्कलनं एक यांत्रिक गुणकयंत्र तयार केलं, शक्यता सिद्धान्त मांडला, द्विमानपद्धतीचा अभ्यास केला, पण ती त्यानं गुणकयंत्रात मात्र वापरली नव्हती. 'डिफरन्शियल कॅल्क्युलस' ह्या गणिती शाखेचा तो उद्गाता आहे. मात्र तो जगप्रसिद्ध बनला, ह्याचं एक वेगळंच कारण आहे. त्याचा विज्ञानाशी संबंध नाही. 'जर क्लिओपात्राचं नाक थोडं नकटं किंवा थोडं लांब असतं तर जगाचा इतिहास बदलला असता,' ह्या उद्गारामुळे तो प्रसिद्धी पावला. 'पुरुषस्य भाग्यम्' म्हणतात ते हे असं!

◆

गिलोम अमोंटॉन्स

आलेली आपत्ती वरदान समजून काम करणाऱ्या काही थोर व्यक्ती असतात. गिलोम अमोंटोन्स हा अशा व्यक्तींपैकी होता. तो लहानपणीच ठार बहिरा झाला. तो ह्याला वरदान मानत असे. ''मला काहीच ऐकू येत नाही. त्यामुळं अडथळा न येता मी पूर्ण एकाग्रतेनं काम करू शकतो,'' असं तो म्हणायचा. अमोंटॉन्सनं एक तापमापक बनवला. तो त्याच्या काळातला सर्वांत अचूक तापमापक होता. कुठलाही वायू हा ठरावीक तापमान बदलास ठरावीक प्रमाणातच बदलतो, असं त्यानं दाखवून दिलं. वायूचं घनफळ बदलण्याचं हे प्रमाण दाखवतानाच निरपेक्ष शून्याची त्याला अंधुकशी कल्पना आली होती, पण त्यासाठी करायला लागणाऱ्या प्रयोगाइतकी त्या काळात प्रगती झालेली नव्हती. सागरावर वापरता येतील असे वायुभारमापक अमोंटॉन्सनं सर्वप्रथम बनवले. तसंच सागरावर झेंड्यांच्या खुणा वापरून संदेशवहनाची सुरुवात त्यानं केली.

◆

वॉलेस कॅरॉथर्स

वॉलेस ह्यूम कॅरॉथर्स हार्वर्ड विद्यापीठात रसायनशास्त्राचा प्राध्यापक होता. ड्यूपॉँट कंपनीनं दारूगोळा बनविण्याऐवजी कार्बनी रसायनाचा उद्योग सुरू करायचं ठरवलं, तेव्हा शैक्षणिक क्षेत्र सोडून कॅरॉथर्स औद्योगिक रसायन क्षेत्रात आला. बेकेलाइट, सेल्युलोज आणि रेशीम ह्यांची संरचना शोधून तत्सम पदार्थ तयार करण्याचं काम कंपनीने कॅरॉथर्सवर सोपवलं; तेव्हा कॅरॉथर्नं आधी नैसर्गिक रबर, सेल्युलोज आणि रेशीम ह्यांच्या संरचनेचा मूलभूत अभ्यास केला. निसर्गाची नक्कल करायची तर आधी निसर्गाचं रहस्य जाणून घ्यायला हवं, अशी त्याची विचारधारा होती. नैसर्गिक धागे हे कार्बनी रेणूच्या लांबलचक शृंखलांपासून बनलेले असतात, हे लक्षात आल्यावर कॅरॉथर्स कामाला लागला. १९३२ मध्ये त्यानं 'निओप्रीन' हा रबरासारखा पदार्थ निर्माण केला. १९३९ मध्ये त्यानं रेशमासारखा कृत्रिम धागा तयार केला. हेच ते नायलॉन! हा धागा खूपच लोकप्रिय बनला. युद्धात हवाई छत्र्या बनविण्यासाठीही तो वापरला गेला. कॅरॉथर्सनं निसर्गाचं रहस्य कसं उकलावं, हे जगाला शिकवलं.

◆

रॉबर्ट गोडार्ड

१९२० सालची गोष्ट. रॉबर्ट गोडार्ड नावाच्या एका प्राध्यापकानं एक शोधनिबंध प्रसिद्ध केला. जर एखाद्या मोठ्या आकाराच्या अग्निबाणात पुरेसं इंधन भरलं, तर माणूस त्या अग्निबाणाच्या साहाय्यानं चंद्रावर पोहोचू शकेल, असं ह्या निबंधाच्या शेवटी म्हटलं होतं. १३ जाने. १९२० च्या न्यूयॉर्क टाइम्सनं ह्या कल्पनेची टिंगल करून गोडार्डला खुळ्यात काढलं. अवकाश पोकळीत अग्निबाण उडू शकणार नाहीत, त्यामुळं माणूस चंद्रावर जाणं अशक्य आहे, असं टाइम्सनं त्यांच्या लेखात म्हटलं होतं. गोडार्डनं हा अपमान गिळला. तो त्याचं कार्य करत राहिला. १६ मार्च १९२६ ह्या दिवशी गोडार्डनिर्मित 'नेला' नावाचा अग्निबाण अवकाशाच्या दिशेनं झेपावला. तो फक्त ४१ फूट (१३ मीटर) उंच गेला. मानवाच्या अवकाश युगाची ही सुरुवात होती. १९२९ मध्ये धोकादायक प्रयोग करतो, म्हणून त्याच्याविरुद्ध पोलिसात तक्रार करण्यात आली. पुन्हा एकदा गोडार्डची टिंगल झाली. 'चंद्रावर जाणाऱ्या रॉकेटचा नेम दोन लक्ष अडतीस हजार सातशे नव्याण्णव मैलानं चुकला' असे मथळे छापण्यात आले. १९४५ मध्ये गोडार्डचं निधन झालं. युद्धानंतर पकडून आणलेल्या जर्मन शास्त्रज्ञांनी गोडार्डचे निबंध वाचून अग्निबाण बनवल्याचं सांगितलं. २१ जुलै १९६९ रोजी मानव चंद्रावर पोहोचला, तेव्हा न्यूयॉर्क टाइम्सनं पहिल्या पानावर गोडार्डची माफी मागितली.

◆

डॉ. आयर्व्हिंग लँगम्यूर

डॉ. लँगम्यूर ह्यांना १९३२ साली रसायनशास्त्राचं नोबेल पारितोषिक मिळालं. लँगम्यूरचं वैशिष्ट्य म्हणजे त्यांनी आयुष्यभर मानवजातीला उपकारक ठरतील, असे शोध लावण्यासाठी संशोधन केलं. भविष्यकाळाबद्दल लिहिताना बरेचदा हवामानावर नियंत्रण ठेवण्याबद्दल लिहिलं जातं. ती मूळ कल्पना लँगम्यूर ह्यांची. कृत्रिमरीत्या पाऊस पाडणं लँगम्यूर ह्यांच्या कल्पनेचं फळ होतं. त्यासाठी त्यांनी ढगांचा अभ्यास केला. कुठल्या ढगातून कोणत्या वेळी कुठल्या कारणानं पाऊस पडतो, ह्याचं निरीक्षण केलं. मग त्यांनी ह्या ढगांवर सुका बर्फ आणि सिल्व्हर आयोडाइडचा शिडकाव केला. तेव्हा त्या ढगातील बाष्पकणांचं पावसात रूपांतर झालं. अशा तऱ्हेने बाष्पयुक्त ढग नुसतेच भराभर एखाद्या प्रदेशावरून जात असतील, तर तिथं पाऊस पाडणं शक्य झालं. 'असाध्य ते साध्य । करिता सायास । कारण अभ्यास ।' ह्या तुकारामांच्या उक्तीचं हे उदाहरण म्हणायला हवं.

◆

अँटनी लॉरेंट (लव्हॉयजे)

रसायनशास्त्रातला एक अग्रणी शास्त्रज्ञ म्हणून लव्हॉयजेचं नाव घेतलं जातं. आधुनिक रसायनशास्त्राचा पाया घालणाऱ्या मोजक्या शास्त्रज्ञांपैकी तो एक होता. रासायनिक पृथक्करण किंवा पृथक्करणाची सुरुवात त्यानं केली आणि बरीच वर्षं त्यानं घालून दिलेल्या आडाख्याचा वापर करूनच रासायनिक पृथक्करण केलं जात होतं. ज्वलन म्हणजे काय, हे त्यानं प्रथम स्पष्ट केलं. प्राणी आणि वनस्पतींच्या जीवनात ऑक्सिजन कोणतं कार्य करतो आणि तो किती महत्त्वाचा आहे, हे त्यानं जगापुढे आणलं. मूलद्रव्यं आणि संयुगं, तसंच मिश्रणं आणि संयुगं ह्यांच्यात फरक आहे, हे त्यानं सिद्ध केलं. लव्हॉयजेला फ्रेंच राज्यक्रांतीचा फटका बसला. त्याला फ्रेंच राज्यक्रांतीच्या वेळी गिलोटीननं मृत्युदंड ठोठावण्यात आला होता. त्याच्या मृत्यूनंतर दोन वर्षांनी फ्रेंच शासनानं त्याला सन्मानपूर्वक श्रद्धांजली वाहिली. हा शास्त्रज्ञ मरताना फक्त एका गोष्टीसाठी हळहळला, ती गोष्ट म्हणजे त्याला एकाही नव्या मूलद्रव्याचा शोध लावता आला नव्हता! बिच्चारा!

◆

रॉबर्ट कॉख

रॉबर्ट कॉख हा क्षयाचे जंतू वेगळे करणारा शास्त्रज्ञ म्हणून सर्व जगाला परिचित आहे. पण कॉखनं त्या आधी सहा वर्षं अँथ्रॅक्सचं मूळ शोधून काढलं होतं. कॉखनं ह्या रोगांचे रोगजंतू शोधलेच, पण त्याचा आणखी एक शोध फार महत्त्वाचा आहे. त्याची आपल्याला फारशी माहिती नसते. कुठलेही रोगजंतू शोधले की ते प्रयोगशाळेत वाढवावे लागतात. पूर्वी प्रयोगशाळेत प्रयोगबशांमध्ये असे जंतू वाढवायला ठेवले, की हवेतून त्यात अनेक जंतू येऊन मिसळत आणि ह्या रोगजंतूंच्या मिसळीतून मूळ रोगजंतू वेगळे करणं अवघड होत असे. एक दिवस कॉखच्या प्रयोगशाळेत एका उकडलेल्या बटाट्यावर कॉखला वेगवेगळ्या रंगाचे डाग दिसले. त्यानं ते सूक्ष्मदर्शीखाली तपासले. तेव्हा प्रत्येक वेगळा डाग ही एखाद्या विशिष्ट रोगजंतूची वसाहत असून इथं दुसऱ्या रोगजंतूच्या वाढीस वाव नसल्याचं त्याला लक्षात आलं. तेव्हा एखाद्या रोगजंतूची कृत्रिमरीत्या वसाहत करायची युक्ती लक्षात आली. ह्या एका निरीक्षणातून त्याच्या प्रयोगांची प्रगती झाली आणि त्यानं क्षयाचे रोगजंतू वेगळे करण्यात यश मिळवलं. निरीक्षण हा प्रगतीचा पाया असतो, हेच कॉखनं सिद्ध केलं.

◆

रुडॉल्फ डिझेल

महाविद्यालयात असल्यापासून बाष्पशक्तीवर चालणाऱ्या यंत्रांपेक्षा अधिक कार्यक्षम यंत्र बनवायचे विचार डिझेलच्या मनात येत होते. त्यामुळं डिझेलनं आधी बाष्पशक्तीवर चालणाऱ्या यंत्रणांचा कसून अभ्यास केला. ह्या यंत्रांचे फायदे, तोटे आणि गुणावगुण त्याला अवगत झाल्यानंतर, त्यानं ही यंत्रणा सुधारण्यासाठी काय करता येईल, ह्यावर विचार सुरू केला. शिक्षण संपवून नोकरी करतानाही अधिक कार्यक्षम यंत्रणा बनविण्याचे विचार त्याच्या डोक्यात पिंगा घालत होतेच. बाष्पशक्ती वापरताना खूप इंधन वापरूनही कार्य कमी होत असे. ह्यातूनच त्याला अंतर्ज्वलन यंत्रणेची कल्पना सुचली. खूप दाबाखालील हवेच्या झोतात इंधन मिसळून पेटवलं, तर त्यापासून अधिक कार्य करवून घेता येतं, हे त्यानं सिद्ध केलं. तो जिथं नोकरी करीत होता, त्या बर्फाच्या कारखान्यात उष्णतेचं यांत्रिक ऊर्जेत रूपांतर होताना त्यानं बघितलं होतं. अशा कल्पनेवर आधारित पहिल्या यंत्राचा स्फोट झाला, पण त्यातून डिझेल वाचला. ह्या यंत्रात दुरुस्ती करून त्यातले दोष दूर करून त्यानं नवं यंत्र तयार केलं. विचाराला कृतीची जोड देऊन डिझेलनं जग बदललं, असं म्हटलं जातं.

◆

विल्यम मॉर्टन

विल्यम मॉर्टनला लहानपणापासून डॉक्टर व्हायचं होतं, पण गरिबीमुळं त्यानं आधी दंतवैद्य बनायचं ठरवलं. दंतवैद्य बनून पैसा मिळवावा आणि मग डॉक्टर बनावं, असा त्याचा बेत होता. दात उपटताना होणाऱ्या वेदना कमी करता आल्या, तर आपल्याला पैसा मिळवता येईल असं त्याला वाटत असे. नायट्रस ऑक्साइड (लाफिंग गॅस) आणि इथर ह्यांच्यामुळे माणसं काही काळ भान हरपतात, अशा बातम्या त्याच्या कानावर येत होत्या. त्यानं मग त्या रसायनांचे प्रयोग कीटक, प्राणी आणि शेवटी माणसांवर केले. त्यासाठी वापरण्याची उपकरणं मॉर्टननं स्वत:च बनवली होती. त्याच्या एका रुग्णानं दाढ काढताना इथरच्या साहाय्यानं भूल दिली, तर तो धोका पत्करायची तयारी दाखविली. हा प्रयोग यशस्वी झाला. मग १६ ऑक्टोबर १८४६ ह्या दिवशी मॉर्टनच्या विनंतीवरून एका शस्त्रक्रियेत प्रथम इथरचा वापर भूल देण्यासाठी करण्यात आला. ही शस्त्रक्रियाही यशस्वी झाली. त्यामुळं मॉर्टनचं नाव गाजलं, पण पैसे मिळविण्याची त्याची हाव त्याला नडली. त्यातून त्याची चौकशी झाली. भूलविद्येचा हा उद्गाता अत्यंत गरिबीत आणि अपमानित अवस्थेत मरण पावला.

◆

ज्युलियस साक्स

प्रत्येक विज्ञान शाखेत एखादा शास्त्रज्ञ पायाभूत ठरतो. ज्युलियस साक्स ह्या जर्मन शास्त्रज्ञानं आधुनिक वनस्पतिशास्त्राला पायाभूत असं कार्य केलं. साक्सच्या आधी वनस्पतींचा अभ्यास होत होता. लिनियसनं घालून दिलेल्या शिस्तीनं त्याचं वर्गीकरण होत होतं. पण साक्सनं वनस्पतींच्या अंतर्गत रचनेचा आणि कार्याचा मागोवा घेतला. साक्सला औपचारिक शिक्षणाचा कंटाळा होता. त्यानं पदार्थविज्ञान, रसायन, वनस्पतिशास्त्र, प्राणिशास्त्र ह्यांच्याबरोबर तत्त्वज्ञानाचाही अभ्यास केला. अतिशय सरळ आणि स्पष्ट भाषेत तो त्याचे विचार मांडत असे. वनस्पतींना खतं घातल्यावर काय होतं, त्यांना खनिजं कशासाठी लागतात वगैरे गोष्टी त्यानं प्रयोग करून शोधून काढल्या. वनस्पतिशास्त्र हे केवळ वनस्पतींच्या बाह्यनिरीक्षणापुरतं मर्यादित होतं. वनस्पतिशास्त्रात प्रयोगांना वाव आहे, हे साक्समुळं जगाच्या निदर्शनास आलं. त्यामुळेच आधुनिक वनस्पतिशास्त्राची प्रगती झाली. निसर्गाची रहस्यं शोधायची तर ती अनुभवजन्य ज्ञानानं मिळवता येतात, हे साक्सचं म्हणणं खरं ठरलं आहे.

◆

लिओ बेकलंड

लिओ बेकलंडला संधीचा फायदा कसा घ्यावा हे कळत असे. त्यानं व्हेलॉक्स नावाच्या फोटोग्राफिक कागदाचा शोध लावला. हा शोध १८९९ मध्ये त्यानं दहा लक्ष डॉलरला विकला. ह्या पैशातून प्रयोगशाळा उभारून तो नवनवे शोध लावायचे प्रयत्न करू लागला. त्या काळात लाखेची टंचाई होती, त्यामुळं लाखेला पर्यायी पदार्थ शोधायचं बेकलंडनं ठरवलं. त्या वेळी लाख विद्युतरोधक म्हणून वापरली जात होती. वीजनिर्मिती व्यवसायात लाखेला मागणी होती. इ. स. १९०४ मध्ये एका मदतनिसाच्या साहाय्यानं असा पदार्थ शोधायचे प्रयत्न बेकलंडनं सुरू केले. तीन वर्ष बेकलंड निरनिराळ्या कार्बनी पदार्थांवर प्रयोग करीत होता. ते फसत होते. अखेरीस तीन वर्षांनंतर बेकलंडला हवा तसा पदार्थ मिळाला. ह्याला बेकलाईट असं नाव दिलं. ही प्लॅस्टिक युगाची सुरुवात मानण्यात येते. इ. स. १९०९ मध्ये बेकलंडनं हे कृत्रिम प्लॅस्टिक जगापुढं आणलं. बेकलाइटनं खरोखरच व्यापारी जगात क्रांती घडली, त्या मागं बेकलंडचे परिश्रम होते.

◆

एन्रिको फर्मी

एन्रिको फर्मी १४ वर्षांचा असताना त्याच्या मोठ्या भावाचं एका शस्त्रक्रियेच्या वेळी निधन झालं. हे दुःख विसरण्यासाठी एन्रिको पुस्तकं वाचू लागला. जुन्या बाजारात त्याला वास्तवशास्त्रावरचे दोन खंड मिळाले. ते वाचताना त्यातल्या गणिती चुका दुरुस्त करणाऱ्या एन्रिकोला वस्तूंचं मूळ शोधण्याचा प्रयत्न करणाऱ्या त्या शास्त्राची गोडी लागली. खरं तर हे खंड लॅटिनमध्ये होते, पण एन्रिकोला पदार्थांची स्थिति-गती जाणून घेण्याच्या छंदाआड भाषेची अडचण जाणवली नव्हती. स्वच्छ, स्पष्ट आणि सोपी भाषा वापरून विज्ञान शिकणं शक्य आहे, असं तो म्हणत असे. एन्रिकोची पत्नी ज्यू असल्यानं १९३८ साली तो स्थलांतर करून अमेरिकेत गेला. त्याच वर्षी त्याला अणुगर्भाच्या संरचनेच्या शोधाबद्दल नोबेल परितोषिक मिळालं होतं. लिओ झिलार्डच्या मदतीनं फर्मीनं अणुभट्टी तयार केली. ही अणुभट्टी वापरूनच शृंखला प्रक्रियेवर त्यानं नियंत्रण मिळवलं. त्यातून पुढं अणुबॉंबची निर्मिती झाली. त्यामुळं फर्मीला 'अणुबॉंबचा जनक' म्हणण्यात येतं. भावाच्या मृत्यूचं दुःख बुडविण्यासाठी पुस्तकं वाचणारा मुलगा वाचनवेडामुळं असा महान शास्त्रज्ञ बनला.

◆

फिलो फार्न्सवर्थ

फिलो फार्न्सवर्थ हे नाव फार थोड्या जणांना ठाऊक असतं. फिलो अत्यंत तल्लख बुद्धीचा विद्यार्थी होता. १९२१ मध्ये वयाच्या पंधराव्या वर्षी सापेक्षता–वादावर त्यानं व्याख्यान दिलं, त्यामुळं त्याच्या शिक्षकांनी प्रभावित होऊन त्याला वर्षाला दोन इयत्ता पार करायची परवानगी दिली. वयाच्या चौदाव्या वर्षी घोड्यावर बसून जमीन नांगरत असताना अशा तऱ्हेनंच एका दिशेनं पुढं आणि दुसऱ्या दिशेनं मागं येणाऱ्या इलेक्ट्रॉन शलाकेचा वापर करून दूरचित्रवाणी संच निर्माण करता येईल, अशी कल्पना फार्न्सवर्थच्या डोक्यात आली. १९२० सालची त्याची ही कल्पना प्रत्यक्षात आणण्यासाठी तो सात वर्ष थांबला. ही कल्पना प्रत्यक्षात आली, तेव्हा त्यानं, 'देअर यू आर, इलेक्ट्रॉनिक टेलिव्हिजन!' असे उद्गार काढले. दुर्दैवानं फार्न्सवर्थला संशोधनाचं श्रेय मिळू नये, म्हणून आरसीए ही कंपनी न्यायालयात गेली. सात वर्ष खटला चालल्यावर १९३४ मध्ये फार्न्सवर्थचं श्रेय मान्य झालं. मात्र पुढे युद्धपरिस्थितीमुळं फार्न्सवर्थला पैसे मिळू शकले नाहीत. एका अतिशय बुद्धिमान माणसाला मोठ्या कंपनीच्या वकिली काव्यापुढं हात टेकणं भाग पडलं.

◆

जॉन बॉईड डनलॉप

जॉन बॉईड डनलॉपचा जन्म इ.स. १८४० मध्ये आयरशायर परगण्यातील ड्रेगहॉर्न इथं झाला. लहानपणीच जॉन आयर्लंडमध्ये गेला. तिथं त्यानं पशुवैद्यकाचा अभ्यास केला. एक चांगला पशुवैद्य म्हणून त्याची ख्याती होती. बरीच वर्षं तो गुरांचा डॉक्टर आणि मेंढ्या व घोडे यांच्या पैदाशीचा तज्ज्ञ म्हणून काम करीत होता. त्या काळात डनलॉपला त्याच्या रुग्णांवर उपचार करण्यासाठी दूरदूर भटकावं लागत असे. ह्यासाठी तो दुचाकी अथवा तिचाकी सायकली वापरत असे. त्या काळात सायकलींची चाकं लोखंडी असत. काही वेळा त्यावर रबराच्या भरीव धावा असत. ह्या सायकलीवरून खेड्यापाड्यात प्रवास करणं ही एक शिक्षाच असे. ह्या परिस्थितीत कशी सुधारणा करता येईल, ह्याबद्दल डनलॉप नेहमी विचार करीत असे. त्या प्रवासातले हाल कमी करण्यासाठी त्याच्या डोक्यात जे विचार येत, ते प्रत्यक्षात आणण्यासाठी जॉन घरी आल्यावर अनेक प्रयोग करून पाहत असे. ज्यांनी खेड्यापाड्यातून बैलगाडीतून प्रवास केलाय, त्यांना त्या काळातल्या सायकल प्रवासाची थोडीफार कल्पना येईल. खरं तर सायकलच्या रबरी धावांत हवेची सोय करण्याची युक्ती रॉबर्ट विल्यम थॉम्सन (१८२२-१८७३) ह्या गृहस्थानं जॉन डनलॉपच्या ४३ वर्षं आधीच शोधून काढली होती. हा थॉम्सन स्कॉटलंडमध्ये जन्मला. तो व्यवसायानं अभियंता होता. त्याच्या डोक्यात चित्रविचित्र कल्पनांचा खजिना भरलेला होता. मात्र त्याच्या कल्पना काळाच्या आधी जन्माला आल्या होत्या. रबरी धावांत हवेची पिशवी ठेवून सायकलच्या चाकावर चढवणं, ही कल्पना अशीच. त्यानं जेव्हा ह्या कल्पनेचे अधिकार घेतले तेव्हा जॉन तीन वर्षांचा होता, पण त्या काळात रबर ही चीज दुर्मीळ होती. दक्षिण अमेरिकेतून जहाजातून ती कधीतरी इंग्लंडमध्ये येत असे आणि श्रीमंत तिचा वापर करीत. त्या काळात सायकल चालवणारेही क्वचितच आढळत असत. १८८० मध्ये डनलॉपने जेव्हा सायकलच्या रबरी धावेत हवा भरलेली नळी ठेवायचे प्रयोग सुरू केले, तेव्हा त्याला थॉम्सनच्या प्रयोगांची माहिती नव्हती. शिवाय थॉम्सनच्या मानानं डनलॉपचं उत्पादन खूपच चांगलं आणि टिकाऊ होतं, हेही सर्वमान्य आहे.

डनलॉपच्या शोधामुळं मोटारींना टायर ट्यूब बसवणं शक्य झालं. थॉम्सनच्या संशोधनात ज्या उणिवा होत्या, त्यामुळं मोटारींना तशा टायर आणि ट्यूब बसवणं शक्य झालं नसतं.

डनलॉप टायरचे एकाधिकार जॉन डनलॉपला १८८८ साली मिळाले. ह्या आधी सायकल चालवणं ही शिक्षा होती. डनलॉप टायरनंतर सायकलचा झपाट्यानं जगभर प्रसार झाला. ह्या प्रकारच्या रबरी धावांमुळं सायकलींना मोटर बसवणं शक्य झालं. मोटारी, बस आणि ट्रक यांसारख्या सुविधा मानव जातीला मिळाल्या. हवा भरता येत नाहीत, अशा टायरच्या साहाय्यानं आधुनिक विमानं धावपट्टीवर उतरवणं शक्य झालं असतं, पण त्यात प्रवाशांचे अतिशय हाल झाले असते; असं तंत्रज्ञानाचे इतिहासकार नेहमीच उदाहरण देतात. अशा परिस्थितीत आजकालची प्रचंड मोठी प्रवासी विमानं निर्माण करण्याचा प्रयत्नही झाला नसता. जॉन डनलॉपनं लावलेल्या एका छोट्या वाटणाच्या शोधानं दळणवळणाच्या इतिहासाची क्रांती घडवून आणली, असं म्हणावं लागतं. जॉन डनलॉपचं इ.स. १९२१ मध्ये वृद्धापकाळानं निधन झालं. मुलाला सायकल चालवणं सोपं जावं, म्हणून डनलॉपनं योजलेल्या युक्तीनं जगाला वळण लावलं, असं म्हटलं जातं.

◆

एंपेडोक्लेस

आपल्याला अनेक ग्रीक आणि रोमन तत्त्ववेत्त्यांची नावं माहीत असतात. त्यात एंपेडोक्लेसचा समावेश नसतो. आर्किमिडीज, पायथागोरस, लुक्रेटिअस ह्यांच्या सारखाच शास्त्रीय विचारांचा तत्त्वज्ञ म्हणून एंपेडोक्लेस प्रसिद्ध आहे. त्या काळात प्रयोगांपेक्षा विचाराधिष्ठित विज्ञान प्रचलित होतं आणि ते तत्त्वज्ञानाचाच एक भाग मानलं जात असे. त्यामुळं वैज्ञानिकांनाही तत्त्वज्ञच म्हणण्यात येत असे. एंपेडोक्लेसचा जन्म इ.स.पू. ४६० मध्ये सिसिली बेटावर ग्रीक आईवडिलांच्या पोटी झाला. तो रसायनशास्त्र, वैद्यकशास्त्र आणि राज्यशास्त्र ह्या विषयांचा तत्त्वज्ञ होता. ऑग्रीजेंटमच्या नागरिकांवर त्याच्या विद्वत्तेचा इतका प्रभाव पडला होता की त्यांनी सर्वानुमते त्याची राजा म्हणून निवड केली. ह्या नव्या राजानं पहिल्या हुकमानं राजेशाही बरखास्त करून ऑग्रीजेंटममध्ये लोकशाहीची स्थापना केली.

ल्युक्रेटियस स्वतःला एंपेडोक्लेसचा वारसदार मानत असे. त्या दोघांच्याही विचारांत खूप साम्य होतं. एंपेडोक्लेसनं त्याचे सर्व विचार छंदोबद्ध काव्यात लिहिले आहेत. त्याच्या मते पृथ्वी, हवा, आग आणि पाणी ही चार मूलद्रव्ये विश्वरचनेचा पाया होती. प्राणिजाती अस्तिवात येतात आणि नाहीशा होतात. ह्या घटना तालबद्ध असून माणूस हा ह्या प्रक्रियेचाच एक घटक आहे, असं एंपेडोक्लेस म्हणत असे. उत्क्रांतीचा आद्य विचार मांडणारा तत्त्वज्ञ म्हणून एंपेडोक्लेस प्रसिद्ध आहे. मूलद्रव्यांना परस्पर प्रेम वाटतं, तर काही घटक परस्परांचा द्वेष करतात. डेमोक्रीटस ह्या त्याच्या समकालीनानं विश्व हे सूक्ष्म कणांचं बनलेलं आहे; असा सिद्धान्त मांडला होता. ह्या सूक्ष्मकणांना डेमोक्रीटस अणू (ॲटम) ह्या नावानं संबोधित असे. एंपेडोक्लेसच्या मते, ह्या अणूंपैकी काही अणू प्रेमानं एकमेकांजवळ येऊन नवे पदार्थ तयार करत, तर काही अणू एकमेकांशी फटकून वागत असत. जे प्राणी त्यांच्या परिसरावर प्रेम करतात ते जगतात, जे प्राणी परिसराशी फटकून वागतात, ते नाहीसे होतात, असं एंपेडोक्लेस म्हणत असे. अशा तऱ्हेनं डार्विनच्या आधी बावीसशे वर्षं एंपेडोक्लेसनं उत्क्रांतीच्या सिद्धान्ताचं प्रमुख तत्त्व जगासमोर

आणलं होतं. तसंच आण्विक प्रक्रियांचं तत्त्वही त्यानं प्रथम मांडलं होतं.

एंपेडोक्लेस जगण्यासाठी काय करीत होता, तो कुठं आणि कुठल्या गुरूकडे शिकला, त्याचं आयुष्य कसं होतं, ह्याबद्दल त्याच्यामागं फारशी माहिती नाही. त्याच्याबद्दलच्या दंतकथा ऐकायला मिळतात. तसंच त्याच्या लेखनातील काही भाग आज उपलब्ध आहे, त्यावरून एकोणिसाव्या शतकात जॉर्ज मेरेडिथनं एंपेडोक्लेस ह्या शीर्षकाची तर मॅथ्यू अरनॉल्डनं 'एंपेडोक्लेस ऑन एटना' ह्या शीर्षकाच्या अशा दोन कविता केल्या. एंपेडोक्लेसनी एटनाच्या ज्वालामुखीत उडी टाकून जीव दिला, ह्या घटनेवर ही दोन्ही काव्यं आहेत.

माणसानं सतत प्रयत्नशील राहायला हवं. जरी अनेक निराशा पदरी पडल्या तरी झगडायला हवं. जर खोट्या आशा उराशी बाळगल्या नाहीत आणि भव्य स्वप्नं बघितली नाहीत तर निराश व्हायचं काहीच कारण नाही, असं तत्त्वज्ञान जगाला ऐकवणाऱ्या एंपेडोक्लेसनं ज्वालामुखीत उडी मारून आत्महत्या करावी, हेही एक आश्चर्यच आहे.

◆

वास्को द गामा

वास्को द गामा काही खऱ्या अर्थानं शास्त्रज्ञ नव्हे; तर तो नवी भूमी शोधून काढणारा म्हणजे एक्स्प्लोरर किंवा साहसी भूशोधक होता; पण त्यानं भारताला पोहोचायचा जलमार्ग शोधून काढला आणि युरोपीय देशांना भारताकडे येण्याचा एक नवा मार्ग सापडला. तोपर्यंत युरोप आणि भारत दरम्यानचे संबंध अरब अडत्यांवर अवलंबून होते, आता पाश्चात्त्यांचा ओघ भारताकडे वळला आणि त्यामुळं भारत आणि भारताच्या पूर्वेकडचे देश ह्यांच्यात पाश्चात्त्य वसाहतींची लागण होऊन मानव जातीच्या इतिहासाला एक वेगळे वळण लागले. वास्को द गामा १४६० ते १४७०च्या दरम्यान सिनेस ह्या गावी लिस्बनपासून ९० कि.मी. दूरच्या एका छोट्या बंदरात जन्माला आला. त्या वेळी अरब अडत्यांनी भारतातून येणाऱ्या रत्नांचा आणि मसाल्याच्या पदार्थांवरचा अधिभार वाढवला होता. अरब शेख आणि राजांना पैसा कमी पडू लागला, की खजिना भरायचा हा सोपा मार्ग उपलब्ध होता. ह्याच वेळी पोलो बंधूंनंतर पूर्वेकडे प्रवासी तांड्यांबरोबर जाऊन आलेल्या प्रवाशांनी भारत आणि पूर्वेकडील देशात असलेल्या संपत्तीची बरीच वर्णनं युरोपियनांना ऐकवली होती. अरबी प्रदेशात मुस्लीम धर्माचं प्राबल्य वाढल्यावर आणि मध्यपूर्वेत जेरुसलेमचा ताबा मिळविण्यासाठी क्रूसेड/जिहाद सुरू झाल्यानंतर खिश्चन युरोपीय प्रवाशांना खुश्कीच्या मार्गानं भारताकडं जाणं धोक्याचं वाटू लागलं होतं. ह्यामुळे युरोपी राजसत्तांनी – विशेषत: स्पेन आणि पोर्तुगालच्या राजांनी – भारताकडे जाण्याचा सागरी मार्ग शोधून काढणाऱ्या नाविकांना उत्तेजन द्यायला सुरुवात केली होती. कोलंबस भारताकडे जाण्याचा मार्ग शोधायला पश्चिमेकडे गेला आणि वेस्टइंडीज बेटांमध्ये उतरला. तेव्हा पहिल्या इमॅन्युएलनं वास्को द गामाला पूर्वेकडे पाठवायचं ठरवलं. द गामा हे कुटुंब चार पिढ्या राजघराण्याचं एकनिष्ठ सेवक होतं. वास्कोनंही राजाच्या लष्करात पराक्रम गाजवला होताच, पण तो निश्चयाचाही पक्का होता. तेव्हा भारताकडे जाण्याचा सागरी मार्ग शोधण्याची जबाबदारी पहिल्या इमॅन्युएलनं वास्को द गामावर सोपवली.

वास्को ९ जुलै १४९७ ह्या दिवशी भारत शोधायला निघाला. केप ऑफ गुडहोपजवळ त्याच्या जहाजांना वादळानं गाठलं, तेव्हा त्याच्या हाताखालचे खलाशी आणि काही अधिकारी परत फिरायच्या तयारीस लागले. 'भारतात पाऊल ठेवल्याशिवाय मी कुणालाही परत जाऊ देणार नाही,' असं वास्कोनं त्यांना सांगितलं. त्याच्या जिवावर उठलेल्या बंडखोरांना त्यानं बेड्या घातल्या. केप ओलांडून प्रथमच युरोपीय जहाजं हिंदी महासागरात पोहोचली. आफ्रिकेच्या पूर्व किनाऱ्यानं ही जहाजं हळूहळू उत्तरेकडे निघाली. मालिंदी इथं त्यांना अरब व्यापारी भेटले. त्या व्यापाऱ्यांनी वास्कोला मदत दिली आणि भारताचा मार्ग दाखवला. वास्को कालिकतला पोहोचला. तिथं 'ही भूमी पोर्तुगीजांची झाली', अशी घोषणाही त्यानं केली. हे स्थानिकांना आणि अरब व्यापाऱ्यांना मान्य होणं शक्यच नव्हतं. वास्कोला इथून मोठ्या कष्टानं सुटका करून घेण्यात यश मिळवता आलं. तो मग लिस्बनला परतला. त्यानं भारतातल्या सुबत्तेचं आणि संपत्तीचं रसभरित वर्णन राजाला केलं. तेव्हा राजानं काब्राल नावाच्या सेनानीला कालिकतमध्ये पाय रोवायला पाठवलं. हा काब्राल ब्राझीलच्या किनाऱ्याला पोचला आणि तिथून तो आफ्रिकेला वळसा घालून भारतात आला. त्यानं तिथं एक पोर्तुगीज ठाणं वसवलं. काब्राल परतल्यावर इथल्या ४० पोर्तुगीजांची कत्तल केली गेली, तेव्हा राजानं वास्कोला परत इकडं पाठवलं. भारतात येताना मोझांबिक आणि सोफाला इथं वास्कोनं वसाहती स्थापन केल्या. भारतात त्यानं अत्यंत क्रूरपणे कत्तली केल्या. खूप संपत्ती घेऊन तो पोर्तुगालला परतला. इ.स. १५२४ मध्ये वास्को द गामा तिसऱ्यांदा भारतात आला. तो कोचीन मुक्कामी आजारी पडला. तिथंच २४ डिसेंबर १५२४ ह्या दिवशी त्याचा मृत्यू झाला. त्याच्या ह्या मोहिमेनंतर खऱ्या अर्थानं आशियात पाश्चात्त्य वसाहतींची सुरुवात झाली.

◆

जॉन रे

जॉन रे एका लोहाराचा मुलगा १६२७ मध्ये जन्मला. वडिलांच्या घिसाडी कामात मदत करता करता तो स्वप्रयत्नानं लिहायला–वाचायला शिकला. १६४४ मध्ये तो केंब्रिजला शिक्षणासाठी गेला. त्याच्या अफाट बुद्धिमत्तेमुळं १६४९ मध्ये तो व्याख्याता बनला. तो ग्रीक, मानव्यशास्त्र आणि गणित शिकवत असेच, पण त्याबरोबर इतरही अनेक विषय तो शिकवू शके. इ.स. १६५० मध्ये त्यानं वनस्पतिशास्त्राचा अभ्यास सुरू केला. दहा वर्ष अथक परिश्रमानंतर त्यानं केंब्रिजच्या परिसरातील आणि नंतर अँग्लियाच्या परिसरातील वनस्पतींची सचित्र सूची प्रसिद्ध केली. दरम्यान अँग्लिकन पंथाचं बायबल सोडून इतर कुठल्याही धर्मग्रंथाचा आधार घेणाऱ्याला नोकरीवर राहता येणार नाही, असा फतवा निघाला. तेव्हा ही अट नामंजूर झाल्यानं जॉन रेनं विद्यापीठाच्या नोकरीचा राजीनामा दिला. दुसरीकडेही कुठे नोकरी मिळणं शक्य नसल्यानं तो खाजगी शिकवण्या करू लागला. दरम्यान जॉन रेला विलबी नावाच्या श्रीमंत मित्रानं साथ दिली. ह्या दोघांनी मिळून इ.स १६६० ते १६७२ ह्या एका तपाच्या काळात इंग्लंडचा कानाकोपरा धुंडाळला आणि ह्यातली तीन वर्ष युरोपची भ्रमंती केली. इतका महत्त्वाचा प्रवास विज्ञानक्षेत्राच्या दृष्टीनं त्यानंतर चार्ल्स डार्विननं 'बीगल' ह्या जहाजावरून केला, असं म्हटलं जातं. ह्यावरून रे च्या संशोधनाचं महत्त्व लक्षात येतं. किंबहुना रेनं निसर्गशास्त्राचा जो पाया रचला, त्यावर डार्विनच्या सिद्धान्तानं पुढे कळस चढवला, असं म्हटलं तर वावगं होणार नाही.

इ.स. १६७२ मध्ये विलबीचं निधन झालं. त्या वेळी निसर्ग प्रणालीवरचं रेचं लेखन अपूर्ण होतंच, पण ह्या लेखनाला होणारी विलबीची बौद्धिक आणि आर्थिक मदतही बंद झाली. रेची उपासमार होऊ नये, म्हणून विलबीनं त्याच्या मृत्युपत्रात रेला दर वर्षी साठ स्टर्लिंग पौंड मिळावेत अशी तरतूद करून ठेवली होती. इ.स. १६७३ मध्ये रेनं लग्न करून इसेक्स परगण्यातील ब्रेनट्री गावाजवळ संसार थाटला. ह्यानंतरची ३३ वर्ष रे सतत त्याचं वैज्ञानिक लेखन करत होता. त्याला

कुणीही साहाय्यक किंवा सचिव नव्हता. पत्नी जेवायला घालत असे तेवढा वेळ सोडला, तर रे दिवसातले बारा ते चौदा तास अभ्यासिकेत बसून लेखन करीत असे. रेचा सर्वांत महत्त्वाचा ग्रंथ म्हणजे 'हिस्टोरिया प्लँटारम'. वनस्पतींच्या वर्गीकरणासह त्यांची माहिती देणारा हा ग्रंथ १६८६ ते ८८ दरम्यान सिद्ध करण्यात आला. एकाच कुळातील विविध वनस्पतींची सांगड घालण्याचं त्यांचं कौशल्य वादातीत होतं. सर्व सजीव हे त्यांच्या नैसर्गिक परिसराचे आवश्यक घटक असतात, त्यांच्या नसण्याचा किंवा वाजवीपेक्षा जास्त असण्याचा परिणाम परिसरावर होत असतो, असं प्रतिपादन करणार जॉन रे हा बहुदा पहिला निसर्गशास्त्रज्ञ असावा. विलबीबरोबर केलेल्या कामाचं प्रतीक म्हणून इ.स. १६७६ मध्ये त्यानं 'विलबीज् ऑर्निथॉलॉजिया' हा ग्रंथ प्रसिद्ध केला. पक्षिशास्त्राचा पाया ह्या ग्रंथानं घातला, असं मानलं जातं. १७१३ मध्ये 'हिस्टोरिया पिसिकम' हा मत्स्यजगतावरचा ग्रंथ प्रसिद्ध झाला, तर त्या आधी १६९३ मध्ये 'सिनॉप्सिस क्वाड्रिपेडम' ह्या ग्रंथात चतुष्पादांचा अभ्यास करण्यात आला होता. त्यानं सरपटणाऱ्या प्राण्यांच्या अभ्यासाचाही पायाभूत ग्रंथ लिहिला होता. रेनं आयुष्याच्या अखेरच्या काळात कीटकांचा समग्र इतिहास लिहायची तयारी सुरू केली. पण हे काम किती प्रचंड आहे, हे लक्षात आल्यावर, 'माझ्या आयुष्यासारखी अनेक आयुष्यं कीटकांचा अभ्यास करायला खर्ची घालावी लागतील,' असं तो म्हणे. तरीही ह्या क्षेत्रातही त्यानं प्रचंड मोठं काम केलं. प्राण्यांच्या वर्तणुकीचा अभ्यास हा फार महत्त्वाचा असतो, हेही त्यानंतर जगाच्या पुढं आणलं. वयाच्या नव्वदाव्या वर्षी त्याचं निधन झालं.

◆

टायको ब्राहे

पृथ्वी सूर्याभोवती फिरते, हे मान्य नसलेला एक महान खगोलशास्त्रज्ञ म्हणून टायको ब्राहे जगाला माहीत आहे. त्याचा जन्म कोपर्निकसच्या मृत्यूनंतर तीन वर्षांनी आणि गॅलिलिओनं आकाशनिरीक्षक दूरदर्शी वापरायला सुरुवात केली, त्याच्या ६३ वर्ष आधी झाला. १४ डिसेंबर १५४६ रोजी एका डॅनिश जमिनदाराच्या पोटी जन्माला आलेल्या टायकोचं जन्मगाव आता स्वीडनमध्ये आहे. त्या काळात स्वीडन हा डेन्मार्कचा एक प्रांत होता. त्याचं मूळ नाव टाईग. त्याचे वडील राजदरबारी मंत्रिमंडळाचे सदस्य होते. टाईग एक वर्षाचा असताना त्याच्या एका काकानं टाईगला पळवून नेलं. हा काका डॅनिश नौसेनानी होता. तो निपुत्रिक होता. वारसा चालविण्यासाठी त्याला मुलगा हवा होता. त्या लष्करी माणसानं हा मुलगा परत करायला नकार दिला. तेव्हा टाईगच्या आई-वडिलांनी तो सुखात राहतोय ह्यावरच समाधान मानायचं ठरवलं. हा काकाही खूप श्रीमंत होता. त्यानं टाईगसाठी उत्तमोत्तम शिक्षक नेमलेच, पण पुढे त्याला युरोपातील त्या काळी नावाजलेल्या कोपनहेगन आणि लीपाझिग विद्यापीठात पाठवलं. ह्या मुलानं उत्तम शिक्षण घेऊन राजकारणात किंवा लष्करात प्रवेश करावा, असं त्या नौसेनानी काकाला वाटत होतं, तर टायकोला आकाशनिरीक्षणाचं व्यसन लागलं होतं. ह्या व्यसनातून टायकोची मरेपर्यंत सुटका झाली नाही.

२१ ऑगस्ट १५६० च्या सूर्यग्रहणापासून टायकोच्या खगोलशास्त्रीय आयुष्यास सुरुवात झाली. त्यापूर्वीही त्यानं खगोलशास्त्रात लुडबूड केली होती. त्या काळात फलज्योतिष आणि खगोलशास्त्र ही दोन्ही हातात हात घालून वाटचाल करीत. पण सूर्यग्रहणाचं अचूक भाकीत गणिती शास्त्रीय पद्धतीनं अचूकपणे करता येतं, हे लक्षात आल्यावर टायको खगोलशास्त्रीय अभ्यासात जास्त रमला. त्याला त्याच्या शिक्षकांनी 'हा नाद सोड' असा अनेकवार उपदेश केला, हे शिक्षक झोपले की टायको आकाशाकडं बघू लागायचा. टायकोची बुद्धिमत्ता इतकी प्रगल्भ होती, की वयाच्या सोळाव्या वर्षीच त्यानं त्याच्या आकाशनिरीक्षणातून जे निष्कर्ष काढले, ते अतिशय क्रांतिकारक असेच

होते. टायकोचा वारसा पुढे चालविणारा योहॅनेस केप्लर ह्यानं लिहून ठेवलंय, ''खगोलशास्त्रातील फिनिक्स म्हणजे टायको. ह्यानं खगोलशास्त्राचं पुनरुज्जीवन करायला इ.स. १५६४ मध्ये सुरुवात केली.'' टायकोची प्रमुख कल्पना म्हणजे ग्रहगोलांच्या भ्रमणाचं अचूक निरीक्षण करून त्याबाबतच्या सुस्पष्ट नोंदी ठेवणं. ही कल्पना राबवली तर ग्रहाच्या भ्रमणाचं स्वरूप आणि सूर्याच्या ग्रहमालेची संरचना स्पष्ट होऊ शकेल, असं टायको म्हणत असे. विटेनबर्ग आणि रोस्टॉक इथल्या विद्यापीठातून वास्तव्य करून मग टायको ऑम्सबर्ग इथं राहू लागला. त्याच्या वडिलांच्या मृत्यूनंतर इ.स. १५७१ मध्ये तो हेरिड्सव्हाड अॅबेत हेत्सिंगबोर्ग इथं वास्तव्यास गेला. पूर्वी इथं एक मठ होता, पण आता तो ब्राहे घराण्यातील टायकोच्या नातेवाइकांचा ताब्यात होता. ह्या काळात टायकोचा कल इतर विषयांकडं झुकू लागला होता. पण ११ नोव्हेंबर १५७२ रोजी त्याच्या आयुष्याला वळण देणारी एक खगोलशास्त्रीय घटना महत्त्वाची ठरली. त्याच्या रासायनिक प्रयोगशाळेतून भोजनासाठी परतत असताना शर्मिष्ठेजवळ एक खूप तेज:पुंज तारा दिसला. हा तारा त्यानं ह्यापूर्वी कधीही बघितलेला नव्हता. तो तारा मंद होत होता. दिसेनासा होईपर्यंत टायको पुढचे १८ महिने त्याची निरीक्षणं करीत होता. त्यानं ही निरीक्षणं डी नोव्हा स्टेला (नवदीप्त तारा) ह्या शीर्षकासह प्रसिद्ध केली. त्या काळात सरदार घराण्यातील लोकांनी लेखन प्रसिद्ध करणं हा खरंतर कमीपणा मानला जात असे. पण सहकाऱ्यांच्या आणि मित्रांच्या आग्रहामुळं टायकोनं हा उद्योग केला. टायकोचं कुठलंच वागणं त्या काळच्या प्रतिष्ठित समाजाला मानवणारं नव्हतं. त्यानं एका गरीब शेतकऱ्याच्या मुलीशी लग्न केलं. पुढं डेन्मार्क सोडून तो जर्मनीत आश्रयास गेला. इथं केप्लरही त्याच्या मदतनीस म्हणून आला. २४ ऑक्टोबर १६०१ ह्या दिवशी त्याचं निधन झालं.

◆

डेव्हिड लिव्हिंग्स्टन

डेव्हिड लिव्हिंग्स्टनचा जन्म १९ मार्च १८१३ ह्या दिवशी ग्लासगोजवळ ब्लँटायर नावाच्या गावी झाला. त्याचे वडील चहाचे व्यापारी होते, मात्र त्या व्यापारापेक्षा त्यांना धार्मिक आणि सार्वजनिक कामात जास्त रस होता. त्यामुळं त्यांचा व्यवसाय आतबट्ट्याचाच होता. त्यांच्या धार्मिक प्रवृत्तीला नावं ठेवणाऱ्या डेव्हिडला, त्यांनी विज्ञानाची पुस्तकं आणि प्रवासवर्णनं वाचायला बंदी केलीच, पण त्याच्यापुढे धार्मिक पुस्तकांचा गठ्ठा ठेवला. डेव्हिडला ती पुस्तकं वाचणं, ही शिक्षा वाटू लागली. त्या वेळी मग वडिलांनी ह्या मुलाला जवळच्या कापूसगिरणीत नोकरी लावून दिली. डेव्हिड तेव्हा दहा वर्षांचा होता. तिथं रोज १४ तास सुरुवातीस कापूस वेचण्याचं आणि नंतर सूतकताईचं काम देण्यात आलं. डेव्हिडचं वाचनवेड ह्या वेळी त्याच्या मदतीस आलं. काम करता करता तो पुस्तक वाचत असे. त्यामुळं त्याला त्या गिरणीत 'विचित्र वृत्तीचा, माणूसघाणा मुलगा' असं म्हटलं जाऊ लागलं. प्रवास आणि निसर्गशास्त्र ह्या दोन विषयांमध्ये लिव्हिंग्स्टनला खूप रस होता. जर्मन मिशनरी गुट्झलाफ ह्याची आणि डॉ. थॉमस डिकची पुस्तकं वाचून त्यानं मिशनरी बनायचं ठरवलं. धर्मप्रसाराच्या निमित्तानं का होईना, त्याला जग बघायला मिळणार होतं. शिवाय ही पुस्तकं वाचून विज्ञान आणि धर्म ह्यांचं वाकडं असायचं काही कारण नाही, असं त्याला वाटू लागलं होतं. नोकरी करता करता तो पैसेही साठवत होता आणि त्याचं वाचनही चालू होतंच. दरम्यान मिशनरी होण्याचा त्याचा निश्चय त्याच्या मदतीस आला. वडिलांनी आणि मोठ्या भावानं देऊ केलेल्या आर्थिक मदतीच्या जोरावर त्यानं ग्लासगो विद्यापीठात प्रवेश मिळवला. इथं ग्रीक वैद्यकशास्त्र आणि धर्मशास्त्र हे विषय घेऊन १८३७ मध्ये पदवी मिळविण्यात लिव्हिंग्स्टनला यश मिळालं. मग त्यानं धर्मगुरू बनायचं ठरवलं. पहिल्याच प्रवचनाच्या वेळी समोरचा जनसमुदाय बघून त्याला घाम फुटला. त्यानं समोरचं बायबल उचललं आणि व्यासपीठावरून पळ काढला. ह्यानंतर तो वैद्यकीय अभ्यासाकडे वळला.

डॉ. लिव्हिंग्स्टनला चर्चनं चीनमध्ये पाठवायचं ठरवलं, पण दरम्यान चीनमध्ये 'अफूचं युद्ध' सुरू झालं. त्यामुळं मग लिव्हिंगस्टन आफ्रिका खंडात पोहोचला. ह्या जहाजप्रवासात नक्षत्रांच्या साहाय्यानं दिशा ओळखायचं तंत्र शिकून लिव्हिंगस्टन कुरुमान ह्या ठिकाणी उतरला आणि अकराशे कि.मी.चा प्रवास करून बेचुआनालँडमध्ये पोहोचला. इथून त्याची आफ्रिकेच्या जंगलातली भटकंती सुरू झाली. ह्या सर्व प्रवासात लिव्हिंगस्टननं भूशास्त्र, प्राणिशास्त्र आणि वनस्पतिशास्त्रीय नोंदी ठेवल्या, हे विशेष! त्यामुळं पुढच्या पिढ्यांच्या संशोधनाचा मार्ग मोकळा झाला. इ.स. १८४४ मध्ये लग्न करून लिव्हिंगस्टनं माबोत्सा इथं स्वहस्तेच एक घर बांधलं. इथंच एका सिंहाच्या हल्ल्यात जखमी झाल्यामुळं त्याचा डावा हात कायमचा अधू बनला. ह्या भागात दुष्काळ पडल्यावर बक्वेना जमातीसह लिव्हिंगस्टन कोलोबेंग नदीच्या काठी राहायला गेला. त्या ठिकाणी वस्ती उभारल्यावर लिव्हिंगस्टननं त्या लोकांना शेतीचं शिक्षण दिलंच, पण पाट बांधून शेतीत पाणी आणणंही शिकवलं. इ.स. १८४९ विल्यम ऑस्वेल आणि मुंगो मरे ह्यांच्याबरोबर अंगामी सरोवराच्या शोधात लिव्हिंगस्टन निघाला. कलहारीचं वाळवंट ओलांडून जुगा नदीच्या पात्रातून होड्यांच्या साहाय्यानं ते त्या सरोवरात पोहोचले. इ.स. १८५१ मध्ये लिव्हिंगस्टन आणि ऑस्वेल झांबेझीच्या काठी पोहोचले. इ.स. १८५३ मध्ये मकोलोलो जमातीच्या मदतीनं तो पश्चिमेकडे निघाला. आफ्रिकन पर्जन्यारण्य ओलांडून ३१ मे १८५४ रोजी तो अटलांटिक सागरकिनारी पोहोचला. वाटेत त्याला अनेक अडचणी व संकटांवर मात करावी लागली होती. १ जाने. १८५५ ह्या दिवशी त्याच्या साथीदारांना परत सोडायच्या निमित्तानं त्यानं पूर्वेकडं प्रवास सुरू केला. नोव्हेंबर ५५ मध्ये त्यानं व्हिक्टोरिया धबधबा शोधला. त्याचं स्थानिक नाव होत 'मासिओतुन्या' (आवाजी धूर). इंग्लंडमध्ये परतल्यावर त्याला खूप मानसन्मान मिळाले. पण त्याला स्वस्थ बसवेना. १८५८ मध्ये झांबेझीच्या दुसऱ्या मोहिमेवर तो निघाला. ह्या प्रवासात त्याच्याकडून काहीच न कळल्यामुळं स्टॅनलीच्या नेतृत्वाखाली एक मोहीम पाठविण्यात आली. ह्यानंतर स्टॅनलीबरोबर त्यानं प्रवास केला. २८ एप्रिलला तो आजारी पडला. १ मे ला आफ्रिकेतच त्यानं देह ठेवला.

◆

मार्को पोलो

इ.स. १२९५ मध्ये तीन अतिशय दमलेली आणि मळक्या कपड्यातली माणसं व्हेनिसला पोहोचली. एका भल्यामोठ्या वाड्याच्या भव्य प्रवेशद्वारापाशी उभं राहून त्यांनी दार ठोठावलं. त्यांच्या चेहऱ्यावर घरी पोहोचल्याचा आनंद होता. दार उघडलं गेलं. दारातून त्यांना आत येऊ देणं दूरच राहिलं, पण दार बंद करण्यापूर्वी त्यांच्याच घरातल्या माणसांनी त्यांना विचारलं, "तुम्ही कोण?" विचारणाऱ्याची काही चूक नव्हती. चोवीस वर्षांपूर्वी ह्या घरातील तीन माणसं निकोलो आणि माफीओ, तसंच निकोलोचा मुलगा मार्को, हे कँथे नावाच्या ऐकीव देशाच्या शोधासाठी घराबाहेर पडले होते. पुढं त्यांच्यासंबंधी काहीच कळलं नसल्यानं पोलो कुटुंबीयांनी ह्या तिघांची आशा सोडून दिली. त्यांच्या स्मरणार्थ चर्चमध्ये प्रार्थनाही करण्यात आली होती; पण ह्या तीन प्रवाशांनी ते तिघं ते आम्हीच, अशी त्यांच्या नातेवाइकांची खात्री पटवण्यात यश मिळवलं. लगेचच त्यांनी एका मोठ्या मेजवानीचं आयोजन केलं. हे भोजन अतिशय श्रीमंत थाटाचं होतं. तिन्हीही पोलो मखमली कपड्यांत होते. जेवताना त्यांनी तीन वेळा कपडे बदलले. काढून टाकलेले कपडे नोकरांना दान करण्यात आले. जेवण संपल्यावर त्यांनी त्यांचे प्रवासातले कपडे मागवले. ते उसवले. त्यातून व्हेनिसमधल्या श्रीमंतातील श्रीमंत व्यक्तीनं कधी बघितली नसतील, असं जडजवाहीर आणि रत्नं बाहेर पडली. त्यांच्या प्रवासाची हकिकत ही युरोपच्या दृष्टीनं आणि इतिहासकारांच्या दृष्टीनं ह्या संपत्तीहून अधिक मौल्यवान होती. सुरुवातीस त्यांच्या हकिकतीवर कुणी विश्वास ठेवायला तयार नव्हतं. पण चीन नावाचा एक देश अस्तित्वात आहे, तिथं खूप संपत्ती आहे, तिथं एक प्राचीन संस्कृती नांदते. ह्यावर युरोपचा विश्वास हळूहळू बसू लागला. पोलोंची ही हकिकत बाहेर आली ह्याचं कारणही विचित्रच आहे. व्हेनिस आणि जिनोआच्या युद्धात मार्को युद्धकैदी बनला. रुस्टीसिऑनो नावाच्या युद्धकैद्यासह तो एकाच कोठडीत राहत होता. मार्कोनं सांगितलेली चीनच्या प्रवासाची हकिकत रुस्टीसिऑनोमुळं खरं तर जगापुढं आली. रुस्टोसिऑनोही त्या काळात

लेखक म्हणून प्रसिद्धी पावला.

मार्को सहा वर्षांचा असताना त्याचे वडील आणि काका कुबलई खानाच्या दरबारात पोहोचले. तिथून ते खानाचं पत्र घेऊन रोमला परतले. त्या वेळी चौथ्या क्लेमंटचं निधन झालं होतं. पोपची गादी रिकामी होती. तेव्हा पोलो बंधू १७ वर्षांच्या मार्कोला घेऊन परत चीनच्या प्रवासाला निघाले. तेवढ्यात दहावा ग्रेगरी पोप बनला. हे परत फिरून त्याला भेटले. कुबलई खानानं १०० शिक्षक मागवले होते. पोपनं दोन शिक्षक दिले, तेही प्रवास अर्ध्यावर सोडूनच परतले. होर्मुझ, कर्मान, खुरासान, बक्षमार्गे ते पामीरच्या पठारावर पोहोचले. ही नावं त्या काळात युरोपात फारशी ठाऊक नव्हती. पामीरचं पठार तर पोलोमुळं युरोपला ठाऊक झालं. तिथून काशगर, यार्कंद, खोतानमार्गे ते पुढं सरकले. ह्यानंतर ह्या मार्गानं पुन्हा युरोपीय प्रवासी यायला सुमारे सहाशे वर्ष जावी लागली. गोबीचं वाळवंट पार करणारे ते पहिले गोरे प्रवासी होते. खूप संकटांचा सामना देत देत चीनमध्ये पोहोचले. त्यांना रोमहून निघाल्यास साडेतीन वर्ष लागली होती. कुबलई खानाची वीस वर्षांच्या मार्कोवर मर्जी बसली. मार्कोंचं वैशिष्ट्य म्हणजे त्या प्रवासात आणि नंतर चीनच्या वास्तव्यात जे काही घडलं, त्या प्रत्येक बारीकसारीक गोष्टीची त्यानं नोंद ठेवली होती. खानानं त्याला चीनमध्ये जागोजाग खानाचा खास दूत म्हणून पाठवलं, त्या त्या भागातल्या भौगोलिक वैशिष्ट्यांसह चालीरीती, जीवनपद्धती ह्यांच्या नोंदी मार्को करीत गेला. ते पाहून कुबलई खानाचा मार्कोवरचा विश्वास वाढला. ह्या काळात तिबेट, युनान आणि ब्रह्मदेशाचा उत्तर भाग मार्कोनं पालथा घातला. पुढे तीन वर्ष मार्को यांगचौ प्रांताचा राज्यपाल म्हणून जाऊन आला. अशा तऱ्हेनं चीन आणि आसपासच्या प्रदेशात सतरा वर्ष घालवून अमाप संपत्ती गोळा करून सागरमार्गे पोलो परतीच्या प्रवासाला लागले. ही संधी त्यांना कशी प्राप्त झाली, ती एक दीर्घ कहाणी आहे. पोलोंच्या ह्या सफरीमुळं युरोपला चीनची माहिती झाली. पोलोंच्या नोंदी आणि त्यांनी बनवलेले नकाशे हाच एक मोठा ऐतिहासिक खजिना आहे.

◆

विल्यम हार्वे

आज आपल्याला थोडंसं बरं वाटेनासं झालं की, आपण डॉक्टरांकडे जातो. या वैद्यकीयशास्त्राला आणि पर्यायानं आपल्यालाही आरोग्याच्या वाटेवर नेणाऱ्या संशोधकांमध्ये विल्यम हार्वे या संशोधकाचं नाव अग्रभागी येतं. त्यानं त्याच्या 'एक्झेर्सिटाटिओ अनाटोमिका द मोतुकॉर्डिस ए सॅंग्विनिस इन ऑनिमेलिबस' या मालगाडीसारख्या शीर्षकाच्या ग्रंथानं नव्या वैद्यकीय युगाचा पाया घातला. मानवी रक्ताभिसरण प्रक्रियेचं या ग्रंथात विवेचन करण्यात आलं आहे. यापूर्वी मानवी शरीरांतर्गत प्रक्रिया आणि रक्त याबद्दल ज्या विचित्र आणि भ्रामक समजुती तोपर्यंतच्या काळात प्रचलित होत्या; त्यांना या ग्रंथामुळे कायमची मूठमाती मिळाली.

विल्यम हार्वेचा जन्म १ एप्रिल १५७८ या दिवशी झाला. त्याचे वडील व्यापारी होते. हार्वे घराण्याची आर्थिक परिस्थिती चांगली होती. तो शाळा, महाविद्यालयात बेतास बात बुद्धिमत्तेचा विद्यार्थी म्हणून ओळखला जात असे. हा मुलगा वडिलांच्या व्यवसायात शिरणार आणि गल्ल्यावर बसणार, हे सर्वच जग गृहीत धरीत असे.

महाविद्यालयीन शिक्षण संपल्यावर पादुआ या इटलीतील शहरात हार्वे गेला. शिक्षण संपलं की, धनिकांची मुलं युरोपची सैर करीत; तसाच हा प्रवास होता. वेळ घालवायला म्हणून पादुआ विद्यापीठात हार्वे एक व्याख्यान ऐकायला गेला. ऑक्वापेंडेंटेच्या फॅब्रिसियसचं व्याख्यान हार्वेनं ऐकलं आणि तो फारच प्रभावित झाला आणि त्यानं पादुआ विद्यापीठात वैद्यकीय शिक्षणक्रम पूर्ण करण्याचं ठरवलं. या फॅब्रिसियसनं शवविच्छेदन करताना ज्या गोष्टी बघितल्या होत्या, त्यामध्ये 'मानवी रक्तवाहिन्यांमध्ये झडपा असतात' हे एक निरीक्षण होतं. फॅब्रिसियसला हे निसर्गाचं एक कोडं वाटत होतं. हार्वेनं हे कोडं सोडवायचा निश्चय केला. पादुआत वैद्यकीय शिक्षण पूर्ण करून हार्वे इंग्लंडला परतला. इथं केंब्रिज विद्यापीठात त्यानं पुन्हा हेच प्रशिक्षण घेऊन वैद्यकीय पदवी मिळवली. मग त्यानं लंडनमध्ये रुग्णतपासणी

सुरू केली. याच सुमारास त्याचं एलिझाबेथ ब्राऊन या मुलीवर प्रेम जडलं. तिचे वडील सर लान्सेलॉट ब्राऊन हे पहिल्या एलिझाबेथ राणीचे वैद्यराज म्हणून दरबारी होते. त्यामुळे हार्वेचाही राजदरबारी प्रवेश झाला. त्याचबरोबर त्याला सेंट बार्थोलोम्यू रुग्णालयात शरीरशास्त्रज्ञ म्हणून नेमणूक मिळाली. इथं त्याला अनेक रुग्ण तपासावे लागत असत.

रोजच्या अनुभवातून त्याला जे ज्ञान मिळत गेलं, त्यामुळे तोपर्यंतच्या रक्ताभिसरणासंबंधीच्या कल्पना चुकीच्या आहेत, असा त्याचा समज होऊ लागला. कालांतरानं त्याची त्याबद्दल खात्रीच पटली. त्या काळात रक्त यकृतात निर्माण होतं. असा समज होता. शरीरात दोन प्रकारचे रक्तप्रवाह असतात. एक रक्तप्रवाह शरीरातील नीलेतून (किंवा अशुद्ध रक्तवाहिनी) वाहतो. तो हृदयाच्या उजव्या भागातून येतो. दुसरा रोहिणीतून (शुद्ध रक्तवाहिनी) वाहणारा प्रवाह हृदयाच्या डाव्या भागातून निघतो. फॅब्रिसियसकडं शिकताना हार्वेनं रक्तवाहिनीतील झडपा बघितलेल्या होत्या. हार्वेनं याच झडपांची पाहणी केली. रक्तवाहिन्यांमध्ये रक्तप्रवाह एकाच दिशेनं वाहत ठेवण्याचं काम या झडपा करतात, हेही हार्वेच्या लक्षात आलं. ही दिशा अशुद्ध रक्तवाहिनीत हृदयाच्या दिशेनं असते; पण या नीलांमध्ये रक्त येतं कुठून? रोहिण्यांमध्ये येणारं रक्त यकृतातून किंवा पोटातून येत नाही, हे त्यानं शोधलं. मग शरीरात दोन रक्तप्रवाह नसून एकच रक्त सर्वत्र वाहत असतं, हेही त्याच्या लक्षात आलं. तेच रक्त शरीरात खेळत असतं, या कल्पनेचा मग हार्वेनं पाठपुरावा केला. इ. स. १६१६ मध्ये त्यानं ही कल्पना त्याच्या भाषणातून मांडायला सुरुवात केली. प्रस्थापित वैद्यक व्यावसायिकांनी त्याच्या म्हणण्याकडं दुर्लक्ष केलं. इ. स. १६१६ मध्येच ही कल्पना त्यानं लेखी स्वरूपात मांडायची तयारीही सुरू केली. अखेरीस इ. स. १६२८ मध्ये त्याचा ग्रंथ प्रसिद्ध झाला. त्यामुळं वैद्यकीय क्षेत्रात प्रचंड खळबळ माजली. बरेच डॉक्टर त्याच्या विरोधात गेले. हार्वेकडं रुग्ण येणं कमी झालं, कारण त्याच्या डोक्यावर परिणाम झाला, अशी अफवा पसरली; पण काही काळातच हा विरोध ओसरून ही कल्पना सर्वमान्य ठरली.

◆

कॅप्टन जेम्स कुक

'जेम्स कुक ह्या शेतकऱ्याच्या घरी जन्म झालेल्या मुलाचं नाव मानवी इतिहासात अजरामर होईल,' असं म्हणणं धाडसाचं ठरलं असतं. २६ ऑक्टोबर १७२८ ह्या दिवशी मार्टन नावाच्या खेड्यात एका शेतमजुराच्या झोपडीत जन्मलेला हा मुलगा केवळ जिद्दीच्या जोरावर महान संशोधक बनला. बाराव्या वर्षी जेम्स धंदेशिक्षण घेण्यासाठी एका दुकानदाराकडे नोकरीसाठी राहिला. दुकानदार दारुडा होता आणि त्याचा छडीवर फार विश्वास होता. दुकान उघडणं, बंद करणं, झाडणं आणि दुकानातली झुरळं मारणं ह्या कामांपेक्षाही, दुकानदाराला दारू जास्त झाली की त्याचा मरेस्तोवर मार खाणं, हे जेम्सचं महत्त्वाचं काम होतं. ह्यातून वेळ मिळेल तेव्हा बंदरावर जाऊन जहाजांचं निरीक्षण आणि खलाशांच्या गप्पा ऐकणं ह्या छंदात जेम्स त्याचं मन रमवीत असे. दूरदेशच्या सफरी हे त्याचं स्वप्न बनलं होतं.

'कुठल्याही माणसापेक्षा दूर जाणं यापेक्षाही, कुणी अजून पोहोचलं नाही, अशा ठिकाणी जाणं हे माझं स्वप्न होतं' असं पुढं त्यानं लिहून ठेवलंय. खलाशांच्या तोंडून ऐकलेली साहसाची वर्णनं ऐकून आणि चित्रविचित्र भूप्रदेशांच्या वर्णनामुळे भारावून जाऊन एक दिवस जेम्सनं आपली पथारी गुंडाळली आणि त्या दुकानासह इंग्लंडला रामराम ठोकला. जाताजाता दुकानाच्या गल्ल्यातून त्यानं एक शिलिंगही उचलला.

सत्ताविसाव्या वर्षापर्यंत कुकनं बरीच प्रगती केली. तो स्वतःच लिहावाचायला शिकला आणि जहाजावर 'फर्स्ट मेट' बनला. दरम्यान इंग्लंड आणि फ्रान्सचं युद्ध सुरू झालं होतं. सर्व तरुणांची धरपकड करून त्यांना मारून मुटकून सैन्यात भरती करण्यात येत होतं. हे टाळण्यासाठी कुक स्वतःच सैन्यात भरती झाला. सैन्य भरतीनंतर त्याला कॅनडात पाठविण्यात आलं. तिथं सेंट लॉरेन्स नदीच्या सर्वेक्षणाची कामगिरी त्याच्यावर सोपविण्यात आली होती. हे काम वाटतं तितकं सोपं नव्हतं. फ्रेंच आणि रेड इंडियन टोळ्यांशी सतत लढत हे काम कुकनं पूर्ण केलं. ह्याचा

पुढे ब्रिटिश सैन्याला उपयोग झाला. इ. स. १७६२ मध्ये त्यानं न्यू फौंडलंडच्या लढ्यात भाग घेतला. नंतर तिथल्या किनाऱ्याचा नकाशाही त्यानं तयार केला. नकाशाकार म्हणून त्याला चांगलीच प्रसिद्धी मिळाली. ह्याच वेळी गणिताचं महत्त्वही त्याच्या लक्षात आलं. त्यामुळे गणित आणि खगोलशास्त्रात प्रावीण्य मिळविण्यात तो मग्न झाला. ५ ऑगस्ट १७६६ च्या सूर्यग्रहणांच्या निरीक्षणामुळे शास्त्रीय जगातही त्याचा बोलबाला झाला. त्याला नौदल मंत्रालय आणि रॉयल सोसायटीकडून पाठीवर थाप मिळाली.

ह्या काळात एक चांगला दिशादर्शक (नॅव्हिगेटर), सर्वेक्षक, गणिती आणि आकाशनिरीक्षक म्हणून कुकला मान्यता मिळाली, तरी नव्या भूप्रदेशांचा शोधक म्हणून त्याला मान्यता नव्हती. पण त्याच्या ह्या गुणांचा फायदा घेऊन नौदल विभागानं त्याला दक्षिणेकडील भूभागांचा शोध घ्यायला पाठवायचं ठरवलं. अधिकृतरीत्या तो शुक्राच्या भ्रमणाचं निरीक्षण करण्यासाठी म्हणून मोहिमेवर निघाला होता. प्रत्यक्षात टेरा ऑस्ट्रेलिया इनकॉग्निटा, म्हणजे 'दक्षिणेकडील अज्ञात भूमी' शोधणं हा कार्यक्रम त्याच्यावर सोपविण्यात आला होता. खरोखरच असं एखादं भूखंड आहे काय आणि असलंच तर त्याचं स्वरूप कसं आहे, हे कुकनं निश्चित करायचं होतं.

हेटोरेल ह्या स्पॅनिश नौकानयन तज्ज्ञानं न्यूगिनी म्हणजे दक्षिण भूमी नव्हे, हे १६०५ मध्ये सिद्ध केलं होतं. विल्यम डॅपियर ऑस्ट्रेलियाच्या पश्चिम किनाऱ्यावर पोहोचला, पण त्यानं कोणतीही शास्त्रीय माहिती मिळवली नव्हतीच; पण जी माहिती आणली होती, त्या माहितीवर कुणीही विश्वास ठेवायला तयार नव्हतं. टास्मन १६४२ मध्ये टास्मानियास पोहोचला. त्यानं न्यूझीलंड शोधून काढलं. ऑस्ट्रेलियास प्रदक्षिणाही घातली, पण त्याला ऑस्ट्रेलिया काही दिसलं नव्हतं. ह्यामुळेच कुकची मोहीम निघाली होती.

२५ ऑगस्ट १७६८ मध्ये लेफ्टनंट कुकनं ८३ व्यक्तींसह एंडिव्हर ह्या जहाजामधून हा प्रवास सुरू केला, तेव्हा त्यात बरेच शास्त्रज्ञ त्यानं बरोबर घेतले होते. तिथं ३ जून रोजी त्यांनी शुक्राच्या गतीची निरीक्षणं केली. तिथून कुक दक्षिणेकडे निघाला आणि न्यूझीलंडला पोहोचला. तिथं त्यानं माओरींच्या भीतीनं ह्या बेटांवरचा मुक्काम लवकर हलविला. मात्र माओरींनी त्याला फारसा त्रास न देता त्याच्या भेटी स्वीकारल्या.

कुकनं न्यूझीलंडच्या दोन्ही प्रमुख बेटांचे किनारे तपासले आणि त्यांचे नकाशे तयार केले. ह्यामुळे न्यूझीलंडच्या आकाराची बाह्यरेखा आणि क्षेत्रफळ यांची निश्चिती झाली. मग माओरी नसलेल्या क्वीन शार्लोट साऊंड्स इथं त्यानं युनियन जॅक हे

इंग्लंडचं निशाण फडकावलं आणि ही दोन बेटं तिसऱ्या जॉर्जच्या वतीनं ताब्यात घेतल्याचं जाहीर केलं. नंतर त्यानं न्यूझीलंडचा निरोप घेतला.

सुमारे १९ दिवस त्यानं पश्चिमेकडं प्रवास केला, पण जमीन काही दिसेना. मग विसाव्या दिवशी एका टेहेळ्यानं जमीन दिसल्याची आरोळी दिली. कुकची एंडिव्हर ही नौका 'न्यू हॉलंड'च्या किनाऱ्यास लागली. कुक ऑस्ट्रेलियाच्या पूर्व किनाऱ्यावर दाखल झाला होता. ह्या भूमीवर पहिलं पाऊल जोसेफ बँक्स ह्या निसर्गशास्त्रज्ञानं ठेवलं होतं. तोपर्यंत विज्ञानास ठाऊक नसलेल्या वनस्पती आणि प्राणी बघून तो हरवून गेला. त्याच्या आग्रहास्तव ह्या जागेस 'बॉटनी बे' हे नाव देण्यात आलं.

ह्या भूमीला कुकनं 'न्यूसाउथ वेल्स' हे नाव दिलं आणि ह्या भूमीच्या पूर्व किनाऱ्यावरून कुक उत्तरेकडं निघाला. इथं त्याला एका दुर्धर प्रसंगास तोंड द्यावं लागलं. एंडिव्हर एका प्रवाळ तटावर अडकली. नशिबाची साथ आणि जहाजावरील सर्व खलाशांचे असामान्य धैर्य आणि प्रयत्न, ह्यामुळं ह्या संकटातून एंडिव्हरची सुटका झाली. मग ते पुन्हा ऑस्ट्रेलियाच्या भूमीवर उतरले. इथं युनियन जॅक रोवून ही भूमीही त्यांनी इंग्लंडच्या मालकीची झाल्याचे घोषित केलं. मग जमिनीवर जहाजाच्या दिशेनं आणि जहाजावरून जमिनीवर तीन-तीन तोफगोळे झाडण्यात आले आणि ऑस्ट्रेलियावर इंग्लंडची मालकी प्रस्थापित झाली.

इंग्लंडला परतल्यावर कुकला बढती देऊन कमांडर म्हणून नेमणूक देण्यात आली. त्या भूमीला जरी ऑस्ट्रेलिया म्हणणात येऊ लागलं, तरी 'टेरा ऑस्ट्रेलिस इनिकॉग्निटा' हे दक्षिण भूखंड म्हणतात ते नव्हे, हे कुकसह सर्वांनाच मान्य होतं. म्हणून १३ जुलै १७७२ ला कुक पुन्हा त्या दक्षिणी भूखंडाच्या शोधास निघाला. ह्या वेळी त्याच्याबरोबर रिझोल्युशन आणि अँडव्हेंचर अशी दोन जहाजं होती.

केप ऑफ गुडहोपला वळसा घालून झाल्यावर कुक आग्नेय दिशेनं प्रवास करू लागला. तिथं त्याला हिमनग आडवे आले, मग अंटार्क्टिक वर्तुळाच्या कडेनं तो पॉसिफिकमध्ये पोहोचला. तिथं दोन्ही जहाजांची ताटातूट झाल्यावर कुक न्यूझीलंडला पोहोचला. तिथं त्याच्या जहाजाची डागडुजी झाल्यावर त्याला शोधत आलेलं दुसरं जहाज तिथं पोहोचलं. त्यानंतर त्यानं पॅसिफिक महासागरातल्या बेटांची पाहणी केली. मग तो दक्षिण अमेरिकेच्या दक्षिण टोकाला तिएरा देल फ्युएगो इथं पोहोचला. तिथून केप ऑफ गुडहोपला भेट देऊन आफ्रिकेच्या किनाऱ्यांनं प्रवास करीत त्यानं इंग्लंड गाठलं.

तीन वर्षांत कुकनं ६० हजार सागरी मैल प्रवास केला. ह्या प्रवासात आजारी पडल्यानं फक्त एक खलाशी त्यानं गमावला. त्या काळात स्कर्व्ही ह्या रोगाला अनेक सागरप्रवासी बळी पडत असत. खारवलेलं मांस आणि हाडासारखी कडक

बिस्किटं अशा आहाराचा तो परिणाम असे. कुकनं हे टाळण्यासाठी गवती चहा, गाजरं, लिंबाचा रस, व्हिनेगारमध्ये मुरवलेल्या भाज्या अशा खाद्यपदार्थांचा साठा बरोबर बाळगला होता. ह्या मोहिमेत त्यानं तयार केलेल्या नकाशात नव्या छोट्या बेटांची भर सोडली, तर कोणताही फरक पडलेला नव्हता. त्याला कॅप्टनपदी बढती मिळाली आणि रॉयल सोसायटीचं सदस्यत्व मिळालं हे सोडलं, तर कुकचा ह्या मोहिमांमध्ये कोणताच फायदा झाला नव्हता.

वायव्येचा अटलांटिक आणि पॅसिफिकला जोडणारा सागरी मार्ग शोधण्यासाठी त्याची तिसरी मोहीम निघाली. अमेरिकेच्या उत्तरेकडून पॅसिफिकमध्ये जायचा हा प्रयत्न २५ जून १७७६ ला सुरू झाला. ह्यासाठी तो केप ऑफ गुडहोपला वळसा घालून टास्मानिया, न्यूझीलंडमार्गे ताहितीला पोहोचला. तिथं द्वीपशृंखलेतील बेटं शोधून तो हवाई बेटांवर पोहोचला. ही बेटं १५५५ मध्ये जिटानो ह्या स्पेनच्या दर्यावर्दीनं शोधली होती. पण ती माहिती इतकी गुप्त ठेवण्यात आली होती, की त्या बेटांचं अस्तित्व विसरलं गेलं होतं. ह्या द्वीपसमूहाला त्यानं 'अर्ल ऑफ सँडविचेस' नाव दिलं.

इथून कुक अमेरिकेच्या पश्चिम किनाऱ्याला पोहोचला. ओरेगॉनच्या किनाऱ्यावरून तो उत्तरेस गेला. उष्ण पॅसिफिकमधून तो आता शीत प्रदेशात आला होता. बेरिंगच्या सामुद्रधुनीत त्याला १२ फूट उंचीची बर्फाची भिंत आडवी आली. मग ईशान्य सैबेरियाच्या कडेनं अल्युशियन बेटांच्या मार्गे तो हवाईस परतला.

जानेवारी १७७९ मध्ये तो कीआला केकुआ उपसागरात पोहोचला. तिथं स्थानिक आदिवासींनी त्यांचं स्वागत केलं. मात्र जहाजावरच्या वस्तू चोरण्याच्या प्रयत्नात कुकशी त्यांचे मतभेद झाले. ह्यातच त्या आदिवासींच्या हल्ल्यात कुकचा मृत्यू ओढवला. अशा तऱ्हेनं एक निर्भीड आणि निडर संशोधकाची अखेरची मोहीम संपली.

◆

आल्फ्रेड नोबेल

आल्फ्रेड नोबेलला यंत्रशास्त्र आणि स्फोटकनिर्मितीचा वारसा त्याच्या वडिलांकडून मिळाला. वडिलांबरोबर नायट्रोग्लिसरीन या स्फोटकाच्या निर्मितीमध्ये आल्फ्रेड गढला. हे द्रवस्फोटक अतिशय अस्थिर असतं. कशानेही त्याचा स्फोट होऊ शकतो.

त्या काळात या स्फोटकामुळं झालेल्या अपघातात बरीच माणसं मृत्युमुखी पडत असत. अशाच एका अपघाती स्फोटात त्यांचा कारखाना उद्ध्वस्त झालाच; पण आल्फ्रेडचा भाऊ एमिल त्या स्फोटात मारला गेला; वडील कायमस्वरूपी अपंग बनले. खूप प्रयोग आणि अपघातानंतर नायट्रोग्लिसरीन कैसलगुऱ्ह या मातीत मिसळलं, तर त्याचा अचानक स्फोट होत नाही, हे आल्फ्रेडच्या लक्षात आलं. कैसलगुऱ्हमध्ये मिसळलेल्या या स्फोटकाला हवा तसा आकारही देता येतो. या शोधामुळं खाणव्यवसायाला नवी चालना मिळाली. ग्रीक भाषेत 'डायनामिक' म्हणजे शक्ती, म्हणून या मिश्रणाला आल्फ्रेडनं डायनामाइट हे नाव दिलं. या स्फोटकानं नोबेलला अमाप पैसा मिळवून दिला. त्यानंतर त्यानं जेलिग्नाइटचा शोध लावला. त्याच्या मृत्यूनंतर त्याच्या संपत्तीतून नोबेल पारितोषिकांची सुरुवात झाली. संशोधनातून मिळविलेला पैसा अशा रीतीनं त्यानं सत्कारणी लावला.

◆

आयझॅक न्यूटनचं सफरचंद

न्यूटननं पडणारं सफरचंद पाहून गुरुत्वाकर्षणाबद्दल विचार सुरू केला, ही दंतकथा नसून सत्य आहे. मात्र न्यूटन झाडाखाली बसला असताना त्याच्या डोक्यात सफरचंद पडलं, ही मात्र दंतकथा आहे. सफरचंद पडलं तेव्हा न्यूटन संध्याकाळच्या आकाशात चंद्रकोर पाहत होता. त्याच वेळी झाडावरून सफरचंद खाली पडलं. ज्या बलामुळं सफरचंद खाली पडलं तेच बल चंद्राला पृथ्वीभोवती फिरायला लावत असेल का, हा विचार न्यूटनच्या मनात डोकावला. त्यामुळंच पुढं विज्ञान आमूलाग्र बदलून टाकणारे शोध न्यूटनच्या डोक्यातून कागदावर उतरले. एखाद्या किरकोळ गोष्टीनंसुद्धा शास्त्रज्ञाच्या मनातलं कुतूहल जागृत होतं. त्या घटनेमागचा कार्यकारणभाव शोधण्याचा तो प्रयत्न करतो आणि त्यातून युगप्रवर्तक शोध लागतो तो असा!

◆

जॉन एरिकसन

एरिकसन हा अतिशय प्रगल्भ बुद्धिमान मुलगा वयाच्या बाराव्या वर्षी कालवा खणणाऱ्या कंपनीत अभियंता म्हणून काम करू लागला. त्याच्या बुद्धिमत्तेला बाष्पशक्ती हे आव्हान वाटत असे. काही काळ स्वीडिश लष्करात नोकरी करून एरिकसन इंग्लंडला गेला. जेम्स वॅटनं बाष्पशक्ती निदर्शनास आणून दिली, त्यास ७५ वर्ष होऊन गेली होती. त्या क्षेत्रात विशेष प्रगती झालेली नव्हती. इकडे १८२९ मध्ये एका कंपनीनं एक स्पर्धा लावली होती. इंजीन बनविण्याची ती स्पर्धा स्टीफन्सनं जिंकली, कारण स्टीफन्सच्या पुढं गेलेल्या एरिकसनच्या इंजिनाचा स्फोट झाला. मग एरिकसननं बाष्पशक्तीवर चालणारी जहाजं बनविण्याचा प्रयत्न सुरू केला. ही स्पर्धा फुल्टन या अमेरिकन तंत्रज्ञानं जिंकली खरी; पण त्याची बोजड जहाजं सागरात चालत नसत. एरिकसननं त्या जहाजात सुधारणा करून मळसूत्री परिचालकाचा (स्क्रू प्रॉपेलर) शोध लावला. त्यामुळं सागरी वाहतुकीत क्रांती घडून आली. ही जहाजं हाताळायला सोपी होती. जिद्द आणि आशावाद यांमुळे जॉन एरिकसन यशस्वी ठरला.

◆

राईट बंधू

विल्बर आणि
ऑर्व्हिल राईट यांचे वडील धर्मगुरू होते. ते विज्ञान विषयही शिकवीत असत. 'माणसानं उडावं असं देवाला वाटत असतं, तर देवानं माणसाला पंख दिले असते,' असे उद्गार त्यांनी ऑर्व्हिलच्या बारशाच्या वेळेस काढले होते. त्यांच्याच दोन्ही मुलांना विमान बनवायच्या व्यसनानं पछाडलं. त्या दोघांचं सायकल दुरुस्तीचं दुकान होतं. दुकानाच्या मागच्या पडवीत बसून ते विमान बनविण्याचा खटाटोप करीत. विमानोड्डाणामागचं तंत्र जाणून घ्यायच्या त्यांच्या वैज्ञानिक विचारसरणीमुळे, हवेच्या झोताचा विमानाच्या पंखांवर होणारा परिणाम अजमावण्यासाठी त्यांनी वात बोगदा तयार केला. त्यांच्या विमोनोड्डाणाच्या प्रयत्नांना अनेकवार अपयश आलं, तरी चिकाटी न सोडता ते प्रयोग करीत होते. १७ डिसेंबर १९०३ या दिवशी किटी हॉक या ठिकाणी त्यांचं फ्लायर नावाचं विमान हवेत उडालं. ध्येय साध्य करायचंच, या निश्चयानं योग्य पावलं टाकली तर यश मिळतंच, हे त्यांनी जगाला दाखवून दिलं.

◆

जेम्स हटन

जेम्स हटन एका श्रीमंत व्यापाऱ्याचा मुलगा. तो पॅरिस आणि लेडेन इथं वैद्यक विषयात वैद्यक विषयात एम.डी. ही पदवी घेऊन इंग्लंडमध्ये परतला. इंग्लंडला परतल्यावर जेम्स शेती करू लागला. शेतीच्या निमित्ताने हिंडताना त्याला वेगवेगळ्या भागात वेगवेगळ्या प्रकारची माती असते, असं दिसून आलं. मग तो मातीचे नमुने गोळा करण्यासाठी हिंडू लागला, तेव्हा मातीचा आणि दगडांचा जवळचा संबंध असल्याचं त्याच्या लक्षात आलं. मग नैसर्गिक प्रक्रिया आणि भूरूप, दगड आणि माती हे एका फार मोठ्या चक्राचा भाग असावा, असं हटनला वाटू लागलं. तेव्हा खडक, माती, नद्या, पर्वत यांचा अभ्यास करीत हटन वणवण करू लागला. त्यातूनच, आजच्या नैसर्गिक प्रक्रिया अभ्यासल्या तर भूतकाळात कुठं काय घडलं असेल, हे आपण जाणून घेऊ शकतो (प्रेझेंट इज की टू द पास्ट), असं हटन म्हणू लागला. अथक परिश्रम आणि अचूक निरीक्षणं यांना शास्त्रीय अभ्यासात पर्याय नाही, हे हटननं स्वत:च्या कार्यानं सिद्ध करून दाखवलं.

◆

सॅम्युएल मॉर्स

सॅम्युएल मॉर्स हा चांगला चित्रकार होता. कलाकार व्यसनी असतात, अशी त्याच्या वडिलांची ठाम समजूत होती. म्हणून त्यांच्याप्रमाणेच सॅम्युएलनं धर्मगुरू बनावं, असं त्यांना वाटत होतं. येल इथं शिकताना सॅम मित्रांची पोर्ट्रेट काढून प्रत्येकी एक डॉलर मिळवत होता. इथं धार्मिक शिक्षण सोडून त्यानं विद्युत अभियांत्रिकीचं शिक्षण घ्यायला सुरुवात केली. चित्रकलेचं शिक्षण घ्यायला तो लंडनला गेला; पण त्याची चित्र कुणी विकत घेईना, म्हणून तो अमेरिकेस परतला. दरम्यान त्यानं लग्नही केलं. त्याची पत्नी आणि दोन मुलं क्षयाला बळी पडली, तेव्हा त्यानं अभियांत्रिकीकडे लक्ष वळवलं. विजेच्या साहाय्यानं संदेशवहन करता येईल, अशी त्याला खात्री वाटत होती. कलाशिक्षक म्हणून मिळणाऱ्या पगारातून त्यानं संशोधन सुरू केलं. त्याचं तारायंत्र तयार झालं, पण त्याची उपयुक्तता पटवण्यात खूप वेळ खर्च झाला. अखेरीस वॉशिंग्टन ते बाल्टीमोर तारायंत्र संदेशवहन सुरू झालं. जिद् आणि अपयशानं निराश न होता केलेले प्रयत्न यामुळे मॉर्स यशस्वी ठरला होता.

◆

हे कोण बोलले बोला

बऱ्याचदा आपण सुवचने, सुभाषिते वगैरे बोलताना आणि चांगले गुण मिळविण्यासाठी निबंध लेखनात वापरतो. ही सुभाषिते किंवा मोठ्यांचे आकारने छोटे बोल मिळविण्याची जागा म्हणजे वृत्तपत्रे. बहुतेक वृत्तपत्रांमधून अशी सुभाषिते रोज छापली जातात. ती कापून वहीत चिकटवली, तर घरच्या घरी सुभाषित संग्रह निर्माण होऊ शकतो. मराठीत असे अनेक संग्रह प्रसिद्ध झाले असले, तरी त्यात वैज्ञानिकांची वचने क्वचितच आढळतात. ती शोधण्यासाठी आपल्याला इंग्रजीतील 'बुक ऑफ कोटेशन्स'चा आश्रय घ्यावा लागतो. अशा एका सुवचनाचे रोज मराठीत भाषांतर करणे, हा मराठी आणि इंग्रजी सुधारण्याचा एक सोपा मार्ग आहे. त्यासाठी आपण अशा सुवचन संग्रहांची माहिती घेऊ या.

'द पेंग्विन डिक्शनरी ऑफ कोटेशन्स' आणि 'पीटर्स बुक ऑफ कोटेशन्स' या दोन सुवचन संग्रहांतून विज्ञानविषयक सुवचने एकत्रित सापडतात. कारण यात ही वचनं विषयवार दिली आहेत; पण इतर सुवचनांच्या मानाने त्यांची संख्या अल्पच आहे. माझा आवडता सुवचन संग्रह म्हणजे 'द माइंड ऑफ गॉड, अँड अदर म्युझिंग्ज' याचे उपशीर्षक 'द विज्डम ऑफ सायन्स' असे असून, तो शर्ली जोन्सने संपादित केला आहे. 'न्यू वर्ल्ड लायब्ररी' या प्रकाशन संस्थेच्या क्लासिक 'विजडम' या ग्रंथमालेतील हा एक छोटेखानी संग्रह. याची मूळ किंमत पाचशे रुपयांच्या आसपास असली, तरी आजकाल बहुतेक पुस्तक प्रदर्शनांतून तो शंभर रुपयांपर्यंत उपलब्ध आहे. पण, त्यांच्या छोटेखानी आकारामुळे त्याच्याकडे दुर्लक्ष होण्याची शक्यता अधिक असते. या ग्रंथाची प्रस्तावना या ग्रंथातल्या विचारांबद्दल सांगताना म्हणते, 'काही थोर व्यक्तींनी समाजाचा आदर मिळविलेला असतो. पारंपरिक विचारांना छेद देऊन नवा विचार मांडणाऱ्या शास्त्रज्ञांचे विचार आपण इथे वाचणार आहोत. त्यात समाविष्ट असलेले काही शास्त्रज्ञ हे बरेचदा त्यांच्या हयातीत समाजाने छळ केल्यामुळे आज आपल्याला माहीत आहेत; पण पुराव्याकडे दुर्लक्ष करता येत नाही. त्यामुळे धर्मविरोधी

असले तरी सत्य ते सत्यच, अशी भूमिका त्यांनी घेतली होती.'

आपले मन मोकळेपणाने सत्य स्वीकारू शकेल, अशा भावनेने वागणाऱ्यांनी विज्ञानाची कास धरली. जेव्हा त्यांच्या विचारातील त्रुटी उघड झाल्या, तेव्हा विज्ञानाने नवा मार्ग स्वीकारला. विज्ञानाची प्रगती अशी चुकत माकत झाली; पण प्रत्येक वळणावर त्याला नवी दिशा देणाऱ्या शास्त्रज्ञांनी काय म्हटलेय ते माहीत करून घेणे, हे सर्वांच्या हिताचे ठरेल. या भावनेने या ग्रंथात बारा वेगवेगळ्या शास्त्रज्ञांचे विचार मांडले आहेत. ते आजही बोधप्रद ठरतील. दुसरा ग्रंथ चांगला जाडजूड आहे. तो दिलीप साळवी या दिल्लीस्थित मराठी लेखकाने संपादित केलेला आहे. त्यासाठी त्याने बरेच परिश्रम घेतले आहेत. या ग्रंथाचे नाव 'केमलाइन बुक ऑफ कोटेबल सायन्स' असे आहे. हे पुस्तक दिल्लीच्या कोणार्क पब्लिशर्स प्रायव्हेट लिमिटेड या संस्थेने प्रकाशित केलेले असून सुमारे ४५० पानांच्या या पुस्तकाची किंमत चारशे रुपये आहे. यातील विचारांचे विषय अकारविल्ह्यानुरुप दिलेले असून त्यानंतर ते कुठल्या शास्त्रज्ञाचे आहेत ते दिले आहे. उदा. 'विज्ञान संशोधन संस्था हे शोभेचे दागिने नाहीत, तर मानवी संस्कृतीच्या भवितव्यास दिशा देणाऱ्या संस्था आहेत.' चंद्रशेखर व्यंकट रमण यांचा हा सुविचार 'ए' मध्ये आहे. ग्रंथाच्या अखेरीस ज्यांचे विचार या ग्रंथात आहे त्या सर्वांचीही सूची आद्याक्षरानुसार असून त्या व्यक्तीची माहिती व तिचे विचार कुठल्या क्रमांकावर आलेले आहेत, त्या क्रमांकांची यादी आहे. प्रत्येक सुविचारानंतर त्याचा पुस्तकातील क्रमांक दिलेला आहे. उदा. फीनमन रिचर्ड पी. (१९१८-१९८८) अमेरिकन पदार्थविज्ञान शास्त्रज्ञ आणि लेखक. १९६५ चे नोबेल. १५७५, १८४६, १८४७,... ३५०७ या मुळे हा संदर्भ ग्रंथ प्रत्येक विज्ञानप्रेमींच्या दृष्टीने उपयुक्त ठरेल.

तिसरा ग्रंथ म्हणण्यापेक्षा मजेशीर, पण उपयुक्त पुस्तक म्हणजे 'फॅक्ट्स ॲण्ड फॅलसीज,' 'अ बुक ऑफ डेफिनिटीव्ह मिस्टेक्स ॲण्ड मिसगायडेड प्रेडिक्शन्स' हे छोटेखानी २१५ पृष्ठांचे खिशातले पुस्तक म्हणजे पॉकेट बुक. हे बऱ्याच पुस्तकप्रदर्शनांत ३५ ते ५० रुपयांपर्यंत उपलब्ध असते. यात मोठमोठ्या माणसांनी, शास्त्रज्ञांनी आणि इतरांनी, वैज्ञानिक आणि तंत्रज्ञानविषयक प्रगतीसंबंधी केलेली विधाने आहेत. उदा. 'रेडिओ हॅज नो प्युचर'– नभोवाणीला काहीही भवितव्य नाही, हे विधान रॉयल सोसायटीच्या अध्यक्षपदावरून लॉर्ड केल्विन या प्रख्यात ब्रिटिश शास्त्रज्ञाने केले होते. 'दूरचित्रवाणीचा काहीही उपयोग नाही कारण टेलिव्हिजन हा शब्द अर्धा ग्रीक आणि अर्धा लॅटिन आहे' हे उद्गार सी.पी. स्कॉट यांचे आहेत. 'दूरचित्रवाणीला भविष्यात स्थान नाही – टेलिव्हिजन वोंट मॅटर इन युवर लाइफ टाइम ऑर माइन,' असे म्हणणारे रेक्स लॅंबर्ट हे लिसनर या बीबीसी नभोवाणीच्या मुखपत्राचे संपादक होते. १९३६ मध्ये एका संपादकीयात त्यांनी हे उद्गार काढले होते. या पुस्तकापेक्षा

एक छोटे पुस्तक म्हणजे 'द वर्ल्ड्स प्रेडिक्शन' हे ग्रॅहॅम नैन यांनी एकत्रित केलेल्या भाकितांचे पुस्तक ते 'ऑटो बुक्स' या संस्थेने प्रसिद्ध केलंय. 'एक्स-रेज विल् प्रूव्ह? टुबी अ होक्स?' हे उद्गारही उपरनिर्दिष्ट लॉर्ड केल्विन यांचे आहेत. – 'प्रत्यावर्ती प्रवाह वापरणे अशास्त्रीय आणि अव्यवहारीपणाचे लक्षण आहे.' थॉमस अल्वा एडिसनच्या, उद्गारांचा फोलपणा आज आपण अनुभवतोच. शेवटच्या दोन पुस्तकांत शास्त्रज्ञ ही देखील माणसच असतात, हे सिद्ध करणारी अनेक विधाने आहेत. थोडक्यात म्हणजे शास्त्रज्ञांचे सर्व काही बरोबरच असते या अंधश्रद्धेवर ती आघात करतात, त्यामुळे ती महत्त्वाची ठरतात.'

◆

'विश्वाचा कारभार जुगार नाही'

विज्ञानाचा अभ्यास म्हणजे समीकरणे पाठ करणे, अवघड व्याख्या घोकणे असा आपल्याकडे एक समज आहे. प्रत्यक्षात ते तसे नाही. कुठल्याही शास्त्र शाखेतील कुठलाही विषय थोडक्यात सांगण्याची परिभाषा असते. ते विज्ञानात आवश्यक ठरते. हे शब्द जनसामान्यांच्या भाषेत वापरल्या जाणाच्या इतर शब्दांप्रमाणे संदिग्ध असून चालत नाहीत; तर तो विशिष्ट शब्द तो कुठेही वापरला तरी तो ज्या शास्त्रशाखेत ज्या अर्थाने वापरला गेला त्याच अर्थाने वापरला जातो आणि वापरावा लागतो. यामुळे त्या व्याख्या त्याच शब्दात सांगाव्या लागतात; पण त्यांची फोड करून सांगताना शिक्षकांनी काही उदाहरणे देऊन त्या व्याख्येचा आत्मा उलगडून विद्यार्थ्यांना सांगितला, तर ती व्याख्या बरोबर कळते.

असाच विज्ञान शिकविण्याचा दुसरा मार्ग म्हणजे शास्त्रज्ञांची सुभाषिते सांगणे. 'गॉड डझन्ट प्ले डाईस वुइथ द युनिव्हर्स' म्हणजे 'परमेश्वर विश्वाचा कारभार जुगार म्हणून चालवत नाही' असा याचा अर्थ. परमेश्वराची विश्व चालवण्याची काही सूत्रे आहेत, त्यानुसारच तो विश्व चालवतो. हे निसर्ग नियम सिद्ध करतात. हे उद्गार आइन्स्टाइनचे आहेत. त्याने प्रथम जेव्हा पुंज भौतिकी विरुद्ध मत प्रदर्शन केले, त्या वेळी त्याने हे उद्गार काढले होते.

'प्रत्यक्ष घडलेल्या घटनांचे पुरावे म्हणजे विज्ञानाचा प्राणवायू आहे. या घटना प्रयोगाने सिद्ध झाल्याशिवाय विज्ञानाची प्रगती होऊ शकत नाही.' असे आयव्हान प्रट्रोव्हिच पाव्हलोव हा विख्यात रशियन शरीरशास्त्रज्ञ म्हणाला होता. हे अगदी खरे आहे. तुम्ही एखादा प्रयोग करून त्याची सत्यता पटवून देणे हाच विज्ञानाचा पाया आहे, असे पाव्हलोवच काय; पण सर्वच शास्त्रज्ञ म्हणतील. शास्त्रज्ञाला प्रत्येक गोष्टीचे कुतूहल असणे आवश्यक ठरते. अशा कुतूहलातून विज्ञानाची प्रगती घडत असते. पॉल द क्रूफ नावाचा एक संशोधक होता. त्याने अँटन फॉन ल्युवेन होएक या सूक्ष्मदर्शीचा वापर करून सूक्ष्मजीवांचे अस्तित्व जगापुढे आणणाच्या शास्त्रज्ञाबद्दल म्हटले, "ल्युवेन होएकचे वागणे नव्याने डोळे उघडलेल्या कुत्र्याच्या पिल्लाप्रमाणे

होते. ही वस्तू सजीव आहे, की निर्जीव असा विधिनिषेध न बाळगता कुत्र्याचे पिल्लू जसा प्रत्येक गोष्टीचा वास घेत असते त्याप्रमाणे ल्युवेन होएक त्याच्या आसपासच्या सर्व गोष्टींचे निरीक्षण करीत होता.''

या आणि अशा उद्गारांमुळे विज्ञान रंजक बनायला मदत होत राहते. वैज्ञानिकांची आणि वैज्ञानिकांविषयीची अशी सुवचने, सुभाषिते आणि उद्गार यामुळे त्या वैज्ञानिकाबद्दल, त्याच्या संशोधनकार्याबद्दल कुतूहल निर्माण होते. वैज्ञानिक क्वचितच श्रीमंत घरात जन्माला आलेले असतात, हे मग त्यांची चरित्रे वाचताना लक्षात येते. बहुतेक वैज्ञानिक स्वकष्टाने मोठे झालेले आढळतात; पण हे कळण्यासाठी त्यांच्याबद्दल ओढ वाटायला हवी, ती ओढ निर्माण करायची तर विज्ञानात रस निर्माण व्हायला हवा. तो रस निर्माण करायचा, तर अशी सुवचने आणि उद्गार माहिती हवेत. अशी सुवचने एकत्रित असलेली पुस्तकं उपलब्ध झाली आहेत. विद्यार्थ्यांनी ती जवळ ठेवावीत हे खरे; पण त्या आधी शिक्षकांनी ती घ्यावीत. त्या उद्गारांमागचा इतिहास समजावून घ्यावा, तो मुलांना सांगावा.

प्रत्येक तासाला पुस्तकी शिक्षणच घ्यायला हवे असे नाही. याचे आणखी एक कारण म्हणजे आता सर्वत्र स्पर्धात्मक परीक्षा घेतल्या जातात. त्यात जसे वस्तुनिष्ठ प्रश्न असतात, त्याचप्रमाणे निबंधलेखनही असते. निबंधलेखनात सुवचने, सुभाषिते, मोठ्यांचे उद्गार उपयुक्त ठरतात. ते एकत्रित करणाऱ्या पुस्तकांना इंग्रजीत 'बुक ऑफ कोटेशन्स' असे म्हणतात. त्यात या उद्गारांबरोबर शास्त्रज्ञांचे किंवा ते बोल बोलणाऱ्याचे नाव, जन्ममृत्यूचे सालही असते. त्यामुळे एखादी व्यक्ती कुठल्या काळात वावरली आणि ती कुठल्या विषयाशी संबंधित होती ते कळते. हे वस्तुनिष्ठ प्रश्नांना उत्तर देताना उपयुक्त ठरते. त्यामुळे अशा सुवचनांची पुस्तकं (निदान एखादे पुस्तक तरी) जवळ बाळगणे हे अतिशय उपयुक्त ठरते.

◆

मानवाच्या जडणघडणीत नामशेष झालेला,
आजच्या विज्ञान-तंत्रज्ञान युगाचा पाया असणारा
कालौघात लुप्त झालेला अद्भुत शोधांचा अपूर्व खजिना...

आपल्या पूर्वजांचे तंत्रज्ञान

निरंजन घाटे

'माहिती-तंत्रज्ञान' हा शब्द परवलीचा बनलेलं
आजचं युग आणि आधुनिक अभियांत्रिकी कमाल
दर्शविणारी तंत्रज्ञानाची नानाविध रूपं!
ही द्योतक आहेत; पूर्वजांच्या अनुभवसिद्ध ज्ञानाची,
प्रयोगशीलतेची. आजघडीला तंत्रज्ञानाचा हा अफाट
डोलारा साकारलाय, तो पूर्वजांच्या अगाध प्राचीन
तंत्रज्ञानाच्या भक्कम पायावर. काळाच्या ओघात,
मानवजातीच्या जडणघडणीत लोप पावलेल्या, नामशेष
झालेल्या या प्राचीन तंत्रज्ञानाची अपूर्व ओळख...

आपल्या पूर्वजांचे विज्ञान

निरंजन घाटे

आजच्या विज्ञानयुगाची किमया केवळ अफाट आणि पावलोपावली
अचंबित करणारी...
या साऱ्यांची मुळं जरा खणून पाहिली, हजारो-शेकडो वर्षांच्या
इतिहासाची पानं खोलवर चाळून पाहिली आणि भूतकाळातल्या
शृंखलांना एक-एक जोडून पाहिलं तर समजून येतं की,
पूर्वजांच्या ज्ञानार्जनाचं आणि सखोल संशोधनाचंच
फलित मिरवतोय आपण...
एकंदरीतच, आजच्या विज्ञानयुगाची अलौकिक बीजं पूर्वजांनीच
खोलवर रुजवलीत. याच अद्भुत शोधांचा कालौघात लुप्त झालेल्या
सांस्कृतिक मूल्यांचा माहितीपूर्ण खजिना!